上海财经大学数学系列教材

教材

高等数学

下册

◎ 上海财经大学数学学院 编

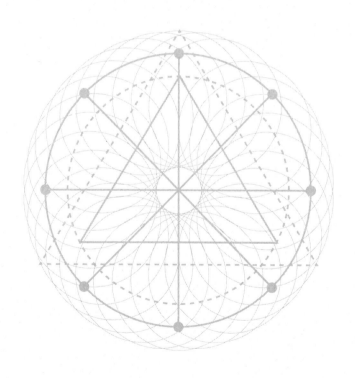

人民邮电出版社

北 京

图书在版编目（ＣＩＰ）数据

高等数学. 下册 / 上海财经大学数学学院编. -- 北京：人民邮电出版社，2021.7
上海财经大学数学系列教材
ISBN 978-7-115-53487-3

Ⅰ. ①高… Ⅱ. ①上… Ⅲ. ①高等数学－高等学校－教材 Ⅳ. ①O13

中国版本图书馆CIP数据核字(2020)第147833号

内 容 提 要

本书是按照教育部高等学校大学数学课程教学指导委员会经济和管理类本科数学基础课程教学基本要求，充分吸取当前优秀高等数学教材的精华，并结合编者多年教学实践和教学改革实际经验，针对当前经济管理类院校各专业对数学知识的实际需求及学生的知识结构和习惯特点而编写的.

全套书分为上、下两册. 本书为下册，共有五章，主要内容包括：多元函数微分学、二重积分、无穷级数、微分方程、差分方程. 每节均附有一定数量的习题，核心知识点配备微课，每章后面附有总复习题和小结微课.

本书注重知识点的引入方法，使之符合认知规律，更易于读者接受，同时本书科学、系统地介绍了高等数学的基本内容，并加强高等数学的方法和理论在经济管理中的应用，且注重利用几何直观、语言描述和理论分析相结合的方法阐述高等数学的基本理论和基本方法， 以培养和增强学生对经济问题的理解和分析能力. 本书结构严谨，逻辑清晰，注重应用，例题丰富，可读性强.

本书可作为高等院校各专业的数学基础课程教材，也可作为其他人员的自学参考用书.

◆ 编　　　　上海财经大学数学学院
　责任编辑　武恩玉
　责任印制　李 东　胡 南
◆ 人民邮电出版社出版发行　　北京市丰台区成寿寺路 11 号
　邮编　100164　电子邮件　315@ptpress.com.cn
　网址　https://www.ptpress.com.cn
　保定市中画美凯印刷有限公司印刷
◆ 开本：787×1092　1/16
　印张：12.75　　　　　　　　　2021 年 7 月第 1 版
　字数：298 千字　　　　　　　2024 年 12 月河北第 13 次印刷
　　　　　　　　　定价：42.00 元

读者服务热线：(010)81055256　印装质量热线：(010)81055316
反盗版热线：(010)81055315
广告经营许可证：京东市监广登字 20170147 号

丛书序

古希腊数学家毕达哥拉斯说过一句名言"数学统治着宇宙"．数学是现实的核心，是自然科学的皇冠，是研究其他学科的主要工具．新时代数学的深度应用、交叉融合已经成为科技、经济、社会发展的重要源动力．

作为一名数学科学工作者，我认为，数学在未来社会发展中有着愈发重要的位置，一个民族的数学水平，直接关系到整个国家的创新能力．在"新文科"建设体系下，创新"新文科"专业的数学课程体系、改革教学模式、建设优质教学资源、编写优秀教材变得尤为重要．我们欣喜地看到上海财经大学数学学院联合人民邮电出版社，针对"新文科"专业的大学数学课程教学，策划出版了一套大学数学系列教材．教材配有丰富、优质的网络资源，让学生在深刻理解数学的同时，还能体会到数学的文化价值和在科学、经济领域中的巨大作用．

这套系列教材不仅是应对"新文科"专业建设和教学改革的要求，更是对大学数学教材开发的创新尝试，具有以下三个特点．

1. 注重课程思政，旨在突出数学教育"立德树人"的特殊功能．在落实国家课程思政的要求上，这套系列教材进行了创新尝试，增加思政元素，强化教材对学生的思想引领，突出"育人"目的．

2. 梳理数学历史，科学诠释高等数学的思想与方法．法国数学家庞加莱说过："如果想要预知数学的未来，最合适的途径就是研究数学这门科学的历史和现状．"本套系列教材精心梳理了数学历史点，引导学生以史为鉴，培养学生的学习兴趣．

3. 设计教学案例，从全新视角展示数学规律，培养学生的数学素养．数学的美在于从纷繁复杂的世界中抽离出简单和谐的规律，本套系列教材精心设计教学案例，引导学生探索、研究数学规律，培养学生的创新能力．

教材建设是人才培养、课程改革永恒的主题，希望社会各界都积极参与到"新文科"专业大学数学课程教材建设和人才培养中来，多出成果，为实现中华民族伟大复兴做出教育者应有的贡献．

徐宗本

中国科学院院士

西安交通大学教授

西安数学与数学技术研究院院长

2021 年 6 月

前　　言

本套书是上海财经大学数学学院多年教学实践和教学改革实际经验的总结，是根据教育部高等学校大学数学课程教学指导委员会颁布的经济和管理类本科数学基础课程教学基本要求，坚持一流课程建设标准和数据时代下经济管理及交叉学科创新人才培养目标，遵循教材科学性与应用性融合原则精心编写而成的. 本套书的特点主要表现在以下三个方面.

1. 紧扣经济管理应用，注重课程思政，科学诠释高等数学的思想与方法

（1）从"问题引入—有机结合—巧妙应用"三个角度设计全书框架，每章内容均以经济学实例出发，引入高等数学的基本概念、理论和方法，然后基于选材科学性原则，将高等数学理论和经济管理学中相关内容进行有机结合，最后突出高等数学中相关理论、方法在经济管理中的应用.

（2）本书全面贯彻落实党的二十大精神，注重课程思政，深入挖掘思政元素，将数学思想同经济管理案例与思政元素紧密结合，教材的编写内容适应数据时代下经济管理及交叉学科创新人才培养的新要求和新目标.

2. 对标一流课程建设，全力打造符合经管类及交叉学科创新人才的全方位数学学习平台

（1）提供优质在线开放课程平台. 学院积极建设并优化在线开放平台，为学生提供在线学习课程，为线上线下混合式教学提供了支撑.

（2）提供特色数学实验课程平台. 以培养一流经管人才为目标，充分利用经管数据库等平台，将《高等数学》基础知识学习与数据分析能力有效融合，指导学生进行数据挖掘与数据分析案例学习，提高学生的实验实践能力.

（3）提供教学辅助数字化平台. 数字化平台提供了具有经管特色的习题库课程资源，习题库内容丰富，相关题目数量超过 10 000 道，为在线随堂测试、在线学习自测、电子化在线考试、网络流水阅卷、考试数据多维统计分析等提供便利. 其中，电子化在线考试完全模拟了线下考试的题型，以学生学习为中心，最大限度地满足了学生对课程资源的需求.

3. 内容与时俱进，匠心打磨

学院经过多年的努力，不断将课程体系和教学内容改革的成果落实在教材建设上，构建了立体化精品教材，形成了由纸质、电子和网络等多种资源于一体的立体化教学资源库.

（1）坚持科学性和应用型融合原则及数据科学时代对经管类及交叉专业创新人才培养

的目标，在教材编写上科学诠释高等数学的思想方法，注重保持数学学科本身结构的科学性、系统性、严谨性的同时，与经济管理案例相融合，力求深入浅出，通俗易懂.

（2）教材习题覆盖知识点广泛，题型丰富，难度递增；微视频内容丰富，特色鲜明.

本套书在习题的配置上，既注重基本概念、基本理论和方法，又注意加强经济应用，覆盖了国家针对经管类专业及交叉学科各类考试的基本要求. 每节后编写了基础题；每章后的总复习题在难度上略高于每节后的基础题. 微视频主要包含每章的基本要求、重点与难点、精选习题讲解等，学生可以随时扫码学习，可以提前预习、有效复习等.

本项目是基于"上海市一流本科专业建设""秉文计划""数学教学创新团队"等项目建设的教学改革成果，由数学学院高等数学课程组集体完成教材编写、习题库建设、电子资源三方面的建设内容. 教材编写主要由王燕军、杨爱珍、叶玉全、王琪、李枫柏、张冉、王利利完成，也感谢王清华、魏枫、卢慧芳、张振宇、田方参与课程资源建设. 此书是近年来高等数学课程组集体智慧的结晶，编写过程中得到了学校、学院教学指导委员会的指导与帮助，也得到了人民邮电出版社的大力支持，谨在此对所有人表示衷心的感谢.

数学学院　王燕军

目　　录

第六章 多元函数微分学

多元函数微分学是一元函数微分学的推广和重要发展，它的许多重要概念和处理问题的思想、方法与一元函数微分学的情形既有相似之处，又有本质的区别. 此外，随着变量的增多，多元函数微分学的内容也更加丰富，应用范围也更加广泛.

本章在一元函数微分学的基础上，介绍多元函数的微分法及其应用. 我们以二元函数为主，但所得到的概念、性质与结论都可以很自然地推广到二元以上的多元函数.

第一节 空间解析几何简介

在一元函数的微积分中，平面解析几何起到十分重要的作用. 同样，鉴于空间解析几何在多元函数(主要是二元函数)的微积分中的作用，因此，首先要介绍空间解析几何.

6.1 空间直角坐标系

一、空间直角坐标系

过空间一个定点 O，作三条两两互相垂直的数轴，O 点为三条数轴的原点，这三条数轴分别称为 x 轴(或横轴)、y 轴(或纵轴)、z 轴(或竖轴). 按右手法则规定三条数轴的正方向，即将右手伸直，拇指朝上为 z 轴的正方向，其余四指的指向为 x 轴的正方向，四指弯曲 $90°$ 后的指向为 y 轴的正方向(见图 6-1).

这样，就构造了一个**空间直角坐标系**(rectangular coordinate system in space)，记为 O-xyz，点 O 称为**坐标原点**(origin)(见图 6-2).

对于空间中任意一点 P，过 P 点作三个平面，分别垂直于 x 轴、y 轴和 z 轴，且与这三个轴分别交于 A、B、C 三点. 点 A、B、C 分别称为点 P 在 x 轴、y 轴和 z 轴上的投影，如图 6-2 所示，设这三点在 x 轴、y 轴和 z 轴上的坐标依次为 a、b、c，那么点 P 唯一确定了一个三元有序数组 (a, b, c)；反之，对任意给定的一个三元有序数组 (a, b, c)，可以在 x 轴上取坐标为 a 的点 A，在 y 轴上取坐标

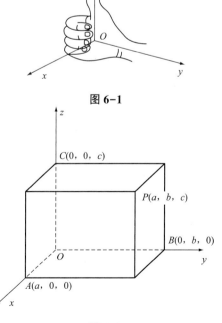

图 6-1

图 6-2

为 b 的点 B，在 z 轴上取坐标为 c 的点 C，然后过 A、B、C 三点分别作垂直于 x 轴、y 轴和 z 轴的三个平面，这三个平面的交点就是由有序数组 (a, b, c) 确定的唯一的点 P.

这样，空间任意一点 P 就与一个三元有序数组 (a, b, c) 建立了一一对应关系. 这个三元有序数组称为点 P 的坐标，记作 $P(a, b, c)$.

显然，坐标原点 O 的坐标为 $(0, 0, 0)$；而 x 轴、y 轴及 z 轴上点的坐标分别为 $(x, 0, 0)$、$(0, y, 0)$ 及 $(0, 0, z)$.

三条坐标轴中每两条可以确定一个平面，称为**坐标面**，由 x 轴和 y 轴确定的坐标面称为 xOy 面，其上点的坐标为 $(x, y, 0)$；由 y 轴和 z 轴确定的坐标面称为 yOz 面，其上点的坐标为 $(0, y, z)$；由 z 轴和 x 轴确定的坐标面称为 zOx 面，其上点的坐标为 $(x, 0, z)$.

这三个坐标平面将空间分成八个部分，称为八个卦限，八个卦限分别用罗马数字 Ⅰ，Ⅱ，…，Ⅷ 表示. Ⅰ~Ⅳ 卦限均在 xOy 面的上方，按逆时针方向排定，其中 $x>0$，$y>0$，$z>0$ 的那个部分叫作第 Ⅰ 卦限；Ⅴ~Ⅷ 卦限均在 xOy 面的下方，也按逆时针方向排定，它们分别在 Ⅰ~Ⅳ 卦限的下方，如图 6-3 所示.

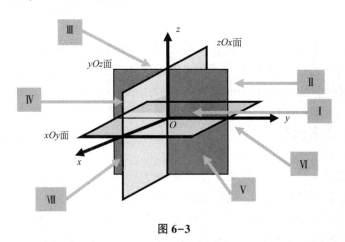

图 6-3

【**例 1**】 设空间一点 $P(a, b, c)$，求：(1) P 点关于 x 轴的对称点；(2) P 点关于 yOz 平面的对称点；(3) P 点关于原点 O 的对称点.

解 设所求对称点的坐标为 (x, y, z)，则

(1) $x=a$，$y+b=0$，$z+c=0$，即 P 点关于 x 轴的对称点为 $(a, -b, -c)$；

(2) $x+a=0$，$y=b$，$z=c$，即 P 点关于 yOz 平面的对称点为 $(-a, b, c)$；

(3) $x+a=0$，$y+b=0$，$z+c=0$，即 P 点关于原点 O 的对称点为 $(-a, -b, -c)$.

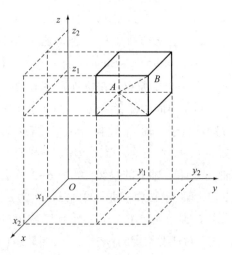

图 6-4

二、空间两点间的距离

设 $A(x_1, y_1, z_1)$，$B(x_2, y_2, z_2)$ 为空间中任意两点，过 A，B 两点各作三个平面分别垂直于三个

坐标轴，这六个平面形成一个以 AB 为对角线的长方体，如图6-4所示. 它的各棱与坐标轴平行，其长度分别为 $|x_2-x_1|$，$|y_2-y_1|$，$|z_2-z_1|$. 因此，A，B 两点间的距离公式为

$$|AB| = \sqrt{(x_2-x_1)^2+(y_2-y_1)^2+(z_2-z_1)^2}.$$

点 $P(x, y, z)$ 与原点 O 的距离为

$$|OP| = \sqrt{x^2+y^2+z^2}.$$

【例2】 已知空间中三个点 $A(2, -1, 4)$，$B(-1, -2, 3)$，$C(3, -1, 0)$，求 $|AB|$，$|BC|$.

解　由空间两点间的距离公式得

$$|AB| = \sqrt{(-1-2)^2+[-2-(-1)]^2+(3-4)^2} = \sqrt{11},$$

$$|BC| = \sqrt{[3-(-1)]^2+[-1-(-2)]^2+(0-3)^2} = \sqrt{26}.$$

【例3】 求证以 $M_1(4, 3, 1)$，$M_2(7, 1, 2)$，$M_3(5, 2, 3)$ 三个点为顶点的 $\triangle M_1M_2M_3$ 是一个等腰三角形.

解　由空间两点间的距离公式得

$$|M_1M_2| = \sqrt{(7-4)^2+(1-3)^2+(2-1)^2} = \sqrt{14},$$

$$|M_2M_3| = \sqrt{(5-7)^2+(2-1)^2+(3-2)^2} = \sqrt{6},$$

$$|M_3M_1| = \sqrt{(4-5)^2+(3-2)^2+(1-3)^2} = \sqrt{6},$$

因为 $|M_2M_3| = |M_3M_1|$，所以 $\triangle M_1M_2M_3$ 是等腰三角形.

三、空间曲面及其方程

对于空间直角坐标系中的任意一动点 $P(x, y, z)$，在一定条件下，其运动轨迹构成空间的一个曲面. 一般来讲，每一曲面都有相对应的曲面方程.

定义6.1　如果曲面 S 上任意一点的坐标都满足方程 $F(x, y, z) = 0$，而不在曲面 S 上的点的坐标都不满足方程 $F(x, y, z) = 0$，那么方程 $F(x, y, z) = 0$ 称为曲面 S 的方程，而曲面 S 称为方程 $F(x, y, z) = 0$ 的图形，如图6-5所示.

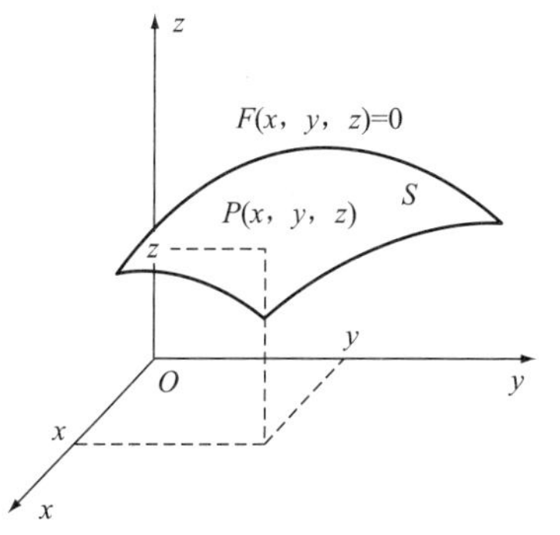

【例4】　求球心在点 $M_0(x_0, y_0, z_0)$，半径为 R 的球面的方程.

图6-5

解　设球面上任意一点为 $P(x, y, z)$，那么 $|PM_0| = R$，由点 P 到点 M_0 的距离公式得

$$|PM_0| = \sqrt{(x-x_0)^2+(y-y_0)^2+(z-z_0)^2} = R,$$

于是点 P 满足

$$(x-x_0)^2+(y-y_0)^2+(z-z_0)^2 = R^2,$$

反之，不满足上式的点不在球面上，因此上式为球面的方程(称为球面方程的标准式).

半径为 R，球心在原点的球面方程为

$$x^2+y^2+z^2 = R^2.$$

二元函数 $z = \sqrt{R^2 - x^2 - y^2}$ 是球面的上半部，称上半球面，如图 6-6（1）所示；$z = -\sqrt{R^2 - x^2 - y^2}$ 是球面的下半部，称下半球面，如图 6-6（2）所示.

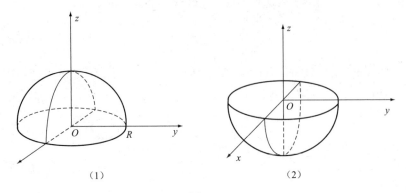

（1）   （2）

图 6-6

一般地，设有三元二次方程

$$x^2 + y^2 + z^2 + Ax + By + Cz + D = 0,$$

这个方程的特点是缺交叉项 xy，yz，zx，且平方项系数相同，它是球面方程的一般式，通过配方可化为球面方程的标准式.

【例 5】 求过 z 轴上点 $(0, 0, c)$（c 为常数），且垂直于 z 轴的平面方程.

解 由于过点 $(0, 0, c)$ 垂直于 z 轴的平面与 xOy 平面平行，因此，该平面上任意一点 (x, y, z) 到 xOy 平面的距离都为 c，所以 $z = c$ 就是该平面的方程，如图 6-7 所示.

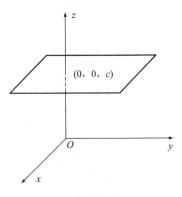

同理可得，$x = a$，$y = b$ 分别表示过点 $(a, 0, 0)$ 且平行于 yOz 平面的平面和过点 $(0, b, 0)$ 且平行于 xOz 平面的平面. 而 xOy 平面的方程为 $z = 0$，yOz 平面的方程为 $x = 0$，zOx 平面的方程为 $y = 0$.

图 6-7

【例 6】 设点 $A(1, -3, 3)$ 和 $B(2, -1, 4)$，求线段 AB 的垂直平分面的方程.

解 设 $M(x, y, z)$ 为所求平面上任意一点，则

$$|AM| = \sqrt{(x-1)^2 + (y+3)^2 + (z-3)^2},$$
$$|BM| = \sqrt{(x-2)^2 + (y+1)^2 + (z-4)^2},$$

因为 M 到点 A 和到点 B 的距离相等，所以

$$\sqrt{(x-1)^2 + (y+3)^2 + (z-3)^2} = \sqrt{(x-2)^2 + (y+1)^2 + (z-4)^2},$$

即 $M(x, y, z)$ 满足方程

$$x + 2y + z - 1 = 0.$$

这是一个空间平面方程，当 $x = 0$，$y = 0$ 时，$z = 1$，平面与 z 轴的交点是 $(0, 0, 1)$. 同理可得平面与 x 轴的交点是 $(1, 0, 0)$，平面与 y 轴的交点是 $(0, \frac{1}{2}, 0)$. 由这三点所确定的

平面如图 6-8 所示.

空间直角坐标系中的平面方程一般可表示为：
$$Ax+By+Cz+D=0,$$

当 $D=0$ 时，平面 $Ax+By+Cz=0$ 通过原点；

当 $A=0$ 时，平面 $By+Cz+D=0$ 平行于 x 轴；

当 $B=0$ 时，平面 $Ax+Cz+D=0$ 平行于 y 轴；

当 $C=0$ 时，平面 $Ax+By+D=0$ 平行于 z 轴；

当 $A=0$，$B=0$，$C\neq0$ 时，平面 $Cz+D=0$ 垂直于 z 轴且平行于 xOy 平面；

当 $B=0$，$C=0$，$A\neq0$ 时，平面 $Ax+D=0$ 垂直于 x 轴且平行于 yOz 平面；

当 $A=0$，$C=0$，$B\neq0$ 时，平面 $By+D=0$ 垂直于 y 轴且平行于 zOx 平面.

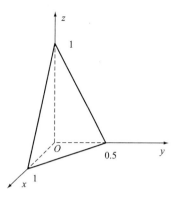

图 6-8

四、空间曲线

一般而言，空间曲线可看作空间两个曲面的交线. 设 $F(x, y, z)=0$ 和 $G(x, y, z)=0$ 是两个空间曲面，它们的交线为 C，则
$$\begin{cases} F(x, y, z)=0, \\ G(x, y, z)=0, \end{cases}$$
上式即为空间曲线 C 的一般式.

五、常见的二次曲面

（一）柱面（cylinder）

平行于定直线 L（一般为坐标轴），并沿定曲线 C 移动的动直线 k 的轨迹称为柱面（见图 6-9）. 动直线 k 称为柱面的母线，定曲线 C 称为柱面的准线.

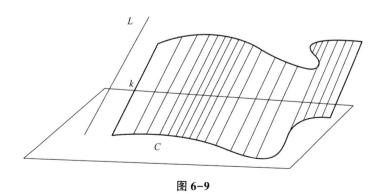

图 6-9

1. 椭圆柱面

方程

$$\frac{x^2}{a^2} + \frac{y^2}{b^2} = 1$$

所表示的曲面称为**椭圆柱面**.

用坐标面 $xOy(z=0)$ 截曲面 $\frac{x^2}{a^2} + \frac{y^2}{b^2} = 1$ 所得截痕为中心在原点的椭圆

$$\begin{cases} \frac{x^2}{a^2} + \frac{y^2}{b^2} = 1, \\ z = 0, \end{cases}$$

它的两个半轴分别为 a 及 b. 用平行于平面 $z=0$ 的平面 $z=\pm z_1$ 截曲面 $\frac{x^2}{a^2} + \frac{y^2}{b^2} = 1$ 所得截痕为中心在 z 轴上的椭圆

$$\begin{cases} \frac{x^2}{a^2} + \frac{y^2}{b^2} = 1, \\ z = z_1, \end{cases} \text{和} \begin{cases} \frac{x^2}{a^2} + \frac{y^2}{b^2} = 1, \\ z = -z_1. \end{cases}$$

实际上，可以看成将椭圆

$$\begin{cases} \frac{x^2}{a^2} + \frac{y^2}{b^2} = 1, \\ z = 0, \end{cases}$$

上下平移而成.

综上所述，可知**椭圆柱面** $\frac{x^2}{a^2} + \frac{y^2}{b^2} = 1$ 的形状如

图 6-10 所示.

当 $a=b$ 时，$x^2+y^2=a^2$ 称为**圆柱面**.

2. 抛物柱面

方程

$$x^2 = 2z$$

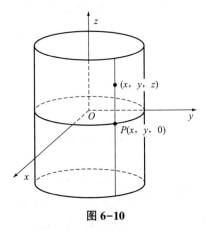

图 6-10

所表示的曲面称为**抛物柱面**. 读者可用截痕法对它进行讨论，它的形状如图 6-11 所示.

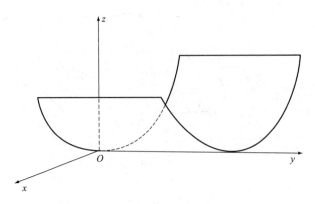

图 6-11

3. 双曲柱面

方程

$$\frac{y^2}{b^2} - \frac{x^2}{a^2} = 1$$

所表示的曲面称为**双曲柱面**. 读者可用截痕法对它进行讨论, 它的形状如图 6-12 所示.

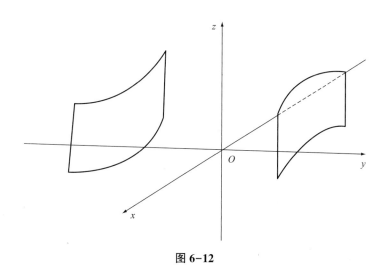

图 6-12

一般地, 在空间直角坐标系中, 方程 $F(x, y) = 0$ 表示母线平行于 z 轴, 准线在 xOy 面上的柱面; 方程 $G(x, z) = 0$ 表示母线平行于 y 轴, 准线在 xOz 面上的柱面; 方程 $H(y, z) = 0$ 表示母线平行于 x 轴, 准线在 yOz 面上的柱面.

（二）椭球面（ellipsoid）

方程

$$\frac{x^2}{a^2} + \frac{y^2}{b^2} + \frac{z^2}{c^2} = 1 \ (a > 0, \ b > 0, \ c > 0)$$

所表示的曲面称为**椭球面**, 其中 a, b, c 为椭球面的半轴.

由方程 $\frac{x^2}{a^2} + \frac{y^2}{b^2} + \frac{z^2}{c^2} = 1$ 知 $\frac{x^2}{a^2} \leqslant 1$, $\frac{y^2}{b^2} \leqslant 1$, $\frac{z^2}{c^2} \leqslant 1$, 即 $|x| \leqslant a$, $|y| \leqslant b$, $|z| \leqslant c$, 这说明椭球面位于 $x = \pm a$, $y = \pm b$, $z = \pm c$ 所围成的长方体内.

用截痕法可以画出椭球面的图形. 显然, 椭球面关于坐标面、坐标轴和坐标原点都是对称的, 如图 6-13 所示.

若 $a = b$, 则方程 $\frac{x^2}{a^2} + \frac{y^2}{b^2} + \frac{z^2}{c^2} = 1$ 变为 $\frac{x^2 + y^2}{a^2} + \frac{z^2}{c^2} = 1$, 它表示 zOx 面上的椭圆 $\frac{x^2}{a^2} + \frac{z^2}{c^2} = 1$ 或 yOz 面上的椭圆 $\frac{y^2}{a^2} + \frac{z^2}{c^2} = 1$ 绕 z 轴旋转一周而成的旋转椭球面.

若 $a = b = c$, 则方程 $\frac{x^2}{a^2} + \frac{y^2}{b^2} + \frac{z^2}{c^2} = 1$ 变为 $x^2 + y^2 + z^2 = a^2$, 它表示球心在原点, 半径为 a 的球面. 因此, 球面是椭球面的一种特殊情形, 旋转椭球面是椭球面的特殊情况.

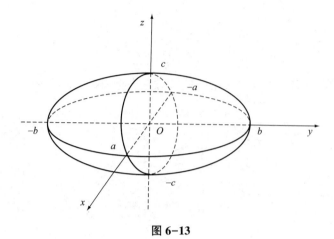

图 6-13

（三）锥面（conical surface）

方程

$$\frac{x^2}{a^2} + \frac{y^2}{b^2} - \frac{z^2}{c^2} = 0 \, (a > 0, \ b > 0, \ c > 0)$$

所表示的曲面称为**椭圆锥面**，如图 6-14 所示.

当 $a = b$ 时，$\dfrac{x^2}{a^2} + \dfrac{y^2}{a^2} - \dfrac{z^2}{c^2} = 0$ 称为**圆锥面**.

曲面 $z = \sqrt{x^2 + y^2}$ 为上半圆锥面，如图 6-15 所示.

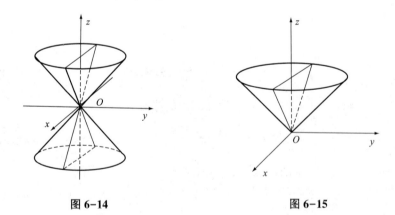

图 6-14　　　　　　　　　　　图 6-15

（四）抛物面（paraboloid）

由方程

$$\frac{x^2}{a^2} + \frac{y^2}{b^2} = z$$

所表示的曲面称为**椭圆抛物面**.

用截痕法可以画出椭圆抛物面的图形，如图 6-16 所示.

当 $a=b$ 时，方程 $\dfrac{x^2}{a^2}+\dfrac{y^2}{a^2}=z$ 称为 **旋转抛物面**. 它可以看

成是由 xOz 平面上的抛物线 $\dfrac{x^2}{a^2}=z$ 或 yOz 面上的抛物线

$\dfrac{y^2}{a^2}=z$ 绕 z 轴旋转一周而成的旋转抛物面.

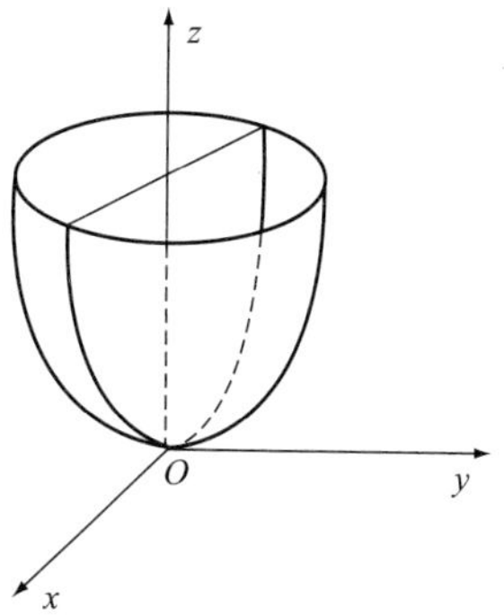

图 6-16

六、空间曲线在坐标面上的投影

设空间曲线 C 的一般式为

$$\begin{cases} F(x,\ y,\ z)=0, \\ G(x,\ y,\ z)=0, \end{cases}$$

消去方程组中的变量 z，得母线平行于 z 轴的投影柱面方程 $Q(x,\ y)=0$，与 xOy 坐标平面方程 $z=0$ 联立，得投影到 xOy 平面上的投影曲线 L 的方程为

$$\begin{cases} Q(x,\ y)=0, \\ z=0. \end{cases}$$

同理，消去方程组中的变量 x，得母线平行于 x 轴的投影柱面方程 $R(y,\ z)=0$，与 yOz 坐标平面方程 $x=0$ 联立，得投影到 yOz 平面上的投影曲线方程为

$$\begin{cases} R(y,\ z)=0, \\ x=0. \end{cases}$$

消去方程组中的变量 y，得母线平行于 y 轴的投影柱面方程 $T(x,\ z)=0$，与 xOz 坐标平面方程 $y=0$ 联立，得投影到 xOz 平面上的投影曲线方程为

$$\begin{cases} T(x,\ z)=0, \\ y=0. \end{cases}$$

【例 7】　求空间曲线 $C:\begin{cases} x^2+y^2+z^2=R^2, \\ x^2+y^2=z^2 \end{cases}$ 在 xOy 平面上的投影曲线方程.

解　从方程组中消去变量 z，得母线平行于 z 轴的投影柱面方程

$$x^2+y^2=\frac{R^2}{2},$$

于是，所求的投影曲线 L 的方程为

$$\begin{cases} x^2+y^2=\dfrac{R^2}{2}, \\ z=0. \end{cases}$$

在 xOy 坐标平面上的投影曲线 L 是一个以原点为圆心，$\dfrac{R}{\sqrt{2}}$ 为半径的圆，如图 6-17 所示.

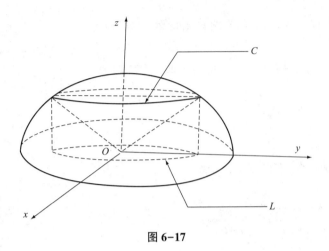

图 6-17

习题 6-1

1. 分别求点 $P(2, 5, -4)$ 关于各坐标面、各坐标轴及原点对称的点的坐标.

2. 求点 $P(4, -3, 5)$ 到各坐标面、各坐标轴及原点的距离.

3. 根据下列条件求点 B 的未知坐标：

(1) $A(4, -7, 1)$，$B(6, 2, z)$，$|AB| = 11$；

(2) $A(2, 3, 4)$，$B(x, -2, 4)$，$|AB| = 5$.

4. 已知空间两点 $P_1(1, 2, -1)$ 和 $P_2(2, 0, 1)$，求 $|P_1P_2|$.

5. 试证：以点 $A(4, 1, 9)$，$B(10, -1, 6)$，$C(2, 4, 3)$ 为顶点的三角形是等腰直角三角形.

6. 已知空间中某一动点 P 到原点的距离等于 3，求动点 P 的运动轨迹的方程.

7. 求满足下列条件的球面方程：

(1) 球心在 $(-1, -3, 2)$，球面通过点 $(1, -1, 1)$；

(2) 一直径的两个端点坐标是 $(2, -3, 5)$ 和 $(4, 1, -3)$；

(3) 球面通过点 $(1, -1, 1)$，$(1, 2, -1)$，$(2, 5, 0)$ 和坐标原点.

8. 求下列球面的球心和半径：

(1) $x^2 + y^2 + z^2 - 2x + 4y - 6z = 0$；

(2) $x^2 + y^2 + z^2 - 4y + 2z = 0$.

9. 求满足下列条件的空间平面方程：

(1) 平行于 xOz 平面且经过点 $(2, -5, 3)$；

(2) 通过 z 轴和点 $(-3, 1, -2)$；

(3) 平面通过点 $(2, 1, -1)$ 且在 x 轴和 y 轴上的截距分别为 2 和 1.

10. 指出下列空间平面的位置特点，并作出该平面图形：

(1) $3y - 1 = 0$；　　　　　　　(2) $y + z = 1$；

(3) $2x - 3y - 6 = 0$；　　　　　(4) $x - 2z = 0$.

11. 求下列空间曲线在 xOy 平面、yOz 平面及 xOz 平面上的投影曲线方程:

(1) $\begin{cases} x^2+y^2-z=1, \\ z=x+1; \end{cases}$　　　　　　(2) $\begin{cases} z=x^2+y^2, \\ y=x. \end{cases}$

12. 指出下列方程所表示的空间曲面,并作出其图形:

(1) $\dfrac{x^2}{4}+\dfrac{y^2}{9}=z$;　　　　　　(2) $x^2+\dfrac{y^2}{4}+\dfrac{z^2}{9}=1$;

(3) $x^2+y^2=\dfrac{z^2}{4}$;　　　　　　(4) $z=6-x^2-y^2$.

第二节　多元函数的概念、极限与连续性

一、平面区域

在第一章的一元函数概念中,我们曾经介绍了一元函数的定义域,它们通常由数轴上的区间构成,区间分为开区间、闭区间和半开半闭区间. 但是,对于我们将要介绍的二元函数,由于自变量有两个,函数的定义域自然要在平面上进行研究,因此,首先要介绍平面区域和平面上点的邻域等概念.

定义 6.2　设 $P_0(x_0, y_0)$ 为 xOy 平面上一定点,δ 为正数,则以 P_0 为圆心,δ 为半径的圆形开区域称为**点 P_0 的 δ 邻域**,记为 $U(P_0, \delta)$ 或 $U(P_0)$,即

$$U(P_0, \delta) = \{(x, y) \mid (x-x_0)^2+(y-y_0)^2 < \delta^2\}.$$

而 $U(P_0, \delta)$ 去掉点 P_0 称为**点 P_0 的去心 δ 邻域**,记为 $\mathring{U}(P_0, \delta)$,即

$$\mathring{U}(P_0, \delta) = U(P_0, \delta) - P_0 = \{(x, y) \mid 0 < (x-x_0)^2+(y-y_0)^2 < \delta^2\}.$$

定义 6.3　设 E 是平面上的一个点集,如果 E 中的点满足下面两个条件,则称 E 为**开区域**(open region).

(1) 对于 E 中的任意一点 P,都能找到它的一个邻域使得该邻域能够包含在点集 E 中.

(2) 对于 E 中的任意两点,都能用包含在 E 中的折线连接起来,即折线上的点都在 E 中.

开区域简称**区域**(region).

定义 6.4　设 E 是平面区域,P 是平面上的任意一点,如果存在点 P 的某个邻域 $U(P)$,使得 $U(P) \subset E$,则称 P 为 E 的**内点**(interior point),如果存在点 P 的某个邻域 $U(P)$,使得 $U(P) \cap E = \varnothing$,则称 P 为 E 的**外点**(exterior point)(如图 6-18 所示). 如果 P 的任何一个邻域中,既含有 E 中的点,也含有不是 E 中的点,那么 P 称为 E 的**边界点**(boundary point)(如图 6-19 所示). 所有边界点的集合称为 E 的**边界**,开区域和它的边界一起构成的集合称为**闭区域**(closed region).

D 的内点必定属于 D;D 的外点必定不属于 D;D 的边界点可能属于 D,也可能不属于 D. 区域(或闭区域)分为**有界区域**(bounded region)和**无界区域**(unbounded region). 一个区

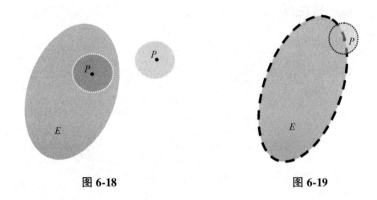

| 图 6-18 | 图 6-19 |

例如，xOy 平面上以原点为圆心，以 a 为半径的圆的圆周及内部区域是一个有界闭区域（见图 6-20），而 xOy 平面上满足 $y<2x+1$ 的点 (x, y) 所构成的区域（见图 6-21）是一个无界开区域.

在图 6-21 中，虚线表示该区域不包含边界.

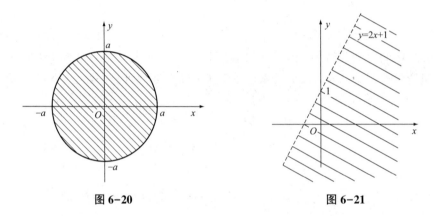

| 图 6-20 | 图 6-21 |

二、多元函数的概念

类似一元函数的概念，我们给出二元函数的概念.

定义 6.5　设有三个变量 x，y 和 z，如果当变量 x，y 在某一平面区域 D 内任取一组值时，变量 z 按照一定的法则 f 都有唯一确定的数值与之对应，则称 f 是定义在 D 上的**二元函数**（function of two variables），记为
$$z=f(x, y), (x, y) \in D,$$
其中变量 x，y 称为**自变量**，变量 z 称为**因变量**，x，y 的取值区域 D 称为二元函数 f 的**定义域**.

对于 D 上任意一点 (x_0, y_0)，对应的因变量 z 的取值 $z_0 = f(x_0, y_0)$ 称为函数 f 在点 (x_0, y_0) 处的**函数值**，函数值的全体称为该二元函数的**值域**.

类似地，可以定义有三个自变量 x，y，z 和因变量 u 的三元函数 $u=f(x, y, z)$ 以及三元以上的函数.

一般地，我们将二元及二元以上的函数统称为**多元函数**（multivariate function）.

同一元函数一样,二元函数的定义域是指使函数关系式有意义的所有点组成的一个平面区域.

【例1】 圆柱体的体积 V 与底半径 r 和高 h 的关系是

$$V = \pi r^2 h.$$

当变量 r, h 在正实数范围内任取一组数值时,根据上述对应关系 V 的值也就唯一确定了.

【例2】 在生产中,产量 Q 与投入的劳动力 L 和资金 K 之间有关系式

$$Q = AL^{\alpha}K^{\beta},$$

其中 A, α, β 为常数,这个关系式称为柯布—道格拉斯生产函数. 当劳动力 L 和资金 K 确定时,产量 Q 的值也由上述对应关系唯一确定.

【例3】 求下列函数的定义域:

$(1) z = \sqrt{a^2 - x^2 - y^2}\ (a > 0)$;

$(2) z = \ln(1 + 2x - y)$.

解 (1)因为 $a^2 - x^2 - y^2 \geq 0$,即 $x^2 + y^2 \leq a^2$,所以函数的定义域为

$$D = \{(x, y)\,|\,x^2 + y^2 \leq a^2\},$$

它是 xOy 平面上以原点为圆心,半径为 a 的圆周和圆内区域,如图 6-20 所示.

(2)因为 $1 + 2x - y > 0$,即 $y < 1 + 2x$,所以函数的定义域为

$$D = \{(x, y)\,|\,y < 1 + 2x\},$$

它是 xOy 平面上在直线 $y = 1 + 2x$ 下方,但不含此直线的半平面区域,如图 6-21 所示.

【例4】 求函数 $z = f(x, y) = \dfrac{1}{\sqrt{4 - x^2 - y^2}} + \ln(x^2 + y^2 - 1)$ 的定义域,并计算 $f(1, -1)$.

解 因为 $4 - x^2 - y^2 > 0$,且 $x^2 + y^2 - 1 > 0$,即

$$x^2 + y^2 < 4\ ,\ \text{且}\ x^2 + y^2 > 1,$$

所以函数 $f(x, y)$ 的定义域为

$$D = \{(x, y)\,|\,1 < x^2 + y^2 < 4\},$$

它是 xOy 平面上以原点为圆心,内圆半径为 1,外圆半径为 2 的圆环开区域,如图 6-22 所示.

而 $f(1, -1) = \dfrac{1}{\sqrt{4 - 1^2 - (-1)^2}} + \ln\left[1^2 + (-1)^2 - 1\right]$

$= \dfrac{\sqrt{2}}{2}.$

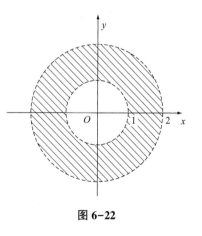

图 6-22

一元函数 $y = f(x)$ 在几何上通常是平面直角坐标系中的一条曲线. 二元函数 $z = f(x, y)$ 在几何上通常是空间直角坐标系中的一个曲面,这个曲面称为二元函数 $z = f(x, y)$ 的图形,而函数 $z = f(x, y)$ 的定义域 D 恰好就是这个曲面在 xOy 平面上的投影,如图 6-23 所示.

例如，函数 $z=\sqrt{a^2-x^2-y^2}$ 的图形就是空间直角坐标系中的一个曲面，是球心在坐标原点，半径为 a 的上半个球面，而定义域 $D=\{(x,y)\mid x^2+y^2\leqslant a^2\}$ 恰好就是这个上半球面在 xOy 平面上的投影，如图 6-24 所示.

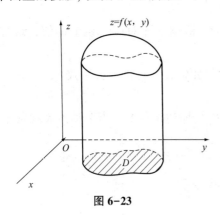

图 6-23

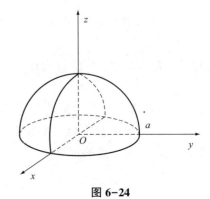

图 6-24

三、二元函数的极限

下面研究当动点 $P(x,y)$ 趋向于点 $P_0(x_0,y_0)$ 时，函数 $z=f(x,y)$ 的变化趋势.

定义 6.6 若存在常数 A，$\forall\varepsilon>0$，$\exists\delta>0$，当点 $P(x,y)\in\mathring{U}(P_0,\delta)$ 时，恒有 $|f(x,y)-A|<\varepsilon$，则称常数 A 为函数 $f(x,y)$ 当 $(x,y)\to(x_0,y_0)$ 时的极限. 记作

$$\lim_{\substack{x\to x_0\\y\to y_0}}f(x,y)=A,$$

或

$$\lim_{(x,y)\to(x_0,y_0)}f(x,y)=A.$$

二元函数的极限称为**二重极限**(double limit).

在这里，所谓的 $P(x,y)\to P_0(x_0,y_0)$，指的是点 P 到点 P_0 的距离趋于零，即

$$\sqrt{(x-x_0)^2+(y-y_0)^2}\to 0.$$

定义 6.6 中点 $P(x,y)$ 趋近于点 $P_0(x_0,y_0)$ 的方式是任意的，当点 $P(x,y)$ 仅仅按某些特殊方式趋近于点 $P_0(x_0,y_0)$ 时，函数 $f(x,y)$ 趋于某个确定值，并不能说明函数 $f(x,y)$ 在点 $P_0(x_0,y_0)$ 处的极限存在.

【例5】 证明函数 $z=\dfrac{xy}{x^2+y^2}$ 在点 $(0,0)$ 处的极限不存在.

证明 因为点 (x,y) 趋于点 $(0,0)$ 时，可以有无数个不同方向，当点 (x,y) 沿直线 $y=kx$ 趋于点 $(0,0)$ 时

$$\lim_{\substack{y=kx\\x\to 0}}\frac{xy}{x^2+y^2}=\lim_{x\to 0}\frac{xkx}{x^2+k^2x^2}=\frac{k}{1+k^2},$$

6.2 二重极限存在
与不存在的举例

极限值随着 k 值的不同而改变，所以极限 $\lim\limits_{\substack{x\to 0\\y\to 0}}\dfrac{xy}{x^2+y^2}$ 不存在.

多元函数的极限运算与一元函数极限的运算法则类似. 有时可以用变量代换方法将多元函数的极限运算转化为一元函数的极限运算问题.

【例 6】　求 $\lim\limits_{\substack{x\to 0\\y\to 0}}\dfrac{x^2y^2}{x^2+y^2}$.

解　因为 $0\leqslant\dfrac{x^2y^2}{x^2+y^2}\leqslant\dfrac{x^2y^2+x^4}{x^2+y^2}=x^2$, 且 $\lim\limits_{\substack{x\to 0\\y\to 0}}x^2=0$, 所以 $\lim\limits_{\substack{x\to 0\\y\to 0}}\dfrac{x^2y^2}{x^2+y^2}=0$.

【例 7】　求 $\lim\limits_{\substack{x\to 0\\y\to 0}}\dfrac{\sqrt{xy+1}-1}{xy}$.

解　$\lim\limits_{\substack{x\to 0\\y\to 0}}\dfrac{\sqrt{xy+1}-1}{xy}=\lim\limits_{\substack{x\to 0\\y\to 0}}\dfrac{1}{\sqrt{xy+1}+1}=\dfrac{1}{2}$.

【例 8】　求 $\lim\limits_{\substack{x\to 0\\y\to 0}}\dfrac{x+y}{\sin(4x+4y)}$.

解　$\lim\limits_{\substack{x\to 0\\y\to 0}}\dfrac{x+y}{\sin(4x+4y)}\xlongequal{x+y=t}\lim\limits_{t\to 0}\dfrac{t}{\sin 4t}=\dfrac{1}{4}$.

【例 9】　求 $\lim\limits_{\substack{x\to 0\\y\to 0}}xy\sin\dfrac{1}{x^2+y^2}$.

解　由于 $\lim\limits_{\substack{x\to 0\\y\to 0}}xy=0$, 而 $\left|\sin\dfrac{1}{x^2+y^2}\right|\leqslant 1$, 所以 $\lim\limits_{\substack{x\to 0\\y\to 0}}xy\sin\dfrac{1}{x^2+y^2}=0$.

四、二元函数的连续性

类似于一元函数连续的概念, 可以给出二元函数连续的定义.

定义 6.7　设二元函数 $z=f(x,y)$ 在点 $P_0(x_0,y_0)$ 的某个邻域内有定义, 如果满足
$$\lim\limits_{\substack{x\to x_0\\y\to y_0}}f(x,y)=f(x_0,y_0),$$
则称函数 $f(x,y)$ 在点 $P_0(x_0,y_0)$ 处**连续**, 点 $P_0(x_0,y_0)$ 称为函数 $f(x,y)$ 的**连续点**.

如果函数 $f(x,y)$ 在点 $P_0(x_0,y_0)$ 处不连续, 则称点 $P_0(x_0,y_0)$ 为函数 $f(x,y)$ 的**间断点**.

【例 10】　设
$$f(x,y)=\begin{cases}\dfrac{xy}{x^2+y^2}, & x^2+y^2\neq 0,\\[2mm] 0, & x^2+y^2=0,\end{cases}$$
试判断函数 $f(x,y)$ 在点 $(0,0)$ 处是否连续.

解　由例 5 知 $\lim\limits_{\substack{x\to 0\\y\to 0}}\dfrac{xy}{x^2+y^2}$ 不存在, 所以函数 $f(x,y)$ 在点 $(0,0)$ 处不连续.

【例 11】 设

$$f(x, y) = \begin{cases} \dfrac{x^2 y^2}{x^2+y^2}, & x^2+y^2 \neq 0, \\ 0, & x^2+y^2 = 0, \end{cases}$$

试判断函数 $f(x, y)$ 在点 $(0, 0)$ 处是否连续.

解　由例 6 知 $\lim\limits_{\substack{x\to 0 \\ y\to 0}} \dfrac{x^2 y^2}{x^2+y^2} = 0 = f(0, 0)$，所以函数 $f(x, y)$ 在点 $(0, 0)$ 处连续.

【例 12】　求函数 $f(x, y) = \dfrac{2}{x-y}$ 的间断点.

解　当 $x-y=0$ 时，函数 $f(x, y) = \dfrac{2}{x-y}$ 没有定义，所以直线 $y=x$ 上的点都是函数 $f(x, y)$ 的间断点.

如果函数 $f(x, y)$ 在平面区域 D 内每一点处都连续，则称 $f(x, y)$ **在 D 内连续**，也称函数 $f(x, y)$ 是 D 内的连续函数.

与一元函数相似，二元连续函数的和、差、积、商(分母不为零)仍为连续函数；二元连续函数的复合函数也是连续函数. 因此二元初等函数在其定义区域内总是连续的. 计算二元初等函数在其定义区域内某一点 $P_0(x_0, y_0)$ 处的极限值，只需求它在该点处的函数值即可.

【例 13】　求 $\lim\limits_{\substack{x\to 0 \\ y\to 1}} \dfrac{\sin x + \ln(x+y) + 2y}{2x + xy - y^2}$.

解　由于 $f(x, y) = \dfrac{\sin x + \ln(x+y) + 2y}{2x + xy - y^2}$ 在点 $(0, 1)$ 处连续，所以

$$\lim\limits_{\substack{x\to 0 \\ y\to 1}} \dfrac{\sin x + \ln(x+y) + 2y}{2x + xy - y^2} = \dfrac{\sin 0 + \ln(0+1) + 2\cdot 1}{2\cdot 0 + 0 \cdot 1 - 1^2} = -2.$$

最后我们列举有界闭域上的多元连续函数的几个性质，这些性质与有界闭区间上一元连续函数的性质相似.

性质 6.1(有界定理)　有界闭区域 D 上的多元连续函数是 D 上的有界函数.

性质 6.2(最值定理)　有界闭区域 D 上的多元连续函数在 D 上存在最大值和最小值.

性质 6.3(介值定理)　有界闭区域 D 上的多元连续函数必取得介于最大值和最小值之间的任何值.

习题 6-2

1. 求下列函数的定义域，并画出定义域的图形：

(1) $z = \sqrt{x} + y$；

(2) $z = \sqrt{1-x^2} + \sqrt{y^2-1}$；

(3) $z = \ln(x+y+3)$；

(4) $z = \dfrac{1}{1-x^2-y^2}$；

(5) $z = 1 + \sqrt{x-y}$；

(6) $z = \sqrt{9-x^2-y^2} + \ln(x^2-y)$.

2. 设函数 $f(x, y) = \mathrm{e}^x(x^2+y^2+2y+2)$，求 $f(-1, 0)$，$f(0, -1)$.

3. 设函数 $f(x, y) = x^2 + y^2 - xy\tan\dfrac{x}{y}$，求 $f(tx, ty)$。

4. 设函数 $f(x+y, xy) = \dfrac{xy}{x^2+y^2}$，求 $f(x, y)$。

5. 设函数 $f\left(x+y, \dfrac{y}{x}\right) = x^2 - y^2$，求 $f(x, y)$。

6. 求下列极限：

（1）$\lim\limits_{\substack{x\to 1 \\ y\to 3}} \dfrac{xy}{\sqrt{1+xy}-1}$；

（2）$\lim\limits_{\substack{x\to 0 \\ y\to 0}} \left(x\sin\dfrac{1}{y} + y\sin\dfrac{1}{x}\right)$；

（3）$\lim\limits_{\substack{x\to 0 \\ y\to 0}} \dfrac{\sqrt{4+xy}-2}{xy}$；

（4）$\lim\limits_{\substack{x\to 0 \\ y\to 1}} \left[\dfrac{\sin(xy)}{x} + (x+y)^2\right]$。

7. 设

$$f(x, y) = \begin{cases} xy\sin\dfrac{1}{x^2+y^2}, & x^2+y^2 \neq 0, \\ 0, & x^2+y^2 = 0, \end{cases}$$

判断函数 $f(x, y)$ 在点 $(0, 0)$ 处是否连续。

第三节　偏导数

在一元函数微分学中，函数 $y = f(x)$ 的导数是研究因变量的增量 Δy 与自变量的增量 Δx 之比的极限 $\lim\limits_{\Delta x\to 0}\dfrac{\Delta y}{\Delta x}$，反映的是因变量对自变量的变化率问题。对于多元函数来说，因变量与自变量的关系比一元函数要复杂得多。为了反映因变量依赖于某个自变量的变化情况，往往将其他自变量都看作是常量，这样就得到了偏导数的概念。

一、偏导数的定义与计算

1. 偏导数的定义

定义 6.8　设函数 $z = f(x, y)$ 在点 $P_0(x_0, y_0)$ 的某一邻域内有定义，当 y 固定在 y_0，而 x 从 x_0 改变到 $x_0+\Delta x(\Delta x \neq 0)$ 时，相应的函数值 $z = f(x, y)$ 的改变量 $\Delta_x z$ 为

$$\Delta_x z = f(x_0+\Delta x, y_0) - f(x_0, y_0)。$$

如果极限

$$\lim\limits_{\Delta x\to 0} \dfrac{f(x_0+\Delta x, y_0) - f(x_0, y_0)}{\Delta x}$$

存在，则称此极限值为**函数 $z = f(x, y)$ 在点 (x_0, y_0) 处关于 x 的偏导数**（partial derivative），记为

$$f_x'(x_0, y_0)，\text{或}\, z_x'(x_0, y_0)，\text{或}\, \dfrac{\partial f}{\partial x}\bigg|_{(x_0, y_0)}，\text{或}\, \dfrac{\partial z}{\partial x}\bigg|_{(x_0, y_0)}。$$

类似地，当 x 固定在 x_0，而 y 从 y_0 改变到 $y_0+\Delta y(\Delta y\neq 0)$ 时，相应的函数 $z=f(x,y)$ 的改变量 $\Delta_y z$ 为

$$\Delta_y z=f(x_0,y_0+\Delta y)-f(x_0,y_0).$$

如果极限

$$\lim_{\Delta y\to 0}\frac{f(x_0,y_0+\Delta y)-f(x_0,y_0)}{\Delta y}$$

存在，则称此极限值为**函数 $z=f(x,y)$ 在点 (x_0,y_0) 处关于 y 的偏导数**，记为

$$f_y'(x_0,y_0)，\text{或} z_y'(x_0,y_0)，\text{或} \frac{\partial f}{\partial y}\bigg|_{(x_0,y_0)}，\text{或} \frac{\partial z}{\partial y}\bigg|_{(x_0,y_0)}.$$

由上述定义可以看到，$f_x'(x_0,y_0)$ 实际上就是关于 x 的一元函数 $f(x,y_0)$ 在 x_0 点的导数，$f_y'(x_0,y_0)$ 就是关于 y 的一元函数 $f(x_0,y)$ 在 y_0 点的导数.

如果函数 $z=f(x,y)$ 在区域 D 上每一点 (x,y) 处关于 x 的偏导数都存在，这个偏导数仍是区域 D 上的一个二元函数，称它为**函数 $z=f(x,y)$ 关于 x 的偏导函数**，记作

$$f_x'(x,y)，z_x'，\frac{\partial z}{\partial x}，\frac{\partial f}{\partial x}.$$

类似地，可以定义**函数 $z=f(x,y)$ 关于 y 的偏导函数**，记作

$$f_y'(x,y)，z_y'，\frac{\partial z}{\partial y}，\frac{\partial f}{\partial y}.$$

一般地，偏导函数简称为偏导数.

类似地，可以定义三元函数及其他多元函数的偏导数.

2. 偏导数的计算

由定义 6.8 可知，在求函数 $z=f(x,y)$ 对某一自变量的偏导数时，只要把其他的自变量看成常量，用一元函数求导法则即可求得.

【例 1】　设 $z=3x^2+5xy^2+3y^4$，求 $\dfrac{\partial z}{\partial x}$，$\dfrac{\partial z}{\partial y}$.

解　把 y 看成常量，对 x 求导，得

$$\frac{\partial z}{\partial x}=6x+5y^2；$$

把 x 看成常量，对 y 求导，得

$$\frac{\partial z}{\partial y}=10xy+12y^3.$$

【例 2】　设 $z=x^y(x>0，x\neq 1，y$ 为任意实数$)$，求 $\dfrac{\partial z}{\partial x}$，$\dfrac{\partial z}{\partial y}$.

解　把 y 看成常量，此时 $z=x^y$ 是 x 的幂函数，对 x 求导，得

$$\frac{\partial z}{\partial x}=yx^{y-1}；$$

把 x 看成常量，此时 $z=x^y$ 是 y 的指数函数，对 y 求导，得

$$\frac{\partial z}{\partial y}=x^y\ln x.$$

【例3】　设 $z = x - 2y + \ln\sqrt{x^2+y^2} + 3e^{xy}$，求 z'_x，z'_y.

解　由于 $z = x - 2y + \dfrac{1}{2}\ln(x^2+y^2) + 3e^{xy}$，把 y 看成常量，对 x 求导，得

$$z'_x = 1 + \frac{x}{x^2+y^2} + 3ye^{xy};$$

把 x 看成常量，对 y 求导，得

$$z'_y = -2 + \frac{y}{x^2+y^2} + 3xe^{xy}.$$

【例4】　设 $f(x, y) = x\ln(x+\ln y)$，求 $f'_x(1, e)$，$f'_y(1, e)$.

解　把 y 看成常量，对 x 求导，得

$$f'_x(x, y) = \ln(x+\ln y) + \frac{x}{x+\ln y},$$

将 $(1, e)$ 代入，得

$$f'_x(1, e) = \ln(1+\ln e) + \frac{1}{1+\ln e} = \ln 2 + \frac{1}{2}.$$

把 x 看成常量，对 y 求导，得

$$f'_y(x, y) = x \cdot \frac{1}{x+\ln y} \cdot \frac{1}{y} = \frac{x}{xy+y\ln y},$$

将 $(1, e)$ 代入，得

$$f'_y(1, e) = \frac{1}{1 \cdot e + e\ln e} = \frac{1}{2e}.$$

【例5】　设 $u = \sqrt{x^2+y^2+z^2}$，求证：$\left(\dfrac{\partial u}{\partial x}\right)^2 + \left(\dfrac{\partial u}{\partial y}\right)^2 + \left(\dfrac{\partial u}{\partial z}\right)^2 = 1$.

证明　$u = \sqrt{x^2+y^2+z^2}$ 是关于 x，y，z 的三元函数，把 y 和 z 看成常量，对 x 求导，得

$$\frac{\partial u}{\partial x} = \frac{x}{\sqrt{x^2+y^2+z^2}} = \frac{x}{u}.$$

同理可得

$$\frac{\partial u}{\partial y} = \frac{y}{\sqrt{x^2+y^2+z^2}} = \frac{y}{u},$$

$$\frac{\partial u}{\partial z} = \frac{z}{\sqrt{x^2+y^2+z^2}} = \frac{z}{u},$$

所以 $\left(\dfrac{\partial u}{\partial x}\right)^2 + \left(\dfrac{\partial u}{\partial y}\right)^2 + \left(\dfrac{\partial u}{\partial z}\right)^2 = \left(\dfrac{x}{u}\right)^2 + \left(\dfrac{y}{u}\right)^2 + \left(\dfrac{z}{u}\right)^2 = \dfrac{x^2+y^2+z^2}{u^2} = 1$.

【例6】　设

$$f(x, y) = \begin{cases} \dfrac{xy}{x^2+y^2}, & x^2+y^2 \neq 0, \\ 0, & x^2+y^2 = 0, \end{cases}$$

求函数 $f(x, y)$ 在点 $(0, 0)$ 处的偏导数 $f'_x(0, 0)$，$f'_y(0, 0)$.

解　由偏导数的定义,得

$$f_x'(0, 0) = \lim_{\Delta x \to 0} \frac{f(0+\Delta x, 0) - f(0, 0)}{\Delta x}$$

$$= \lim_{\Delta x \to 0} \frac{\dfrac{(0+\Delta x) \cdot 0}{(0+\Delta x)^2 + 0^2} - 0}{\Delta x} = 0,$$

$$f_y'(0, 0) = \lim_{\Delta y \to 0} \frac{f(0, 0+\Delta y) - f(0, 0)}{\Delta y}$$

$$= \lim_{\Delta y \to 0} \frac{\dfrac{0 \cdot (0+\Delta y)}{0^2 + (0+\Delta y)^2} - 0}{\Delta y} = 0.$$

二、偏导数的几何意义及偏导数存在与连续的关系

由 $f_x'(x_0, y_0) = f'(x, y_0)\big|_{x=x_0}$, $f_y'(x_0, y_0) = f'(x_0, y)\big|_{y=y_0}$ 及导数的几何意义知:

$f_x'(x_0, y_0)$ 表示曲线 $C_1: \begin{cases} z=f(x, y), \\ y=y_0 \end{cases}$ 在点 (x_0, y_0, z_0) 处的切线对 x 轴的斜率; 同样,

$f_y'(x_0, y_0)$ 表示曲线 $C_2: \begin{cases} z=f(x, y), \\ x=x_0 \end{cases}$ 在点 (x_0, y_0, z_0) 处的切线对 y 轴的斜率, 如图 6-25 所示.

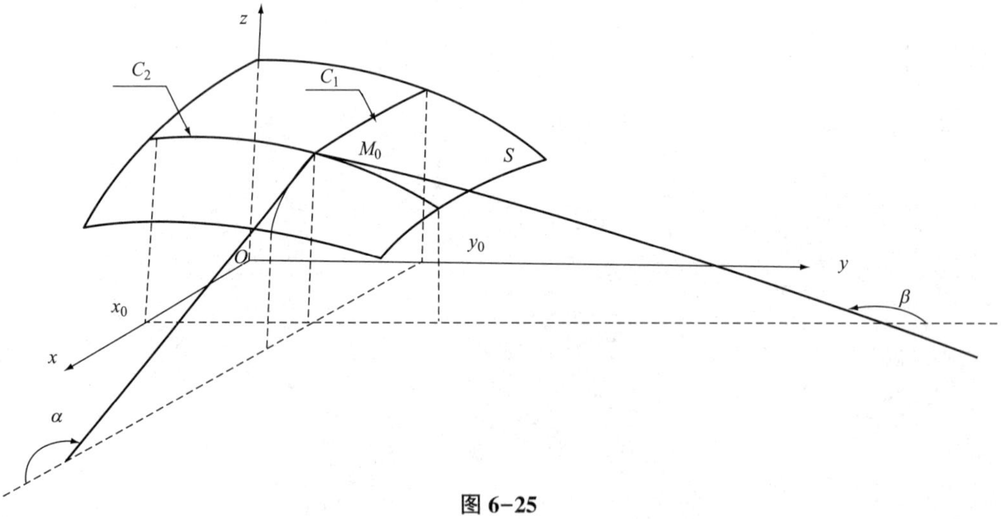

图 6-25

【例 7】　求曲线 $\begin{cases} z=\dfrac{x^2+y^2}{4}, \\ y=4 \end{cases}$ 在点 $(2, 4, 5)$ 处的切线对 x 轴的倾角 θ.

解　由于 $z_x'(x, y) = \dfrac{x}{2}$, 而 $z_x'(2, 4) = 1$, 故 $\tan\theta = 1$, 于是可得 $\theta = \dfrac{\pi}{4}$.

6.3　偏导数的
几何意义

我们知道,对一元函数而言,可导必连续,即如果一元函数在某一点处的导数存在,则函数在该点处一定连续. 但对多元函数来说,如果它在某一点的偏导数存在,并不能保证它在该点连续. 因为,偏导数存在只能保证点 $P(x,y)$ 沿着平行于相应坐标轴的方向趋于点 $P(x_0,y_0)$ 时,函数值 $f(x,y)$ 趋于 $f(x_0,y_0)$,但不能保证点 $P(x,y)$ 以任何方式趋于点 $P(x_0,y_0)$ 时,函数值 $f(x,y)$ 趋于 $f(x_0,y_0)$.

【例 8】 设

$$f(x,y)=\begin{cases} \dfrac{xy}{x^2+y^2}, & x^2+y^2\neq 0, \\ 0, & x^2+y^2=0, \end{cases}$$

求 $f(x,y)$ 在点 $(0,0)$ 处的偏导数 $f_x'(0,0)$,$f_y'(0,0)$,并判断 $f(x,y)$ 在点 $(0,0)$ 处的连续性.

解 由例 6 知 $f_x'(0,0)=0$,$f_y'(0,0)=0$,即函数 $f(x,y)$ 在点 $(0,0)$ 处的偏导数存在;又由上一节例 5 知 $\lim\limits_{\substack{x\to 0 \\ y\to 0}}\dfrac{xy}{x^2+y^2}$ 不存在,故函数 $f(x,y)$ 在点 $(0,0)$ 处不连续.

此例说明对多元函数而言,一点处偏导数存在并不能保证函数在该点连续.

三、高阶偏导数

设函数 $z=f(x,y)$ 在区域 D 内具有偏导数

$$\frac{\partial z}{\partial x}=f_x'(x,y),\ \frac{\partial z}{\partial y}=f_y'(x,y),$$

通常它们在区域 D 内还是 x,y 的函数.

定义 6.9 如果这两个函数的偏导数也存在,则称它们是函数 $z=f(x,y)$ 的**二阶偏导数**(second order partial derivative). 其中:

$\dfrac{\partial z}{\partial x}=f_x'(x,y)$ 关于 x 的偏导数称为函数 $z=f(x,y)$ **关于 x 的二阶偏导数**,记作 $\dfrac{\partial^2 z}{\partial x^2}$,$\dfrac{\partial^2 f}{\partial x^2}$,$z_{xx}''$ 或 $f_{xx}''(x,y)$,即 $\dfrac{\partial^2 z}{\partial x^2}=\dfrac{\partial}{\partial x}\left(\dfrac{\partial z}{\partial x}\right)$;

$\dfrac{\partial z}{\partial y}=f_y'(x,y)$ 关于 y 的偏导数称为函数 $z=f(x,y)$ **关于 y 的二阶偏导数**,记作 $\dfrac{\partial^2 z}{\partial y^2}$,$\dfrac{\partial^2 f}{\partial y^2}$,$z_{yy}''$ 或 $f_{yy}''(x,y)$,即 $\dfrac{\partial^2 z}{\partial y^2}=\dfrac{\partial}{\partial y}\left(\dfrac{\partial z}{\partial y}\right)$;

$\dfrac{\partial z}{\partial x}=f_x'(x,y)$ 关于 y 的偏导数称为函数 $z=f(x,y)$ **先对 x 后对 y 的二阶混合偏导数**,记作 $\dfrac{\partial^2 z}{\partial x\partial y}$,$\dfrac{\partial^2 f}{\partial x\partial y}$,$z_{xy}''$ 或 $f_{xy}''(x,y)$,即 $\dfrac{\partial^2 z}{\partial x\partial y}=\dfrac{\partial}{\partial y}\left(\dfrac{\partial z}{\partial x}\right)$;

$\dfrac{\partial z}{\partial y}=f_y'(x,y)$ 关于 x 的偏导数称为函数 $z=f(x,y)$ **先对 y 后对 x 的二阶混合偏导数**,记

作 $\dfrac{\partial^2 z}{\partial y \partial x}$，$\dfrac{\partial^2 f}{\partial y \partial x}$，$z''_{yx}$ 或 $f''_{yx}(x, y)$，即 $\dfrac{\partial^2 z}{\partial y \partial x} = \dfrac{\partial}{\partial x}\left(\dfrac{\partial z}{\partial y}\right)$.

类似地，可定义三阶和更高阶的偏导数.

【例9】　设 $z = x^2 y^3 + x^3 y^2 + e^{xy}$，求二阶偏导数 z''_{xx}，z''_{xy}，z''_{yx}，z''_{yy}.

解　一阶偏导数为

$$z'_x = 2xy^3 + 3x^2 y^2 + ye^{xy},$$
$$z'_y = 3x^2 y^2 + 2x^3 y + xe^{xy}.$$

二阶偏导数为

$$z''_{xx} = (2xy^3 + 3x^2 y^2 + ye^{xy})'_x = 2y^3 + 6xy^2 + y^2 e^{xy},$$
$$z''_{xy} = (2xy^3 + 3x^2 y^2 + ye^{xy})'_y = 6xy^2 + 6x^2 y + e^{xy} + xye^{xy},$$
$$z''_{yx} = (3x^2 y^2 + 2x^3 y + xe^{xy})'_x = 6xy^2 + 6x^2 y + e^{xy} + xye^{xy},$$
$$z''_{yy} = (3x^2 y^2 + 2x^3 y + xe^{xy})'_y = 6x^2 y + 2x^3 + x^2 e^{xy}.$$

在例9中，两个二阶混合偏导数是相等的，即二阶混合偏导数的值与求导次序无关. 对一般函数而言，在一点的两个二阶混合偏导数是否相等呢？我们有如下定理.

定理6.1　若函数 $z = f(x, y)$ 的两个二阶混合偏导数在点 (x, y) 处连续，则在该点有

$$\frac{\partial^2 z}{\partial x \partial y} = \frac{\partial^2 z}{\partial y \partial x}.$$

此定理说明，二阶混合偏导数在连续的条件下与求导次序无关. 进一步推广：高阶混合偏导数在连续的条件下与求导次序无关.

本章所讨论的二元函数一般都满足定理6.1的条件.

【例10】　设 $z = x^2 ye^y$，求 $z''_{xx}(1, 0)$，$z''_{xy}(1, 0)$ 和 $z''_{yy}(1, 0)$.

解　一阶偏导数为

$$z'_x = 2xye^y, \quad z'_y = x^2(1+y)e^y;$$

二阶偏导数为

$$z''_{xx} = (2xye^y)'_x = 2ye^y, \quad z''_{xy} = 2x(1+y)e^y = z''_{yx}, \quad z''_{yy} = [x^2(1+y)e^y]'_y = x^2(2+y)e^y;$$

所以

$$z''_{xx}(1, 0) = 2ye^y\big|_{(1, 0)} = 0, \quad z''_{xy}(1, 0) = 2x(1+y)e^y\big|_{(1, 0)} = 2,$$
$$z''_{yy}(1, 0) = x^2(2+y)e^y\big|_{(1, 0)} = 2.$$

【例11】　证明：函数 $z = \ln\sqrt{x^2 + y^2}$ 满足方程 $\dfrac{\partial^2 z}{\partial x^2} + \dfrac{\partial^2 z}{\partial y^2} = 0$.

证明　由于 $z = \ln\sqrt{x^2 + y^2} = \dfrac{1}{2}\ln(x^2 + y^2)$，所以

$$z'_x = \frac{1}{2}\frac{1}{x^2 + y^2} \cdot 2x = \frac{x}{x^2 + y^2},$$
$$z''_{xx} = \left(\frac{x}{x^2 + y^2}\right)'_x = \frac{x^2 + y^2 - x \cdot 2x}{(x^2 + y^2)^2} = \frac{y^2 - x^2}{(x^2 + y^2)^2}.$$

利用函数关于 x，y 的对称性，得

$$z''_{yy} = \frac{x^2 - y^2}{(x^2 + y^2)^2},$$

从而

$$\frac{\partial^2 z}{\partial x^2} + \frac{\partial^2 z}{\partial y^2} = \frac{y^2 - x^2}{(x^2 + y^2)^2} + \frac{x^2 - y^2}{(x^2 + y^2)^2} = 0.$$

四、偏导数在经济分析中的应用

1. 联合成本函数的分析

设某单位生产甲、乙两种产品，产量分别为 x, y 时的成本函数为 $C = C(x, y)$，称为**联合成本函数**.

当乙产品的产量保持不变，甲种产品的产量 x 取得增量 Δx 时，成本函数 $C(x, y)$ 对于产量 x 的增量为 $C(x + \Delta x, y) - C(x, y)$，于是得成本 $C(x, y)$ 对 x 的变化率为

$$C'_x(x, y) = \lim_{\Delta x \to 0} \frac{C(x + \Delta x, y) - C(x, y)}{\Delta x}.$$

类似地，当甲种产品的产量保持不变，乙种产品的产量 y 取得增量 Δy 时，成本函数 $C(x, y)$ 对乙种产品的产量 y 的变化率为

$$C'_y(x, y) = \lim_{\Delta y \to 0} \frac{C(x, y + \Delta y) - C(x, y)}{\Delta y}.$$

$C'_x(x, y)$ 称为**关于甲种产品的边际成本**，它的经济意义是：当乙种产品的产量在 y 处固定不变，甲种产品的产量在 x 的基础上再生产一个单位产品时成本所增加的数额.

同样地，$C'_y(x, y)$ 称为**关于乙种产品的边际成本**，它的经济意义是：当甲种产品的产量在 x 处固定不变，乙种产品的产量在 y 的基础上再生产一个单位产品时成本所增加的数额.

【例 12】　设生产甲、乙两种产品的产量分别为 x 和 y 时的成本为

$$C(x, y) = 2x^3 + xy + \frac{1}{3}y^2 + 600.$$

（1）求 $C(x, y)$ 对产量 x 和 y 的边际成本；

（2）求当 $x = 10$, $y = 10$ 时的边际成本，并说明它们的经济意义.

解　（1）成本 $C(x, y)$ 对甲、乙两种产品的边际成本分别为

$$C'_x(x, y) = 6x^2 + y,$$

$$C'_y(x, y) = x + \frac{2}{3}y.$$

（2）当 $x = 10$, $y = 10$ 时，$C(x, y)$ 对甲、乙两种产品的边际成本为

$$C'_x(10, 10) = 6 \times 10^2 + 10 = 610,$$

$$C'_y(10, 10) = 10 + \frac{2}{3} \times 10 = \frac{50}{3}.$$

这说明，当乙种产品的产量保持在 10 个单位水平时，甲产品产量从 10 个单位增加到 11 个单位时总成本增加 610 个单位. 而当甲种产品的产量保持在 10 个单位水平时，乙产品产量从 10 个单位增加到 11 个单位时总成本增加 $\frac{50}{3}$ 个单位.

2. 需求函数的边际分析

设 Q_1 和 Q_2 分别为两种相关商品甲、乙的需求量，P_1 和 P_2 为商品甲、乙的价格，y 为

消费者的收入. 需求函数可表示为

$$Q_1 = Q_1(P_1, P_2, y), \quad Q_2 = Q_2(P_2, P_1, y),$$

则需求量 Q_1 和 Q_2 关于价格 P_1 和 P_2 及消费者收入 y 的偏导数分别为

$$\frac{\partial Q_1}{\partial P_1}, \quad \frac{\partial Q_1}{\partial P_2}, \quad \frac{\partial Q_1}{\partial y};$$

$$\frac{\partial Q_2}{\partial P_2}, \quad \frac{\partial Q_2}{\partial P_1}, \quad \frac{\partial Q_2}{\partial y};$$

其中:

$\dfrac{\partial Q_1}{\partial P_1}$ 称为 **商品甲的需求函数关于 P_1 的边际需求**, 它表示当商品乙的价格 P_2 及消费者的收入 y 固定时, 商品甲的价格变化一个单位时商品甲的需求量的改变量;

$\dfrac{\partial Q_1}{\partial P_2}$ 称为 **商品甲的需求函数关于 P_2 的边际需求**, 它表示当商品甲的价格 P_1 及消费者的收入 y 固定时, 商品乙的价格变化一个单位时商品甲的需求量的改变量;

$\dfrac{\partial Q_1}{\partial y}$ 称为 **商品甲的需求函数关于消费者收入 y 的边际需求**, 它表示当商品甲、乙的价格 P_1, P_2 固定时, 消费者的收入 y 变化一个单位时商品甲的需求量的改变量.

对其余的偏导数可作出类似的解释.

在一般情况下, 如果 P_2, y 固定而 P_1 上升时, 商品甲的需求量 Q_1 将减少, 于是有 $\dfrac{\partial Q_1}{\partial P_1} < 0$. 类似地, 有 $\dfrac{\partial Q_2}{\partial P_2} < 0$. 当 P_1, P_2 固定而消费者的收入 y 增加时, 一般 Q_1 将增大, 于是有 $\dfrac{\partial Q_1}{\partial y} > 0$. 同样地, 有 $\dfrac{\partial Q_2}{\partial y} > 0$. 但是 $\dfrac{\partial Q_1}{\partial P_2}$ 和 $\dfrac{\partial Q_2}{\partial P_1}$ 可以是正的, 也可以是负的.

如果

$$\frac{\partial Q_1}{\partial P_2} > 0, \quad \frac{\partial Q_2}{\partial P_1} > 0,$$

则称甲和乙为 **互相竞争的商品**(或 **互相替代的商品**).

例如, 夏天的西瓜(商品甲)和冷饮(商品乙)就是互相竞争的两种商品. 当西瓜价格 P_1 和消费者收入 y 固定不变时, 冷饮价格 P_2 的上涨将引起西瓜需求量 Q_1 增加, 所以 $\dfrac{\partial Q_1}{\partial P_2} > 0$.

同理, 固定冷饮价格 P_2 及消费者收入 y, 当西瓜价格 P_1 上涨时, 也将使冷饮需求量 Q_2 增加, 所以 $\dfrac{\partial Q_2}{\partial P_1} > 0$.

如果

$$\frac{\partial Q_1}{\partial P_2} < 0, \quad \frac{\partial Q_2}{\partial P_1} < 0,$$

则称商品甲和乙是 **互相补充的商品**.

例如, 汽车(商品甲)和汽油(商品乙)就是互相补充的两种商品. 当汽车价格 P_1 及消

费者收入 y 固定时，汽油价格 P_2 的上涨，使开车的费用随之增加，因而汽车的需求量 Q_1 将会减少，所以 $\dfrac{\partial Q_1}{\partial P_2}<0$. 同理，$\dfrac{\partial Q_2}{\partial P_1}<0$.

【例13】 设某两种商品的价格分别为 P_1 和 P_2，这两种相关商品的需求函数分别为

$$Q_1 = e^{P_2-2P_1}, \quad Q_2 = e^{P_1-2P_2},$$

求边际需求函数.

解 边际需求函数为

$$\frac{\partial Q_1}{\partial P_1} = -2e^{P_2-2P_1}, \quad \frac{\partial Q_1}{\partial P_2} = e^{P_2-2P_1};$$

$$\frac{\partial Q_2}{\partial P_2} = -2e^{P_1-2P_2}, \quad \frac{\partial Q_2}{\partial P_1} = e^{P_1-2P_2}.$$

因为 $\dfrac{\partial Q_1}{\partial P_2}>0$，$\dfrac{\partial Q_2}{\partial P_1}>0$，所以这两种商品为互相竞争（或互相替代）的商品.

3. 需求函数的偏弹性

我们还可以类似一元函数的弹性给出多元函数的偏弹性概念.

（1）需求对自身价格的偏弹性

设商品 A 的需求函数为 $Q_A = f(P_A, P_B, y)$，当 P_B 和 y 保持不变而 P_A 发生变化时，需求量 Q_A 的相对改变量与自变量 P_A 的相对改变量之比的极限，称为**需求对自身价格的偏弹性**，记为 E_{AA}，即

$$E_{AA} = \lim_{\Delta P_A \to 0} \frac{\dfrac{\Delta Q_A}{Q_A}}{\dfrac{\Delta P_A}{P_A}} = \frac{P_A}{Q_A} \cdot \frac{\partial Q_A}{\partial P_A},$$

一般情况下，由于 $\dfrac{\partial Q_A}{\partial P_A}<0$，所以 $E_{AA}<0$.

（2）需求对交叉价格的偏弹性

设商品 A 的需求函数为 $Q_A = f(P_A, P_B, y)$，当 P_A 和 y 保持不变而 P_B 发生变化时，需求量 Q_A 的相对改变量与自变量 P_B 的相对改变量之比的极限，称为**需求对交叉价格的偏弹性**，记为 E_{AB}，即

$$E_{AB} = \lim_{\Delta P_B \to 0} \frac{\dfrac{\Delta Q_A}{Q_A}}{\dfrac{\Delta P_B}{P_B}} = \frac{P_B}{Q_A} \cdot \frac{\partial Q_A}{\partial P_B}.$$

当 A 和 B 是互相竞争（或互相替代）的商品时，由于 $\dfrac{\partial Q_A}{\partial P_B}>0$，所以 $E_{AB}>0$，反之也然；当 A 和 B 是互相补充的商品时，由于 $\dfrac{\partial Q_A}{\partial P_B}<0$，所以 $E_{AB}<0$，反之也然.

（3）需求对收入的偏弹性

设商品 A 的需求函数为 $Q_A = f(P_A, P_B, y)$，当 P_A 和 P_B 保持不变而 y 发生变化时，需求量

Q_A 的相对改变量与自变量 y 的相对改变量之比的极限，称为**需求对收入的偏弹性**，记为 E_{Ay}，即

$$E_{Ay} = \lim_{\Delta y \to 0} \frac{\dfrac{\Delta Q_A}{Q_A}}{\dfrac{\Delta y}{y}} = \frac{y}{Q_A} \cdot \frac{\partial Q_A}{\partial y},$$

一般情况下，由于 $\dfrac{\partial Q_A}{\partial y} > 0$，所以 $E_{Ay} > 0$.

【例 14】　设需求函数为 $Q_A = f(P_A, P_B, y) = 14 - 2P_A + 5P_B + \dfrac{1}{10} y$，求当 $P_A = 4$，$P_B = 2$，$y = 200$ 时的 E_{AA}，E_{AB}，E_{Ay} 的值.

解　因为

$$E_{AA} = \frac{P_A}{Q_A} \cdot \frac{\partial Q_A}{\partial P_A} = -2 \frac{P_A}{Q_A},$$

$$E_{AB} = \frac{P_B}{Q_A} \cdot \frac{\partial Q_A}{\partial P_B} = 5 \frac{P_B}{Q_A},$$

$$E_{Ay} = \frac{y}{Q_A} \cdot \frac{\partial Q_A}{\partial y} = \frac{1}{10} \cdot \frac{y}{Q_A},$$

所以

$$E_{AA} \big|_{(4, 2, 200)} = -2 \times \frac{4}{36} = -\frac{2}{9},$$

$$E_{AB} \big|_{(4, 2, 200)} = 5 \times \frac{2}{36} = \frac{5}{18},$$

$$E_{Ay} \big|_{(4, 2, 200)} = \frac{1}{10} \times \frac{200}{36} = \frac{5}{9}.$$

由于 $E_{AB} \big|_{(4, 2, 200)} = \dfrac{5}{18} > 0$，说明商品 A 和 B 是互相竞争(或互相替代)的商品.

习题 6-3

1. 设 $f(x, y) = x + (y-1) \arcsin \sqrt{\dfrac{x}{y}}$，求 $f_x'(x, 1)$，$f_x'(1, 2)$.

2. 求下列函数的一阶偏导数：

（1）$z = x^3 y - xy^3$；

（2）$z = \dfrac{x^3}{y}$；

（3）$z = y^x$；

（4）$z = (x - 5y)^3$；

（5）$z = \sqrt{x^2 + y^2}$；

（6）$z = \sqrt{\ln(xy)}$；

（7）$z = \sqrt{x} \cdot \sin \dfrac{y}{x}$；

（8）$z = \sin(xy) + \cos^2(xy)$；

（9）$z=\mathrm{e}^{3x+2y} \cdot \sin(x-y)$；　　　　　（10）$z=(1+xy)^y$.

3. 求下列函数在指定点处的一阶偏导数：

（1）$z=\arctan \dfrac{y}{x}$，在点 $(1,-1)$ 处；　　　（2）$z=\ln\left(x+\dfrac{y}{2x}\right)$，在点 $(1,0)$ 处.

4. 设 $z=\mathrm{e}^{-\left(\frac{1}{x}+\frac{1}{y}\right)}$，求证：$x^2 \dfrac{\partial z}{\partial x}+y^2 \dfrac{\partial z}{\partial y}=2z$.

5. 求下列函数的二阶偏导数：

（1）$z=x^4+y^4-4x^2y^2$；　　　　　（2）$z=\ln(x+3y)$；

（3）$z=\sin(3x-2y)$；　　　　　　　（4）$z=x\mathrm{e}^{2y}$；

（5）$z=x\sin(x+y)$；　　　　　　　（6）$z=x\ln(xy)$；

（7）$z=x^y$；　　　　　　　　　　　（8）$z=\arctan \dfrac{y}{x}$.

6. 设 $z=y\ln(xy)$，求 $\dfrac{\partial^3 z}{\partial x^2 \partial y}$，$\dfrac{\partial^3 z}{\partial x \partial y^2}$.

7. 设 $r=\sqrt{x^2+y^2+z^2}$，证明：

（1）$\left(\dfrac{\partial r}{\partial x}\right)^2+\left(\dfrac{\partial r}{\partial y}\right)^2+\left(\dfrac{\partial r}{\partial z}\right)^2=1$；

（2）$\dfrac{\partial^2 r}{\partial x^2}+\dfrac{\partial^2 r}{\partial y^2}+\dfrac{\partial^2 r}{\partial z^2}=\dfrac{2}{r}$.

8. 求下列成本函数对产量 x 和 y 的边际成本：

（1）$C(x,y)=x^3\ln(y+10)$；

（2）$C(x,y)=x^5+5y^2-2xy+35$.

9. 设两种相关商品的需求函数分别为
$$Q_1=20-2P_1-P_2,\ Q_2=9-P_1-2P_2,$$
求边际需求函数，并说明这两种商品是互补商品还是替代商品.

10. 设 $Q_1=CP_1^{-\alpha}P_2^{-\beta}y^\gamma$，其中 Q_1，P_1 分别为某商品的需求量及其价格，P_2 为相关商品的价格，y 为消费者的收入，C，α，β，γ 为正常数，求需求对自身价格偏弹性 E_{11}，需求对交叉价格偏弹性 E_{12} 及需求对收入偏弹性 E_{1y}.

第四节　全微分

我们知道，对于一元函数 $y=f(x)$ 来说，微分 $\mathrm{d}y$ 是当自变量有增量 Δx 时因变量 Δy 的一个近似值，它是函数增量的线性主要部分. 对于二元函数 $z=f(x,y)$，因变量的增量 Δz 是否与两个自变量的增量 Δx，Δy 也存在类似的关系呢？

一、全微分的概念

类似于一元函数的微分概念，我们引入二元函数的全微分概念. 下面先看一个具体实例.

【例 1】　在图 6-26 中，设矩形的长和宽分别为 x 和 y，则此矩形的面积 $S=xy$.

如果测量 x，y 时产生误差 Δx，Δy，则该矩形面积产生的误差为

$$\Delta S=(x+\Delta x)(y+\Delta y)-xy=y\Delta x+x\Delta y+\Delta x\Delta y.$$

上式右端包含两个部分：一部分是 $y\Delta x+x\Delta y$，它是关于 Δx，Δy 的线性函数. 另一部分是 $\Delta x\Delta y$，当 $\Delta x\to 0$，$\Delta y\to 0$ 时，即当 $\rho=\sqrt{\Delta x^2+\Delta y^2}\to 0$ 时，$\Delta x\Delta y$ 是比 ρ 高阶的无穷小量. 如果略去 $\Delta x\Delta y$，可用 $y\Delta x+x\Delta y$ 近似表示 ΔS，即

图 6-26

$$\Delta S\approx y\Delta x+x\Delta y,$$

我们称 $y\Delta x+x\Delta y$ 为函数 $S=xy$ 在点 $(x，y)$ 处的全微分.

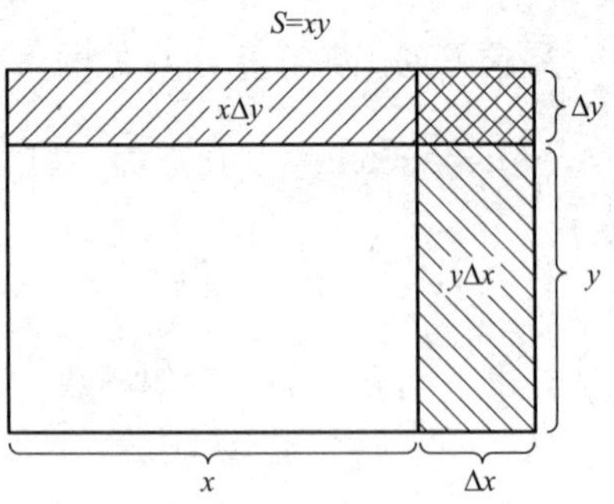

下面引入二元函数的全微分概念.

定义 6.10　设二元函数 $z=f(x，y)$ 在点 $M_0(x_0，y_0)$ 的某邻域内有定义，自变量 x，y 在点 $M_0(x_0，y_0)$ 处取得改变量 Δx，Δy，函数 $z=f(x，y)$ 在点 $M_0(x_0，y_0)$ 处的改变量

$$\Delta z=f(x_0+\Delta x，y_0+\Delta y)-f(x_0，y_0),$$

可表示为

$$\Delta z=A\Delta x+B\Delta y+o(\rho),$$

其中 A，B 仅与 x_0，y_0 有关，而与 Δx，Δy 无关，$\rho=\sqrt{\Delta x^2+\Delta y^2}$，$o(\rho)$ 是当 $\rho\to 0$ 时比 ρ 高阶的无穷小量. 则称函数 $z=f(x，y)$ 在点 $M_0(x_0，y_0)$ 处**可微**，并称 $A\Delta x+B\Delta y$ 为函数 $z=f(x，y)$ 在点 $(x_0，y_0)$ 处的**全微分**(total differential)，记作 $\mathrm{d}z\Big|_{\substack{x=x_0\\y=y_0}}$，即 $\mathrm{d}z\Big|_{\substack{x=x_0\\y=y_0}}=A\Delta x+B\Delta y$.

由 $\Delta z=A\Delta x+B\Delta y+o(\rho)$ 可知，当 $\Delta x\to 0$，$\Delta y\to 0$ 时，必有 $\Delta z\to 0$. 所以，如果二元函数 $f(x，y)$ 在点 $(x_0，y_0)$ 处可微，则必在该点连续，即二元函数连续是可微的必要条件.

二、全微分与偏导数的关系

在一元函数中，可导的充分必要条件是可微，那么对二元函数，可微与偏导数存在之间有什么关系呢？由下面的定理来回答.

定理 6.2　若二元函数 $z=f(x，y)$ 在点 $(x_0，y_0)$ 处可微，则在该点偏导数 $f_x'(x_0，y_0)$，$f_y'(x_0，y_0)$ 都存在，且

$$A=f_x'(x_0，y_0)，B=f_y'(x_0，y_0),$$

即 $\mathrm{d}z\Big|_{\substack{x=x_0\\y=y_0}}=f_x'(x_0，y_0)\cdot\Delta x+f_y'(x_0，y_0)\cdot\Delta y$.

证明　由于 $z=f(x，y)$ 在点 $(x_0，y_0)$ 处可微，即有

$$\Delta z=A\Delta x+B\Delta y+o(\rho).$$

令 $\Delta y=0$，此时，$\rho=|\Delta x|$，$\Delta z=f(x_0+\Delta x，y_0)-f(x_0，y_0)$，且 $\Delta z=A\Delta x+o(|\Delta x|)$，所以

$$\lim_{\Delta x\to 0}\frac{\Delta z}{\Delta x}=\lim_{\Delta x\to 0}\frac{f(x_0+\Delta x，y_0)-f(x_0，y_0)}{\Delta x}=\lim_{\Delta x\to 0}\frac{A\Delta x+o(|\Delta x|)}{\Delta x}=A,$$

即 $A = f_x'(x_0, y_0)$.

同理可证，$B = f_y'(x_0, y_0)$.

由于 $\mathrm{d}x = \Delta x$, $\mathrm{d}y = \Delta y$, 所以 $f(x, y)$ 在点 (x_0, y_0) 处的全微分可写成

$$\mathrm{d}z \bigg|_{(x_0, y_0)} = f_x'(x_0, y_0) \mathrm{d}x + f_y'(x_0, y_0) \mathrm{d}y.$$

例 1 中面积 S 在点 (x, y) 处的全微分为

$$\mathrm{d}S = y\mathrm{d}x + x\mathrm{d}y.$$

定理 6.2 说明了二元函数 $z = f(x, y)$ 可微是偏导数存在的充分条件.

由本章第三节例 8, 可知函数

$$f(x, y) = \begin{cases} \dfrac{xy}{x^2 + y^2}, & x^2 + y^2 \neq 0, \\ 0, & x^2 + y^2 = 0 \end{cases}$$

在点 $(0, 0)$ 处的偏导数 $f_x'(0, 0) = 0$, $f_y'(0, 0) = 0$ 都存在, 但在点 $(0, 0)$ 处不连续, 从而 $f(x, y)$ 在点 $(0, 0)$ 处不可微.

所以, 二元函数偏导数存在是可微的必要条件, 但不是充分条件.

定理 6.3　如果函数 $z = f(x, y)$ 的偏导数 $f_x'(x, y)$, $f_y'(x, y)$ 在点 (x_0, y_0) 处连续, 则函数 $z = f(x, y)$ 在点 (x_0, y_0) 可微.

定理 6.3 给出了二元函数可微的充分条件, 证明从略.

如果函数 $z = f(x, y)$ 在区域 D 内每一点处都可微, 则称 $z = f(x, y)$ **在区域 D 内可微**. 其全微分为

$$\mathrm{d}z = f_x'(x, y) \mathrm{d}x + f_y'(x, y) \mathrm{d}y.$$

如果三元函数 $u = f(x, y, z)$ 可微分, 那么它的全微分以此类推, 即

$$\mathrm{d}u = f_x'(x, y, z) \mathrm{d}x + f_y'(x, y, z) \mathrm{d}y + f_z'(x, y, z) \mathrm{d}z.$$

【例 2】　求函数 $z = x^2 + 2x^3 y^2 + 3y^3$ 在点 $(1, -1)$ 处的全微分.

解　因为 $f_x'(x, y) = 2x + 6x^2 y^2$, $f_y'(x, y) = 4x^3 y + 9y^2$, 所以

$$f_x'(1, -1) = 2 \times 1 + 6 \times 1^2 \times (-1)^2 = 8,$$

$$f_y'(1, -1) = 4 \times 1^3 \times (-1) + 9 \times (-1)^2 = 5,$$

故

$$\mathrm{d}z \bigg|_{\substack{x=1 \\ y=-1}} = f_x'(1, -1) \mathrm{d}x + f_y'(1, -1) \mathrm{d}y = 8\mathrm{d}x + 5\mathrm{d}y.$$

【例 3】　求下列函数的全微分:

(1) $z = \arctan \dfrac{x}{y}$;

(2) $z = \sin 2x \cdot \mathrm{e}^{xy}$.

解　(1) 因为

$$\frac{\partial z}{\partial x} = \frac{1}{1 + \left(\dfrac{x}{y}\right)^2} \cdot \frac{\partial}{\partial x}\left(\frac{x}{y}\right) = \frac{1}{1 + \left(\dfrac{x}{y}\right)^2} \cdot \frac{1}{y} = \frac{y}{x^2 + y^2},$$

$$\frac{\partial z}{\partial y} = \frac{1}{1 + \left(\dfrac{x}{y}\right)^2} \cdot \frac{\partial}{\partial y}\left(\frac{x}{y}\right) = \frac{1}{1 + \left(\dfrac{x}{y}\right)^2} \cdot \left(-\frac{x}{y^2}\right) = -\frac{x}{x^2 + y^2},$$

所以

$$\mathrm{d}z = \frac{y}{x^2+y^2}\mathrm{d}x - \frac{x}{x^2+y^2}\mathrm{d}y.$$

（2）因为

$$z'_x = (\sin2x)'_x \cdot \mathrm{e}^{xy} + \sin2x \cdot (\mathrm{e}^{xy})'_x = 2\cos2x \cdot \mathrm{e}^{xy} + \sin2x \cdot y\mathrm{e}^{xy} = (2\cos2x + y\sin2x)\mathrm{e}^{xy},$$

$$z'_y = \sin2x \cdot (\mathrm{e}^{xy})'_y = x\sin2x \cdot \mathrm{e}^{xy},$$

所以

$$\mathrm{d}z = (2\cos2x + y\sin2x)\mathrm{e}^{xy}\mathrm{d}x + x\sin2x \cdot \mathrm{e}^{xy}\mathrm{d}y.$$

【例 4】 求函数 $u = \dfrac{x}{y} + \dfrac{y}{z} + \dfrac{z}{x}$ 的全微分.

解 因为

$$\frac{\partial u}{\partial x} = \frac{1}{y} - \frac{z}{x^2}, \quad \frac{\partial u}{\partial y} = -\frac{x}{y^2} + \frac{1}{z}, \quad \frac{\partial u}{\partial z} = -\frac{y}{z^2} + \frac{1}{x}, \text{ 所以}$$

$$\mathrm{d}u = \left(\frac{1}{y} - \frac{z}{x^2}\right)\mathrm{d}x + \left(-\frac{x}{y^2} + \frac{1}{z}\right)\mathrm{d}y + \left(-\frac{y}{z^2} + \frac{1}{x}\right)\mathrm{d}z.$$

习题 6-4

1. 求函数 $z = x^2 y$，当 $x = 2$，$y = 1$，$\Delta x = 0.1$，$\Delta y = -0.2$ 时的全增量和全微分.

2. 求下列函数的全微分：

（1）$z = x^2 - 2y$；　　　　　　（2）$z = xy + \dfrac{x^2}{y}$；

（3）$z = \mathrm{e}^{\frac{x}{y}}$；　　　　　　　　（4）$z = \mathrm{e}^{x^2+y^2}$；

（5）$z = \arctan(xy)$；　　　　（6）$z = \ln(3x^2 - 2y)$；

（7）$z = x\sin(x - 2y)$；　　　　（8）$z = x^y$；

（9）$z = y^{2x}$；　　　　　　　（10）$u = y^{xz}$.

3. 设函数 $z = \ln(1 + x^2 + y^2)$，求 $\mathrm{d}z\big|_{(1,2)}$.

第五节　多元复合函数及隐函数的求导法则

一、多元复合函数的求导法则

在一元函数微分学中，复合函数求导法则起着重要的作用. 现在我们把它推广到多元复合函数.

下面按照复合函数不同情形，分三种情况进行讨论.

1. 复合函数的中间变量均为一元函数

定理 6.4　如果函数 $u=u(x)$，$v=v(x)$ 在点 x 可导，函数 $z=f(u,v)$ 在对应点 (u,v) 可微，则复合函数 $z=f(u(x),v(x))$ 在点 x 可导，且有

$$\frac{\mathrm{d}z}{\mathrm{d}x}=\frac{\partial f}{\partial u}\cdot\frac{\mathrm{d}u}{\mathrm{d}x}+\frac{\partial f}{\partial v}\cdot\frac{\mathrm{d}v}{\mathrm{d}x}.$$

该定理可推广到复合函数的中间变量多于两个的情形.

例如，设 $z=f(u,v,w)$，其中 $u=u(x)$，$v=v(x)$，$w=\omega(x)$，则对 $z=f[u(x),v(x),w(x)]$ 有

$$\frac{\mathrm{d}z}{\mathrm{d}x}=\frac{\partial f}{\partial u}\cdot\frac{\mathrm{d}u}{\mathrm{d}x}+\frac{\partial f}{\partial v}\cdot\frac{\mathrm{d}v}{\mathrm{d}x}+\frac{\partial f}{\partial w}\cdot\frac{\mathrm{d}w}{\mathrm{d}x}.$$

导数 $\dfrac{\mathrm{d}z}{\mathrm{d}x}$ 称为**全导数**(total derivative).

【例 1】　设 $z=u^2v$，其中 $u=\mathrm{e}^x$，$v=\cos x$，求 $\dfrac{\mathrm{d}z}{\mathrm{d}x}$.

解　因为 $\dfrac{\partial z}{\partial u}=2uv$，$\dfrac{\partial z}{\partial v}=u^2$，$\dfrac{\mathrm{d}u}{\mathrm{d}x}=\mathrm{e}^x$，$\dfrac{\mathrm{d}v}{\mathrm{d}x}=-\sin x$，所以

$$\begin{aligned}
\frac{\mathrm{d}z}{\mathrm{d}x}&=\frac{\partial z}{\partial u}\cdot\frac{\mathrm{d}u}{\mathrm{d}x}+\frac{\partial z}{\partial v}\cdot\frac{\mathrm{d}v}{\mathrm{d}x}\\
&=2uv\mathrm{e}^x+u^2(-\sin x)\\
&=\mathrm{e}^{2x}(2\cos x-\sin x).
\end{aligned}$$

【例 2】　设 $z=\arctan(xy)$，$y=\mathrm{e}^x$，求 $\dfrac{\mathrm{d}z}{\mathrm{d}x}$.

解　因为 $\dfrac{\partial z}{\partial x}=\dfrac{y}{1+(xy)^2}$，$\dfrac{\partial z}{\partial y}=\dfrac{x}{1+(xy)^2}$，$\dfrac{\mathrm{d}y}{\mathrm{d}x}=\mathrm{e}^x$，所以

$$\begin{aligned}
\frac{\mathrm{d}z}{\mathrm{d}x}&=\frac{\partial z}{\partial x}+\frac{\partial z}{\partial y}\cdot\frac{\mathrm{d}y}{\mathrm{d}x}\\
&=\frac{y}{1+(xy)^2}+\frac{x}{1+(xy)^2}\cdot\mathrm{e}^x\\
&=\frac{\mathrm{e}^x(1+x)}{1+x^2\mathrm{e}^{2x}}.
\end{aligned}$$

2. 复合函数的中间变量均为多元函数

定理 6.5　如果函数 $u=u(x,y)$，$v=v(x,y)$ 在点 (x,y) 处偏导数 $\dfrac{\partial u}{\partial x}$，$\dfrac{\partial u}{\partial y}$，$\dfrac{\partial v}{\partial x}$，$\dfrac{\partial v}{\partial y}$ 存在，函数 $z=f(u,v)$ 在对应点 (u,v) 可微，则复合函数 $z=f[u(x,y),v(x,y)]$ 在点 (x,y) 可导，且有

$$\frac{\partial z}{\partial x}=\frac{\partial f}{\partial u}\cdot\frac{\partial u}{\partial x}+\frac{\partial f}{\partial v}\cdot\frac{\partial v}{\partial x},$$

$$\frac{\partial z}{\partial y}=\frac{\partial f}{\partial u}\cdot\frac{\partial u}{\partial y}+\frac{\partial f}{\partial v}\cdot\frac{\partial v}{\partial y}.$$

类似地，可把复合函数的中间变量和自变量推广到多于两个的情形.

例如，设 $z=f(u, v, w)$，其中 $u=u(x, y)$，$v=v(x, y)$，$w=\omega(x, y)$，则对 $z=f[u(x, y), v(x, y), w(x, y)]$ 有

$$\frac{\partial z}{\partial x}=\frac{\partial f}{\partial u} \cdot \frac{\partial u}{\partial x}+\frac{\partial f}{\partial v} \cdot \frac{\partial v}{\partial x}+\frac{\partial f}{\partial w} \cdot \frac{\partial w}{\partial x},$$

$$\frac{\partial z}{\partial y}=\frac{\partial f}{\partial u} \cdot \frac{\partial u}{\partial y}+\frac{\partial f}{\partial v} \cdot \frac{\partial v}{\partial y}+\frac{\partial f}{\partial w} \cdot \frac{\partial w}{\partial y}.$$

例如，设 $U=f(u, v)$，其中 $u=u(x, y, z)$，$v=v(x, y, z)$，则对 $U=f[u(x, y, z), v(x, y, z)]$ 有

$$\frac{\partial U}{\partial x}=\frac{\partial f}{\partial u} \cdot \frac{\partial u}{\partial x}+\frac{\partial f}{\partial v} \cdot \frac{\partial v}{\partial x},$$

$$\frac{\partial U}{\partial y}=\frac{\partial f}{\partial u} \cdot \frac{\partial u}{\partial y}+\frac{\partial f}{\partial v} \cdot \frac{\partial v}{\partial y},$$

$$\frac{\partial U}{\partial z}=\frac{\partial f}{\partial u} \cdot \frac{\partial u}{\partial z}+\frac{\partial f}{\partial v} \cdot \frac{\partial v}{\partial z}.$$

【例3】 设 $z=\dfrac{u}{v}$，$u=x\cos y$，$v=y\cos x$，求 $\dfrac{\partial z}{\partial x}$，$\dfrac{\partial z}{\partial y}$.

解　$\dfrac{\partial z}{\partial x}=\dfrac{\partial z}{\partial u} \cdot \dfrac{\partial u}{\partial x}+\dfrac{\partial z}{\partial v} \cdot \dfrac{\partial v}{\partial x}$

$\qquad =\dfrac{1}{v} \cdot \cos y+\left(-\dfrac{u}{v^2}\right) \cdot y(-\sin x)$

$\qquad =\dfrac{\cos y}{y\cos x}+\dfrac{x\cos y \cdot \sin x}{y \cos^2 x}$

$\qquad =\dfrac{\cos y(\cos x+x\sin x)}{y \cos^2 x},$

$\qquad \dfrac{\partial z}{\partial y}=\dfrac{\partial z}{\partial u} \cdot \dfrac{\partial u}{\partial y}+\dfrac{\partial z}{\partial v} \cdot \dfrac{\partial v}{\partial y}$

$\qquad =\dfrac{1}{v} \cdot x(-\sin y)+\left(-\dfrac{u}{v^2}\right) \cdot \cos x$

$\qquad =\dfrac{-x\sin y}{y\cos x}-\dfrac{x\cos y}{y^2\cos x}$

$\qquad =\dfrac{-x(y\sin y+\cos y)}{y^2\cos x}.$

【例4】 设 $z=\mathrm{e}^u\sin v$，$u=x-y$，$v=x+y$，求 $\mathrm{d}z$.

解　因为

$$\frac{\partial z}{\partial x}=\frac{\partial z}{\partial u} \cdot \frac{\partial u}{\partial x}+\frac{\partial z}{\partial v} \cdot \frac{\partial v}{\partial x}$$

$$=\mathrm{e}^u\sin v \cdot 1+\mathrm{e}^u\cos v \cdot 1$$

$$=\mathrm{e}^{x-y}[\sin(x+y)+\cos(x+y)],$$

$$\frac{\partial z}{\partial y}=\frac{\partial z}{\partial u} \cdot \frac{\partial u}{\partial y}+\frac{\partial z}{\partial v} \cdot \frac{\partial v}{\partial y}$$

$$= e^u \sin v \cdot (-1) + e^u \cos v \cdot 1$$
$$= e^{x-y} [-\sin(x+y) + \cos(x+y)],$$

所以

$$dz = \frac{\partial z}{\partial x} dx + \frac{\partial z}{\partial y} dy$$
$$= e^{x-y} [\sin(x+y) + \cos(x+y)] dx + e^{x-y} [-\sin(x+y) + \cos(x+y)] dy.$$

【例 5】　设 $z = yf(x^2 - y^2)$，且 f 可导，证明 $\dfrac{1}{x} \dfrac{\partial z}{\partial x} + \dfrac{1}{y} \dfrac{\partial z}{\partial y} = \dfrac{z}{y^2}$.

证明　设 $u = x^2 - y^2$，则 $z = yf(u)$，故由复合函数求导法则，可得

$$\frac{\partial z}{\partial x} = y \cdot f'(u) \cdot \frac{\partial u}{\partial x} = 2xyf'(u),$$

$$\frac{\partial z}{\partial y} = f(u) + y \cdot f'(u) \cdot \frac{\partial u}{\partial y} = f(u) - 2y^2 f'(u),$$

所以

$$\frac{1}{x} \frac{\partial z}{\partial x} + \frac{1}{y} \frac{\partial z}{\partial y} = 2yf'(u) + \frac{1}{y} [f(u) - 2y^2 f'(u)] = \frac{1}{y} f(u) = \frac{z}{y^2}.$$

【例 6】　设 $f(x-y, xy) = x^2 + y^2$，求 $\dfrac{\partial f(x, y)}{\partial x}$，$\dfrac{\partial f(x, y)}{\partial y}$，$df(x, y)$.

解　因为 $f(x-y, xy) = (x-y)^2 + 2xy$，所以

$$f(x, y) = x^2 + 2y,$$

故

$$\frac{\partial f}{\partial x} = 2x, \quad \frac{\partial f}{\partial y} = 2, \quad df = \frac{\partial f}{\partial x} dx + \frac{\partial f}{\partial y} dy = 2x dx + 2 dy.$$

【例 7】　设 $U = f(2x - y + 3z, xyz)$，且 f 具有二阶连续偏导数，求 $\dfrac{\partial U}{\partial x}$，$\dfrac{\partial^2 U}{\partial x \partial z}$.

解　设 $u = 2x - y + 3z$，$v = xyz$，则 $U = f(u, v)$.

为表达简便，引入如下记号：

$$f_1' = \frac{\partial f(u, v)}{\partial u}, \quad f_{12}'' = \frac{\partial^2 f(u, v)}{\partial u \partial v}.$$

下标 1 表示对第一个变量 u 求偏导数，下标 2 表示对第二个变量 v 求偏导数. 于是

$$\frac{\partial U}{\partial x} = \frac{\partial f}{\partial u} \cdot \frac{\partial u}{\partial x} + \frac{\partial f}{\partial v} \cdot \frac{\partial v}{\partial x}$$
$$= f_1' \cdot (2x - y + 3z)_x' + f_2' \cdot (xyz)_x'$$
$$= 2f_1' + yzf_2',$$

$$\frac{\partial^2 U}{\partial x \partial z} = \frac{\partial}{\partial z}(2f_1' + yzf_2') = 2 \frac{\partial f_1'}{\partial z} + yf_2' + yz \frac{\partial f_2'}{\partial z}.$$

注意 f_1'，f_2' 仍然是 u，v 的复合函数，故

$$\frac{\partial f_1'}{\partial z} = \frac{\partial f_1'}{\partial u} \cdot \frac{\partial u}{\partial z} + \frac{\partial f_1'}{\partial v} \cdot \frac{\partial v}{\partial z}$$

$$= f''_{11} \cdot (2x-y+3z)'_z + f''_{12} \cdot (xyz)'_z$$

$$= 3f''_{11} + xyf''_{12},$$

$$\frac{\partial f'_2}{\partial z} = \frac{\partial f'_2}{\partial u} \cdot \frac{\partial u}{\partial z} + \frac{\partial f'_2}{\partial v} \cdot \frac{\partial v}{\partial z}$$

$$= f''_{21} \cdot (2x-y+3z)'_z + f''_{22} \cdot (xyz)'_z$$

$$= 3f''_{21} + xyf''_{22}.$$

由于 f 具有二阶连续偏导数, 所以 $f''_{12} = f''_{21}$, 于是

$$\frac{\partial^2 U}{\partial x \partial z} = 2(3f''_{11} + xyf''_{12}) + yf'_2 + yz(3f''_{21} + xyf''_{22})$$

$$= 6f''_{11} + (2x+3z)yf''_{12} + yf'_2 + xy^2 zf''_{22}.$$

3. 复合函数的中间变量既有一元函数又有多元函数

定理 6.6　如果函数 $u = u(x, y)$ 在点 (x, y) 处偏导数存在, $v = v(x)$ 在点 x 处可导, 函数 $z = f(u, v)$ 在对应点 (u, v) 可微, 则复合函数 $z = f[u(x, y), v(x)]$ 在点 (x, y) 可导, 且有

$$\frac{\partial z}{\partial x} = \frac{\partial f}{\partial u} \cdot \frac{\partial u}{\partial x} + \frac{\partial f}{\partial v} \cdot \frac{dv}{dx},$$

$$\frac{\partial z}{\partial y} = \frac{\partial f}{\partial u} \cdot \frac{\partial u}{\partial y}.$$

类似地, 可推广到复合函数的某些中间变量又是自变量的情形.

例如, 设 $z = f(u, x, y)$, 其中 $u = u(x, y)$, 则对 $z = f(u(x, y), x, y)$ 有

$$\frac{\partial z}{\partial x} = \frac{\partial f}{\partial u} \cdot \frac{\partial u}{\partial x} + \frac{\partial f}{\partial x},$$

$$\frac{\partial z}{\partial y} = \frac{\partial f}{\partial u} \cdot \frac{\partial u}{\partial y} + \frac{\partial f}{\partial y}.$$

【例 8】　设 $u = f(x, y, z) = e^{x+2y+3z}$, $z = xy$, 求 $\dfrac{\partial u}{\partial x}$, $\dfrac{\partial u}{\partial y}$, du.

解　因为

$$\frac{\partial u}{\partial x} = \frac{\partial f}{\partial x} + \frac{\partial f}{\partial z} \cdot \frac{\partial z}{\partial x}$$

$$= e^{x+2y+3z} + 3e^{x+2y+3z} \cdot y$$

$$= (1+3y)e^{x+2y+3z},$$

$$\frac{\partial u}{\partial y} = \frac{\partial f}{\partial y} + \frac{\partial f}{\partial z} \cdot \frac{\partial z}{\partial y}$$

$$= 2e^{x+2y+3z} + 3e^{x+2y+3z} \cdot x$$

$$= (2+3x)e^{x+2y+3z},$$

所以

$$du = e^{x+2y+3z}[(1+3y)dx + (2+3x)dy].$$

二、隐函数的求导法则

在实际问题中, 我们经常会遇到变量之间的对应关系是通过方程来确定的函数, 即隐

函数. 在本节, 我们将借助于多元复合函数的求导法则, 求一元隐函数的导数及微分和二元隐函数的偏导数及全微分.

1. 一元隐函数的求导法则

定理 6.7(隐函数存在定理 1) 设函数 $F(x, y)$ 在点 (x_0, y_0) 的某个邻域内具有连续偏导数, 且 $F(x_0, y_0) = 0$, $F_y'(x_0, y_0) \neq 0$, 则方程 $F(x, y) = 0$ 在点 (x_0, y_0) 的某个邻域内能唯一确定一个具有连续导数的函数 $y = y(x)$, 它满足条件 $y_0 = y(x_0)$, 且

$$\frac{\mathrm{d}y}{\mathrm{d}x} = -\frac{F_x'(x, y)}{F_y'(x, y)} = -\frac{F_x'}{F_y'}.$$

下面仅给出公式的推导, 存在性证明略去.

将 $y = y(x)$ 代入方程 $F(x, y) = 0$, 则

$$F(x, y(x)) \equiv 0.$$

上式两边对 x 求导, 得

$$F_x'(x, y) + F_y'(x, y)\frac{\mathrm{d}y}{\mathrm{d}x} = 0.$$

由于 F_y' 连续, 且 $F_y'(x_0, y_0) \neq 0$, 所以存在 (x_0, y_0) 的某个邻域, 在这个邻域内 $F_y' \neq 0$, 则得到

$$\frac{\mathrm{d}y}{\mathrm{d}x} = -\frac{F_x'(x, y)}{F_y'(x, y)},$$

即 $\dfrac{\mathrm{d}y}{\mathrm{d}x} = -\dfrac{F_x'(x, y)}{F_y'(x, y)} = -\dfrac{F_x'}{F_y'}, F_y' \neq 0$.

【例 9】 求下列方程确定的隐函数 $y = y(x)$ 的导数及微分.

(1) $x^2 + y^2 = 1$;   (2) $y - xe^y + x = 0$.

解 (1) 设 $F(x, y) = x^2 + y^2 - 1$, 则

$$F_x' = 2x, \quad F_y' = 2y,$$

所以

$$\frac{\mathrm{d}y}{\mathrm{d}x} = -\frac{F_x'}{F_y'} = -\frac{x}{y},$$

$$\mathrm{d}y = y'\mathrm{d}x = -\frac{x}{y}\mathrm{d}x.$$

(2) 设 $F(x, y) = y - xe^y + x$, 则

$$F_x' = -e^y + 1, \quad F_y' = 1 - xe^y,$$

所以

$$\frac{\mathrm{d}y}{\mathrm{d}x} = -\frac{F_x'}{F_y'} = -\frac{-e^y + 1}{1 - xe^y} = \frac{e^y - 1}{1 - xe^y},$$

$$\mathrm{d}y = y'\mathrm{d}x = \frac{e^y - 1}{1 - xe^y}\mathrm{d}x.$$

【例 10】 设函数 $y = y(x)$ 由方程 $\sin(xy) - \dfrac{1}{y - x} = 1$ 确定, 求 $\left.\dfrac{\mathrm{d}y}{\mathrm{d}x}\right|_{x=0}$.

解　设 $F(x, y) = \sin(xy) - \dfrac{1}{y-x} - 1$，则

$$F_x' = y\cos(xy) - \frac{1}{(y-x)^2}, \quad F_y' = x\cos(xy) + \frac{1}{(y-x)^2},$$

所以

$$\frac{\mathrm{d}y}{\mathrm{d}x} = -\frac{F_x'}{F_y'} = -\frac{y\cos(xy) - \dfrac{1}{(y-x)^2}}{x\cos(xy) + \dfrac{1}{(y-x)^2}} = \frac{1 - y(y-x)^2\cos(xy)}{1 + x(y-x)^2\cos(xy)}.$$

将 $x=0$ 代入方程 $\sin(xy) - \dfrac{1}{y-x} = 1$，得 $y = -1$，故

$$\left.\frac{\mathrm{d}y}{\mathrm{d}x}\right|_{x=0} = \left.\frac{1 - y(y-x)^2\cos(xy)}{1 + x(y-x)^2\cos(xy)}\right|_{\substack{x=0 \\ y=-1}} = 2.$$

2. 二元隐函数的求导法则

定理 6.8（隐函数存在定理 2）　设函数 $F(x, y, z)$ 在点 (x_0, y_0, z_0) 的某个邻域内具有连续偏导数，且 $F(x_0, y_0, z_0) = 0$，$F_z'(x_0, y_0, z_0) \neq 0$，则方程 $F(x, y, z) = 0$ 在点 (x_0, y_0, z_0) 的某个邻域内能唯一确定一个具有连续偏导数的函数 $z = z(x, y)$，它满足条件 $z_0 = z(x_0, y_0)$，且

$$\frac{\partial z}{\partial x} = -\frac{F_x'(x, y, z)}{F_z'(x, y, z)} = -\frac{F_x'}{F_z'},$$

$$\frac{\partial z}{\partial y} = -\frac{F_y'(x, y, z)}{F_z'(x, y, z)} = -\frac{F_y'}{F_z'}.$$

下面仅给出公式的推导，存在性证明略去．

将 $z = z(x, y)$ 代入方程 $F(x, y, z) = 0$，则

$$F(x, y, z(x, y)) \equiv 0,$$

上式两边分别对 x，y 求偏导数，得

$$F_x'(x, y, z) + F_z'(x, y, z) \cdot \frac{\partial z}{\partial x} = 0,$$

$$F_y'(x, y, z) + F_z'(x, y, z) \cdot \frac{\partial z}{\partial y} = 0.$$

由于 $F_z'(x, y, z)$ 连续，且 $F_z'(x_0, y_0, z_0) \neq 0$，所以存在 (x_0, y_0, z_0) 的某个邻域，在这个邻域内 $F_z' \neq 0$，则

$$\frac{\partial z}{\partial x} = -\frac{F_x'(x, y, z)}{F_z'(x, y, z)},$$

$$\frac{\partial z}{\partial y} = -\frac{F_y'(x, y, z)}{F_z'(x, y, z)},$$

即

$$\frac{\partial z}{\partial x} = -\frac{F_x'(x, y, z)}{F_z'(x, y, z)} = -\frac{F_x'}{F_z'}, \quad F_z' \neq 0,$$

$$\frac{\partial z}{\partial y} = -\frac{F_y'(x, y, z)}{F_z'(x, y, z)} = -\frac{F_y'}{F_z'}, \quad F_z' \neq 0.$$

【例11】 求下列方程确定的隐函数 $z=z(x, y)$ 的偏导数及全微分：

（1） $x^2+z^2-2ye^z=0$；   （2） $e^{-xy}-z+e^z=0$.

解　（1）设 $F(x, y, z)=x^2+z^2-2ye^z$，则

$$F_x'=2x, \quad F_y'=-2e^z, \quad F_z'=2z-2ye^z,$$

所以

$$\frac{\partial z}{\partial x} = -\frac{F_x'}{F_z'} = -\frac{2x}{2z-2ye^z} = \frac{-x}{z-ye^z},$$

$$\frac{\partial z}{\partial y} = -\frac{F_y'}{F_z'} = -\frac{-2e^z}{2z-2ye^z} = \frac{e^z}{z-ye^z},$$

$$dz = \frac{\partial z}{\partial x}dx + \frac{\partial z}{\partial y}dy = \frac{-xdx+e^zdy}{z-ye^z}.$$

（2）设 $F(x, y, z)=e^{-xy}-z+e^z$，则

$$F_x'=-ye^{-xy}, \quad F_y'=-xe^{-xy}, \quad F_z'=-1+e^z,$$

所以

$$\frac{\partial z}{\partial x} = -\frac{F_x'}{F_z'} = -\frac{-ye^{-xy}}{-1+e^z} = \frac{ye^{-xy}}{e^z-1},$$

$$\frac{\partial z}{\partial y} = -\frac{F_y'}{F_z'} = -\frac{-xe^{-xy}}{-1+e^z} = \frac{xe^{-xy}}{e^z-1},$$

$$dz = \frac{\partial z}{\partial x}dx + \frac{\partial z}{\partial y}dy = \frac{e^{-xy}}{e^z-1}(ydx+xdy).$$

【例12】 设方程 $x-yz+\cos(xyz)=2$ 确定了二元隐函数 $z=z(x, y)$，求 $\dfrac{\partial z}{\partial x}$，$\dfrac{\partial z}{\partial y}$.

解　设 $F(x, y, z)=x-yz+\cos(xyz)-2$，则

$$F_x'=1-yz\sin(xyz),$$

$$F_y'=-z-xz\sin(xyz),$$

$$F_z'=-y-xy\sin(xyz),$$

所以

$$\frac{\partial z}{\partial x} = -\frac{F_x'}{F_z'} = -\frac{1-yz\sin(xyz)}{-y-xy\sin(xyz)} = \frac{1-yz\sin(xyz)}{y+xy\sin(xyz)},$$

$$\frac{\partial z}{\partial y} = -\frac{F_y'}{F_z'} = -\frac{-z-xz\sin(xyz)}{-y-xy\sin(xyz)} = -\frac{z+xz\sin(xyz)}{y+xy\sin(xyz)}.$$

【例13】 设方程 $\dfrac{x}{z}=\ln\dfrac{z}{y}$ 确定了二元隐函数 $z=z(x, y)$，求全微分 dz.

解　设 $F(x, y, z)=\dfrac{x}{z}-\ln\dfrac{z}{y}=\dfrac{x}{z}-\ln z+\ln y$，则

$$F_x'=\frac{1}{z}, \quad F_y'=\frac{1}{y}, \quad F_z'=-\frac{x}{z^2}-\frac{1}{z}=-\frac{x+z}{z^2},$$

所以

$$\frac{\partial z}{\partial x} = -\frac{F'_x}{F'_z} = -\frac{\dfrac{1}{z}}{-\dfrac{x+z}{z^2}} = \frac{z}{x+z},$$

$$\frac{\partial z}{\partial y} = -\frac{F'_y}{F'_z} = -\frac{\dfrac{1}{y}}{-\dfrac{x+z}{z^2}} = \frac{z^2}{y(x+z)},$$

于是

$$dz = \frac{\partial z}{\partial x}dx + \frac{\partial z}{\partial y}dy = \frac{z}{y(x+z)}(ydx + zdy).$$

【例 14】 设方程 $z^2 - 2xyz = 1$ 确定了二元隐函数 $z = z(x, y)$，求 $\dfrac{\partial^2 z}{\partial x \partial y}$.

解 设 $F(x, y, z) = z^2 - 2xyz - 1$，则

$$F'_x = -2yz, \ F'_y = -2xz, \ F'_z = 2z - 2xy,$$

所以

$$\frac{\partial z}{\partial x} = -\frac{F'_x}{F'_z} = -\frac{-2yz}{2z - 2xy} = \frac{yz}{z - xy},$$

$$\frac{\partial z}{\partial y} = -\frac{F'_y}{F'_z} = -\frac{-2xz}{2z - 2xy} = \frac{xz}{z - xy},$$

于是

$$\frac{\partial^2 z}{\partial x \partial y} = \frac{\partial}{\partial y}\left(\frac{yz}{z - xy}\right)$$

$$= \frac{\left(z + y\dfrac{\partial z}{\partial y}\right)(z - xy) - yz\left(\dfrac{\partial z}{\partial y} - x\right)}{(z - xy)^2}$$

$$= \frac{z(z^2 - xyz - x^2y^2)}{(z - xy)^3}.$$

习题 6-5

1. 求下列复合函数的全导数或偏导数：

（1）设 $z = e^{u-2v}$，而 $u = \sin x$，$v = x^3$，求 $\dfrac{dz}{dx}$；

（2）设 $z = \arcsin(x - y)$，而 $x = 2t$，$y = t^3$，求 $\dfrac{dz}{dt}$；

（3）设 $z = \dfrac{x^2 - y}{x + y}$，而 $y = 3x - 2$，求 $\dfrac{dz}{dx}$；

（4）设 $z=\tan(3t+x^2-y)$，而 $x=\dfrac{1}{t}$，$y=\sqrt{t}$，求 $\dfrac{\mathrm{d}z}{\mathrm{d}t}$；

（5）设 $z=u^2+v^2$，而 $u=x+y$，$v=x-y$，求 $\dfrac{\partial z}{\partial x}$，$\dfrac{\partial z}{\partial y}$；

（6）设 $z=u^2\ln v$，而 $u=\dfrac{x}{y}$，$v=3x-y$，求 $\dfrac{\partial z}{\partial x}$，$\dfrac{\partial z}{\partial y}$；

（7）设 $z=u\mathrm{e}^v$，而 $u=x^2+y^2$，$v=x^3-y^4$，求 $\dfrac{\partial z}{\partial x}$，$\dfrac{\partial z}{\partial y}$；

（8）设 $z=u^2v$，而 $u=y\cos x$，$v=x\cos y$，求 $\dfrac{\partial z}{\partial x}$，$\dfrac{\partial z}{\partial y}$.

2. 设 $z=\arctan\dfrac{u}{v}$，而 $u=x+y$，$v=x-y$，证明：$\dfrac{\partial z}{\partial x}+\dfrac{\partial z}{\partial y}=\dfrac{x-y}{x^2+y^2}$.

3. 设 $z=f(x^2+y^2)$，且 $f(u)$ 可微，证明：$y\dfrac{\partial z}{\partial x}-x\dfrac{\partial z}{\partial y}=0$.

4. 求下列复合函数的偏导数及全微分，其中 f 具有一阶连续偏导数：

（1）$z=f(xy,\ x-y)$；

（2）$u=f\left(\dfrac{x}{y},\ \dfrac{y}{z}\right)$；

（3）$u=f(x,\ xy,\ xyz)$.

5. 设 $y=y(x)$ 是由下列方程确定的隐函数，求 $\dfrac{\mathrm{d}y}{\mathrm{d}x}$：

（1）$\mathrm{e}^x=xy^2-\sin y$；　　　　　　　　（2）$xy+\ln y-\ln x=0$；

（3）$x\mathrm{e}^y-y=1$；　　　　　　　　　　（4）$y=2x+\cos(x-y)$；

（5）$\ln\sqrt{x^2+y^2}=\arctan\dfrac{x}{y}$；　　　　（6）$y^x=x^y$.

6. 设 $y=y(x)$ 由方程 $\mathrm{e}^x-\mathrm{e}^y=\sin(xy)$ 所确定，求 $\dfrac{\mathrm{d}y}{\mathrm{d}x}\Big|_{x=0}$.

7. 设 $z=z(x,\ y)$ 是由下列方程所确定的隐函数，求 $\dfrac{\partial z}{\partial x}$，$\dfrac{\partial z}{\partial y}$：

（1）$x+y+z=\mathrm{e}^z$；　　　　　　　　　（2）$x^2+y^2+z^2=4z$；

（3）$yz^2-xz^3-1=0$；　　　　　　　　（4）$\mathrm{e}^x z+xyz+\dfrac{1}{2}z^2=1$；

（5）$x^2+y^2+2x-2yz=\mathrm{e}^z$；　　　　　（6）$x+2y+z-2\sqrt{xyz}=0$.

8. 求由下列方程所确定的隐函数的微分或全微分：

（1）$\mathrm{e}^y=xy$，求 $\mathrm{d}y$；

（2）$\sin(x^2+y)=xy$，求 $\mathrm{d}y$；

（3）$x^2+y^2-\mathrm{e}^z=0$，求 $\mathrm{d}z$；

（4）$x^2+y^2+z^2=xyz$，求 $\mathrm{d}z$；

（5）$xz=y+\mathrm{e}^z$，求 $\mathrm{d}z$；

（6）$x+y^2+z^2=2z$，求 $\mathrm{d}z$；

（7）$x^2+y^2+z^2=\mathrm{e}^z$，求 $\mathrm{d}z$；

（8）$x+y^3+z+\mathrm{e}^{2z}=1$，求 $\mathrm{d}z$.

9. 设 $\varphi(cx-az,cy-bz)=0$，其中 φ 具有连续偏导数，求 $a\dfrac{\partial z}{\partial x}+b\dfrac{\partial z}{\partial y}$.

10. 设 $2\sin(x+2y-3z)=x+2y-3z$，证明：$\dfrac{\partial z}{\partial x}+\dfrac{\partial z}{\partial y}=1$.

第六节　多元函数的极值及其应用

在经济管理、工程技术等许多实际问题中，常常需要求一个多元函数的最大值或最小值，它们统称为最值. 与一元函数的情形类似，多元函数的最值也与其极值密切相关. 下面我们讨论最简单的多元函数——二元函数的极值问题，然后再介绍二元函数的最值问题，以及它在一些经济问题中的应用.

一、二元函数的极值

现在让我们来把一元函数的极值概念推广到多元函数. 我们还是着重讨论二元函数.

定义 6.11　设函数 $z=f(x,y)$ 在点 (x_0,y_0) 的某个邻域内有定义，如果对于该邻域内异于点 (x_0,y_0) 的任何点 (x,y)，都有

$$f(x,y)\leqslant f(x_0,y_0),$$

则称函数 $f(x,y)$ 在点 (x_0,y_0) 有**极大值** $f(x_0,y_0)$，点 (x_0,y_0) 称为函数 $f(x,y)$ 的**极大值点**；如果对于该邻域内异于点 (x_0,y_0) 的任何点 (x,y)，都有

$$f(x,y)\geqslant f(x_0,y_0),$$

则称函数 $f(x,y)$ 在点 (x_0,y_0) 有**极小值** $f(x_0,y_0)$，点 (x_0,y_0) 称为函数 $f(x,y)$ 的**极小值点**. 极大值和极小值统称为**极值**，使函数取极值的点 (x_0,y_0) 称为**极值点**.

与一元函数的极值相似，二元函数的极值也是二元函数的一种局部性质.

【例1】　根据定义，分析下列函数在 $(0,0)$ 处的极值情况.

（1）$z=x^2+y^2$；　　　　　　　　　（2）$z=-\sqrt{x^2+y^2}$；

（3）$z=xy$.

解　（1）　函数 $z=x^2+y^2$ 在点 $(0,0)$ 处有极小值. 因为点 $(0,0)$ 的任一邻域内异于 $(0,0)$ 的点的函数值都为正，而在点 $(0,0)$ 处的函数值为零. 从几何上看，这是显然的，因为点 $(0,0,0)$ 是开口朝上的旋转抛物面 $z=x^2+y^2$ 的底点.

（2）函数 $z=-\sqrt{x^2+y^2}$ 在点 $(0,0)$ 处有极大值. 因为点 $(0,0)$ 的任一邻域内异于 $(0,0)$ 的点的函数值都为负，而在点 $(0,0)$ 处的函数值为零. 从几何上看，这是显然的，因为点 $(0,0,0)$ 是位于 xOy 坐标面下方的圆锥面 $z=-\sqrt{x^2+y^2}$ 的顶点.

（3）函数 $z=xy$ 在点 $(0,0)$ 处取不到极值. 因为在点 $(0,0)$ 处的函数值为零，而在点 $(0,0)$ 的任一邻域内，总有使函数值为正的点（第一、第三象限中的点），也有使函数值为

负的点(第二、第四象限中的点).

下面给出极值存在的必要条件和充分条件.

定理 6.9(极值存在的必要条件)　设函数 $z=f(x,y)$ 在点 (x_0,y_0) 存在偏导数,且函数在点 (x_0,y_0) 处有极值,则

$$f_x'(x_0,y_0)=0,\ f_y'(x_0,y_0)=0.$$

证明　由于 $z=f(x,y)$ 在点 (x_0,y_0) 处有极值,所以当 $y=y_0$ 时,一元函数 $z=f(x,y_0)$ 在 $x=x_0$ 处有极值. 根据一元函数极值存在的必要条件,有

$$\frac{\partial z}{\partial x}\bigg|_{(x_0,y_0)}=f_x'(x_0,y_0)=0,$$

同理,有

$$\frac{\partial z}{\partial y}\bigg|_{(x_0,y_0)}=f_y'(x_0,y_0)=0.$$

使偏导数 $f_x'(x_0,y_0)=0$, $f_y'(x_0,y_0)=0$ 同时成立的点 (x_0,y_0) 称为函数 $f(x,y)$ 的**驻点**.

类似于一元函数,二元函数的极值只可能在其驻点和偏导数不存在的点处取得.

定理 6.10(极值存在的充分条件)　设函数 $z=f(x,y)$ 在点 (x_0,y_0) 的邻域内有连续的二阶偏导数,且点 (x_0,y_0) 为函数 $z=f(x,y)$ 的驻点,记

$$A=f_{xx}''(x_0,y_0),\ B=f_{xy}''(x_0,y_0),\ C=f_{yy}''(x_0,y_0),$$

则

(1) 当 $AC-B^2>0$ 时, $f(x_0,y_0)$ 是函数 $f(x,y)$ 的极值,且当 $A<0$ 时, $f(x_0,y_0)$ 是极大值,当 $A>0$ 时, $f(x_0,y_0)$ 是极小值;

(2) 当 $AC-B^2<0$ 时, $f(x_0,y_0)$ 不是函数 $f(x,y)$ 的极值.

定理 6.10 并没有给出当 $AC-B^2=0$ 时的结论,这时 $f(x_0,y_0)$ 是否为函数的极值还需要进一步的讨论.

利用上面两个定理,对于具有二阶连续偏导数的函数 $z=f(x,y)$,求极值的步骤如下:

(1) 求驻点,即解方程组

$$\begin{cases} f_x'(x,y)=0, \\ f_y'(x,y)=0; \end{cases}$$

(2) 对于每个驻点 (x_0,y_0),求出二阶偏导数的值 A, B, C;

(3) 由 $AC-B^2$ 的符号,判断是否取极值,由 A 的符号判定是极大值还是极小值;

(4) 求出极值.

【例 2】　求函数 $f(x,y)=y^3-x^2+6x-12y+5$ 的极值.

解　解方程组

$$\begin{cases} f_x'(x,y)=-2x+6=0, \\ f_y'(x,y)=3y^2-12=0, \end{cases}$$

得驻点 $(3,2)$, $(3,-2)$.

由于 $f_{xx}''(x,y)=-2$, $f_{xy}''(x,y)=0$, $f_{yy}''(x,y)=6y$.

列表讨论如下：

(x_0, y_0)	A	B	C	$AC-B^2$	判断 $f(x_0, y_0)$
$(3, 2)$	-2	0	12	-24	$f(3, 2)$ 不是极值
$(3, -2)$	-2	0	-12	24	$f(3, -2)=30$ 为极大值

二、二元函数的最值

定义 6.12 设函数 $z=f(x, y)$ 在某区域 D 上有定义，对于该区域 D 上的任何点 (x, y)，如果都有

$$f(x, y) \leqslant f(x_0, y_0),$$

则称 $f(x_0, y_0)$ 为函数 $f(x, y)$ 在区域 D 上的**最大值**；如果有

$$f(x, y) \geqslant f(x_0, y_0),$$

则称 $f(x_0, y_0)$ 为函数 $f(x, y)$ 在区域 D 上的**最小值**.

最大值和最小值统称为**最值**，使函数取最值的点 (x_0, y_0) 称为**最值点**.

由本章第一节闭域上的多元连续函数的几个性质（有界性、最值定理、介值定理）我们知道，当函数 $f(x, y)$ 在有界闭区域 D 上连续时，函数 $f(x, y)$ 在 D 上必有最大值和最小值.

关于在有界闭区域 D 上连续函数 $f(x, y)$ 的最大（小）值求法与闭区间上连续函数 $f(x)$ 的最大（小）值求法相类似.

在实际问题中，如果根据问题的性质知道 $f(x, y)$ 的最大（小）值一定在 D 的内部取得，并且 $f(x, y)$ 在 D 内具有唯一的驻点，那么可以断定这个唯一的驻点处的函数值就是 $f(x, y)$ 在 D 上的最大（小）值.

【例3】 某工厂生产 A, B 两种产品，销售单价分别是 10 千元与 9 千元，生产 x 单位的 A 产品与生产 y 单位的 B 产品的总费用是

$$400+2x+3y+0.01(3x^2+xy+3y^2)（千元），$$

求当 A, B 产品的产量分别为多少时，能使获得的总利润最大？并求最大总利润.

解 设 $L(x, y)$ 为产品 A, B 分别生产 x 和 y 单位时所得的总利润. 因为总利润＝总收入－总费用，所以

$$L(x, y) = 10x+9y-[400+2x+3y+0.01(3x^2+xy+3y^2)]$$
$$= 8x+6y-0.01(3x^2+xy+3y^2)-400,$$

由

$$\begin{cases} L'_x(x, y) = 8-0.06x-0.01y=0, \\ L'_y(x, y) = 6-0.01x-0.06y=0, \end{cases}$$

得唯一驻点 $(120, 80)$.

由于该实际问题有最大值，所以当 A 产品生产 120 个单位，B 产品生产 80 个单位时，所得总利润最大，最大总利润为 $L(120, 80)=320$ 千元.

【例4】 设 Q_1, Q_2 分别为商品 A, B 的需求量，它们的需求函数为

$$Q_1=8-P_1+2P_2, \quad Q_2=10+2P_1-5P_2,$$

总成本函数为

$$C = 3Q_1 + 2Q_2,$$

其中 P_1 和 P_2 为商品 A 和 B 的价格(单位:万元),试问:价格 P_1 和 P_2 取何值时可使总利润最大?并求最大总利润.

解　据题意,总收益函数为

$$R = P_1 Q_1 + P_2 Q_2,$$

总利润函数为

$$\begin{aligned}
L &= R - C = P_1 Q_1 + P_2 Q_2 - (3Q_1 + 2Q_2) \\
&= (P_1 - 3) Q_1 + (P_2 - 2) Q_2 \\
&= (P_1 - 3)(8 - P_1 + 2P_2) + (P_2 - 2)(10 + 2P_1 - 5P_2).
\end{aligned}$$

由

$$\begin{cases}
\dfrac{\partial L}{\partial P_1} = (8 - P_1 + 2P_2) + (P_1 - 3) \cdot (-1) + 2(P_2 - 2) = 0, \\[3mm]
\dfrac{\partial L}{\partial P_2} = 2(P_1 - 3) + (10 + 2P_1 - 5P_2) + (P_2 - 2) \cdot (-5) = 0,
\end{cases}$$

即

$$\begin{cases}
-2P_1 + 4P_2 + 7 = 0, \\
4P_1 - 10P_2 + 14 = 0,
\end{cases}$$

解得唯一的驻点 $P_1 = \dfrac{63}{2}$,$P_2 = 14$.

由于实际问题存在最大总利润,所以当取价格 $P_1 = \dfrac{63}{2}$,$P_2 = 14$ 时可获得最大总利润 $L = 164.25$ 万元.

三、条件极值

在实际问题中我们常常遇到这样的极值问题:求函数 $f(x, y)$ 在条件 $\varphi(x, y) = 0$ 下的极值.例如,求周长为给定的常数 l 时面积最大的矩形,可转化为求 $f(x, y) = xy$ 在条件 $2(x + y) = l$ 下的极大值.又如,求连续函数 $f(x, y)$ 在闭区域 D 上的最大(小)值的一般方法是:先求出 $f(x, y)$ 在 D 内所有驻点处的函数值、偏导数不存在点处的函数值(即可能极值点处的函数值);再求出 $f(x, y)$ 在 D 的边界上的极大(小)值,二者中最大(小)值就是所求最大(小)值.其中 $f(x, y)$ 在 D 的边界上(假设 D 的边界方程为 $\varphi(x, y) = 0$)的极值就是求 $f(x, y)$ 在条件 $\varphi(x, y) = 0$ 下的极值.

如果对自变量除限定在定义域内取值外,还需满足附加条件,这类极值问题称为**条件极值**.前面在讨论函数极值时,对自变量除限定在定义域内取值外,并无其他约束条件,这类极值问题称为**无条件极值**,简称极值.

求解条件极值问题有两种方法,其一是:若由 $\varphi(x, y) = 0$ 能解出显函数 $x = x(y)$ 或 $y = y(x)$,代入 $f(x, y)$ 中就变成了一元函数,从而化成了求解一元函数的极值问题;其二就是下面介绍的一种求条件极值的常用方法——**拉格朗日乘数法**(Lagrange multiplier method).

下面我们来寻求函数 $z = f(x, y)$ 在条件 $\varphi(x, y) = 0$ 下取得极值的必要条件.

假设点 (x_0, y_0) 为函数 $z = f(x, y)$ 在条件 $\varphi(x, y) = 0$ 下的极值点, 且 $\varphi(x, y) = 0$ 满足隐函数存在定理的条件, 确定隐函数 $y = y(x)$, 则 $x = x_0$ 是一元函数 $z = f(x, y(x))$ 的极值点. 于是由一元可导函数取极值的必要条件得

$$\frac{\mathrm{d}z}{\mathrm{d}x}\bigg|_{x=0} = f_x'(x_0, y_0) + f_y'(x_0, y_0)\frac{\mathrm{d}y}{\mathrm{d}x}\bigg|_{x=0} = 0,$$

由隐函数存在定理得

$$\frac{\mathrm{d}y}{\mathrm{d}x}\bigg|_{x=0} = -\frac{\varphi_x'(x_0, y_0)}{\varphi_y'(x_0, y_0)},$$

故

$$f_x'(x_0, y_0)\varphi_y'(x_0, y_0) - f_y'(x_0, y_0)\varphi_x'(x_0, y_0) = 0,$$

令 $\dfrac{f_y'(x_0, y_0)}{\varphi_y'(x_0, y_0)} = -\lambda$, 于是极值点 $P_0(x_0, y_0)$ 需要满足三个条件:

$$\begin{cases} f_x'(x_0, y_0) + \lambda\varphi_x'(x_0, y_0) = 0, \\ f_y'(x_0, y_0) + \lambda\varphi_y'(x_0, y_0) = 0, \\ \varphi(x_0, y_0) = 0. \end{cases}$$

因此, 若引进辅助函数

$$F(x, y, \lambda) = f(x, y) + \lambda\varphi(x, y),$$

则前面三个条件即

$$\begin{cases} F_x'(x_0, y_0, \lambda) = f_x'(x_0, y_0) + \lambda\varphi_x'(x_0, y_0) = 0, \\ F_y'(x_0, y_0, \lambda) = f_y'(x_0, y_0) + \lambda\varphi_y'(x_0, y_0) = 0, \\ F_\lambda'(x_0, y_0, \lambda) = \varphi(x_0, y_0) = 0. \end{cases}$$

函数 $F(x, y, \lambda)$ 称为**拉格朗日函数**, 参数 λ 称为**拉格朗日乘数**.

拉格朗日乘数法求函数 $z = f(x, y)$ 在条件 $\varphi(x, y) = 0$ 下的可能极值点的一般步骤为:

(1) 构造拉格朗日函数

$$F(x, y, \lambda) = f(x, y) + \lambda\varphi(x, y),$$

其中 λ 为拉格朗日乘数.

(2) 求 $F(x, y, \lambda)$ 对 x, y, λ 的三个一阶偏导数, 并令它们为零, 即得方程组

$$\begin{cases} F_x' = f_x'(x, y) + \lambda\varphi_x'(x, y) = 0, \\ F_y' = f_y'(x, y) + \lambda\varphi_y'(x, y) = 0, \\ F_\lambda' = \varphi(x, y) = 0. \end{cases}$$

(3) 解上面方程组, 得可能极值点 (x_0, y_0).

求函数 $u = f(x, y, z)$ 在条件 $\varphi(x, y, z) = 0$, $\psi(x, y, z) = 0$ 下的可能极值点的方法为:

(1) 构造拉格朗日函数

$$F(x, y, z, \lambda, \mu) = f(x, y, z) + \lambda\varphi(x, y, z) + \mu\psi(x, y, z),$$

其中 λ, μ 为拉格朗日乘数.

(2) 求 $F(x, y, z, \lambda, \mu)$ 对 x, y, z, λ, μ 的五个一阶偏导数, 并令它们为零, 即得方

程组

$$
\begin{cases}
F_x' = f_x'(x, y, z) + \lambda\varphi_x'(x, y, z) + \mu\psi_x'(x, y, z) = 0, \\
F_y' = f_y'(x, y, z) + \lambda\varphi_y'(x, y, z) + \mu\psi_y'(x, y, z) = 0, \\
F_z' = f_z'(x, y, z) + \lambda\varphi_z'(x, y, z) + \mu\psi_z'(x, y, z) = 0, \\
F_\lambda' = \varphi(x, y, z) = 0, \\
F_\mu' = \psi(x, y, z) = 0.
\end{cases}
$$

（3）解上面方程组，得可能极值点 (x_0, y_0, z_0)．

在通常遇到的实际问题中根据问题本身的性质确定极值点，而唯一的极值点即最值点．

【例 5】 某工厂生产两种型号的机床，其产量分别为 x 台和 y 台，成本函数为

$$C(x, y) = x^2 + 2y^2 - xy（万元），$$

若根据市场调查预测，共需这两种机床 8 台，问应如何安排生产，才能使成本最小？并求最小成本．

解 此问题可以归结为求成本函数

$$C(x, y) = x^2 + 2y^2 - xy$$

在条件 $x + y = 8$ 下的最小值．

构造拉格朗日函数

$$F(x, y, \lambda) = x^2 + 2y^2 - xy + \lambda(x + y - 8).$$

求 $F(x, y, \lambda)$ 对 x, y, λ 的偏导数，并令其为零，得联立方程组

$$
\begin{cases}
F_x' = 2x - y + \lambda = 0, \\
F_y' = 4y - x + \lambda = 0, \\
F_\lambda' = x + y - 8 = 0,
\end{cases}
$$

解得 $x = 5$，$y = 3$．$(5, 3)$ 是唯一可能的极值点，即最值点．

因为实际问题的最小值存在，所以，当两种型号的机床分别生产 5 台和 3 台时，总成本最小，且最小成本为 $C(5, 3) = 28（万元）$．

【例 6】 已知某产品的柯布-道格拉斯投入产出函数为

$$f(x, y) = 200x^{\frac{1}{4}}y^{\frac{3}{4}},$$

其中 x 为劳动力的投入量，y 为资本的投入量．设每单位的劳动力投入成本为 250 元，每单位的资本投入成本为 150 元，若生产商的总预算是 50000 元，问：劳动力投入及资本投入各为多少时，产量最大？

解 此问题可以归结为求投入产出函数

$$f(x, y) = 200x^{\frac{1}{4}}y^{\frac{3}{4}}$$

在条件 $250x + 150y = 50000$ 下的最大值．

构造拉格朗日函数

$$F(x, y, \lambda) = 200x^{\frac{1}{4}}y^{\frac{3}{4}} + \lambda(250x + 150y - 50000).$$

求 $F(x, y, \lambda)$ 对 x，y，λ 的偏导数，并令其为零，得联立方程组

$$\begin{cases} F'_x = 50x^{-\frac{3}{4}}y^{\frac{3}{4}} + 250\lambda = 0, \\ F'_y = 150x^{\frac{1}{4}}y^{-\frac{1}{4}} + 150\lambda = 0, \\ F'_\lambda = 250x + 150y - 50000 = 0, \end{cases}$$

解得 $x = 50$，$y = 250$. 于是 $(50, 150)$ 是唯一可能的极值点，即最值点.

因为实际问题的最大值存在，所以，当投入 50 单位劳动力及 150 单位资本时，产量最大.

习题 6-6

1. 求下列函数的极值：

(1) $f(x, y) = x^2 + y^2 - 4$；

(2) $f(x, y) = 4(x-y) - x^2 - y^2$；

(3) $f(x, y) = x^2 + xy + y^2 - 3x - 6y + 1$；

(4) $f(x, y) = \dfrac{1}{2}x^2 - xy + y^2 + 3x$；

(5) $f(x, y) = x^3 + y^3 - 3xy$；

(6) $f(x, y) = x^3 - 4x^2 + 2xy - y^2$；

(7) $f(x, y) = x^3 - 3xy - y^2 - y - 9$；

(8) $f(x, y) = (6x - x^2)(4y - y^2)$.

2. 求函数 $f(x, y) = xy$ 在条件 $x + y = 1$ 下的极值.

3. 设某企业生产甲、乙两种产品，销售价分别为 10 千元/件与 9 千元/件，生产 x 件甲产品、y 件乙产品的总成本为 $C(x, y) = 100 + 2x + 3y + 0.01(3x^2 + xy + 3y^2)$ 千元，问甲、乙两种产品的产量各为多少时，企业获利最大？并求最大利润.

4. 设某工厂生产 A，B 两种产品，当 A，B 产量分别为 x 和 y 时，总成本函数为 $C(x, y) = 8x^2 + 6y^2 - 2xy - 40x - 42y + 180$，求 A，B 两种产品的产量各为多少时，总成本最小，并求最小总成本.

5. 某农场欲围一个面积为 60 平方米的矩形场地，正面所用材料每米造价 7 元，其余三面每米造价 3 元，问场地长、宽各多少米时，所用材料费最少？

6. 设生产某种产品的数量 Q（吨）与所用两种原料 A，B 的数量 x，y 间有关系式 $Q = 0.005x^2y$，现准备用 150 万元购原料，已知 A，B 原料的单价分别为 1 万元/吨和 2 万元/吨，问两种原料各购多少，才能使生产的产品数量最多？

 **本章小结**

6.4 本章小结

空间直角坐标系	了解 空间直角坐标系的基本概念
	了解 空间平面和空间直线方程
	了解 空间曲面和空间曲线方程
	理解 常见的二次曲面方程
	掌握 空间曲线在坐标面上的投影曲线
多元函数微分学	理解 二元函数的概念，了解多元函数的概念
	了解 二元函数的极限与连续的概念
	理解 二元函数偏导数与全微分的概念
	掌握 多元函数偏导数与全微分求法
	掌握 多元复合函数一阶、二阶偏导数求法
	掌握 多元隐函数一阶、二阶偏导数求法
多元函数微分学的应用	理解 二元函数极值与条件极值的概念
	了解 二元函数无条件极值的必要条件和充分条件
	掌握 二元函数无条件极值求法
	掌握 多元函数条件极值的拉格朗日乘数法
	会求 偏导数在经济学中的应用问题
	会求 最值的简单经济学应用问题

数学通识：多元微分的经济应用—Black-Scholes 模型

在微积分学自身不断发展、完善和向多元演变，以及函数概念深化的同时，它又被迅速而广泛地应用到其他领域，形成了一些新的数学分支，如常微分方程、偏微分方程、微分几何和代数方程论等．除此以外，微积分的影响还超出数学范畴进入自然科学各领域，甚至渗透到经济、人文和社会科学领域．

经济学在 20 世纪有了快速的发展，并发挥了越来越显著的作用．数学对经济领域的影响从诺贝尔经济学奖中可见一斑．从 1969 年首届诺贝尔经济学奖开始，数学便与诺贝尔经济学奖结下了不解之缘．下面以对经济领域产生重大作用的 Black-Scholes 模型为例加以说明．20 世纪 70 年代以来，美国经济学家费希尔·布莱克（F. Black，1938—1995）和在加拿大出生的美国经济学家斯科尔斯（M. Scholes，1941—）为了克服股票市场中的不确定性，引进了期权这一金融衍生品的严格定义，使之与股票的适当份额组成了投资组合，是无风险的．他们将期权的定价问题归结为一个偏微分方程的解，并导出了风险中性下的期权定价公式，即著名的 Black-Scholes 公式．在此前，投资者无法精确地确定期权的价格，而这个公式把风险溢价因素计入期权价格，从而降低了期权投资的风险．后来美国经济学家莫顿（R. Merton，1944—）消除了许多限制，使该公式亦适用于金融交易的其他领域，如住房抵押．由于他们的杰出成就，1997 年，莫顿和斯科尔斯获得诺贝尔经济学奖，在此以前，布莱克已在 1995 年故世了．

Black-Scholes 方程是指下列方程：

$$\frac{\partial V}{\partial t} + \frac{1}{2}\sigma^2 S^2 \frac{\partial^2 V}{\partial S^2} + rS \frac{\partial V}{\partial S} - rV = 0,$$

其中，t 为时间，S 为股票价格，$V = V(S, t)$ 为期权价格．偏导数 $\frac{\partial V}{\partial t}$ 表示期权价格对时间的变化率，偏导数 $\frac{\partial V}{\partial S}$ 表示组合中股票的份额，而 $\frac{\partial^2 V}{\partial S^2}$ 表示期权价格的敏感性．$\frac{\partial V}{\partial t}$、$\frac{\partial V}{\partial S}$ 和 $\frac{\partial^2 V}{\partial S^2}$ 往往用希腊字母 Θ、Δ 和 Γ 表示，它们是风险管理的核心部分．

关于 Black-Scholes 模型，时至今日人们还在不断深入修正与完善．作为同一个原生风险资产的衍生物——期权，它们的品种是多种多样的，在数学上反映为它们具有各种不同形式的定解条件，因此为了给这些期权定价，在数学上就是去求解带有各种不同形式的定解条件的 Black-Scholes 方程．

费希尔·布莱克

莫顿

斯科尔斯

总复习题六

1. 在 yOz 平面上求一点 P，使 P 与 $A(3, 1, 2)$，$B(4, -2, -2)$，$C(0, 5, 1)$ 等距离.

2. 求二元函数 $z = \ln(x-y) + \sqrt{x^2+y^2-4} + \ln\left(1 - \dfrac{x^2}{4} - \dfrac{y^2}{9}\right)$ 的定义域.

3. 求下列函数的偏导数 z'_x，z'_y 及全微分 $\mathrm{d}z$：

（1）$z = (\sin x)^y$；   （2）$z = xf(x+y, xy)$；

（3）$z = f(\sin x, xy^2)$；   （4）$z = (2x^2y^3)^{x^2+y^2}$；

（5）$z = \displaystyle\int_0^{xy} f(t)\,\mathrm{d}t$.

4. 设 $z = \dfrac{y}{f(x^2-y^2)}$，其中 f 可导，验证 $\dfrac{1}{x} \dfrac{\partial z}{\partial x} + \dfrac{1}{y} \dfrac{\partial z}{\partial y} = \dfrac{z}{y^2}$.

5. 求下列函数的二阶偏导数：

（1）$z = \sin^2(2x+3y)$；   （2）$z = \ln(x + \sqrt{x^2+y^2})$.

6. 求下列复合函数的二阶偏导数，其中 f 具有二阶连续偏导数：

（1）$z = f\left(2x, \dfrac{x}{y}\right)$；

（2）$z = f(x\ln y, y-x)$；

（3）$z = f(\sin x, \cos y, \mathrm{e}^{2x-y})$.

7. 设 $x+z = yf(x^2-z^2)$，其中 f 具有连续导数，求 $z\dfrac{\partial z}{\partial x} + y\dfrac{\partial z}{\partial y}$.

8. 设 $\dfrac{x}{z} = \ln\dfrac{z}{y}$，求 $\dfrac{\partial^2 z}{\partial x^2}$，$\dfrac{\partial^2 z}{\partial y^2}$.

9. 设 $\mathrm{e}^z = xyz$，求 $\dfrac{\partial^2 z}{\partial x \partial y}$.

10. 求下列二元函数的极值：

（1）$f(x, y) = \mathrm{e}^{2x}(x+y^2+2y)$；

（2）$f(x, y) = xy(a-x-y)\ (a \neq 0)$；

（3）$f(x, y) = (2ax-x^2)(2by-y^2)\ (a \neq 0, b \neq 0)$.

11. 假设某企业在两个相互分割的市场上出售同一种产品，两个市场的需求函数分别是
$$P_1 = 18-2Q_1, \quad P_2 = 12-Q_2,$$
其中 P_1 和 P_2 为售价，Q_1 和 Q_2 为销售量. 总成本函数为
$$C = 2(Q_1+Q_2)+5.$$

（1）如果该企业实行价格差别策略，试确定两个市场上该产品的销售量和价格，使该企业获得最大利润；

（2）如果该企业实行价格无差别策略，试确定两个市场上该产品的销售量和统一的价格，使该企业总利润最大化，并比较两种策略下的总利润大小.

12. 假设某企业通过电视和报纸做广告，已知销售收入为

$$R(x,y) = 15 + 14x + 32y - 8xy - 2x^2 - 10y^2,$$

其中 x（万元）和 y（万元）分别为电视广告费和报纸广告费．

(1) 在广告费用不限的情况下，求最佳广告策略；

(2) 如果广告费用限制为 1.5 万元，求最佳广告策略．

13. 求内接于椭球面 $\dfrac{x^2}{2^2} + \dfrac{y^2}{3^2} + \dfrac{z^2}{5^2} = 1$ 的长方体的最大体积．

14. 抛物面 $z = x^2 + y^2$ 被平面 $x + y + z = 1$ 截成一椭圆，求原点到这个椭圆的最长与最短距离．

第七章 二重积分

二重积分与定积分相似，都是用和式的极限定义. 但是由于定积分的积分区域通常只是区间，而二重积分的积分区域则是平面区域，所以积分区域的恰当表示和积分次序的合理选择是保证二重积分计算过程简捷的关键.

本章我们将把一元函数定积分的概念推广到二元函数的二重积分. 从求曲顶柱体的体积这个具体问题出发，先介绍二重积分的概念与性质，再研究在直角坐标系和极坐标系中将二重积分化为二次积分进行计算的方法.

第一节 二重积分的概念与性质

7.1 曲顶柱体的体积

一、二重积分的概念

1. 曲顶柱体的体积

设函数 $z=f(x, y)$ 在有界闭区域 D 上连续，且 $f(x, y) \geqslant 0$. 过区域 D 边界上每一点，作平行于 z 轴的直线，这些直线构成一个曲面，称此曲面为由边界产生的柱面. 所谓**曲顶柱体**是指以曲面 $z=f(x, y)$ 为顶，以区域 D 为底，以 D 的边界产生的柱面为侧面所围成的立体，如图 7-1 所示.

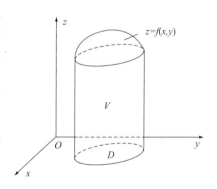

图 7-1

下面我们仿照求曲边梯形面积的方法来求曲顶柱体的体积.

（1）分割

把区域 D 任意分割成 n 个小区域
$$\Delta\sigma_1, \Delta\sigma_2, \cdots, \Delta\sigma_n,$$
仍以 $\Delta\sigma_i$ 表示第 i 个小区域的面积，这样就把曲顶柱体分成 n 个小曲顶柱体. 以 ΔV_i 表示以 $\Delta\sigma_i$ 为底的第 i 个小曲顶柱体的体积，$i=1, 2, \cdots, n$，则 $V = \sum\limits_{i=1}^{n} \Delta V_i$.

（2）近似

在每个小区域 $\Delta\sigma_i (i=1, 2, \cdots, n)$ 上任取一点 (ξ_i, η_i)，并以 $f(\xi_i, \eta_i)$ 为高，$\Delta\sigma_i$ 为底的平顶柱体的体积 $f(\xi_i, \eta_i)\Delta\sigma_i$ 作为 ΔV_i 的近似值（见图 7-2），即
$$\Delta V_i \approx f(\xi_i, \eta_i)\Delta\sigma_i.$$

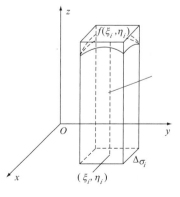

图 7-2

（3）求和

把这 n 个小平顶柱体的体积相加，就得到所求的曲顶柱体体积 V 的近似值，即

$$V = \sum_{i=1}^{n} \Delta V_i \approx \sum_{i=1}^{n} f(\xi_i, \eta_i) \Delta \sigma_i.$$

（4）取极限

区域 D 分得越细，上式右端的和式就越接近于曲顶柱体的体积 V. 用 d_i 表示小区域 $\Delta \sigma_i$ 上任意两点间的最大距离，称为该**小区域的直径**，令 $d = \max\{d_1, d_2, \cdots, d_n\}$.

当 $d \to 0$ 时，上述和式的极限存在，则这个极限值就是所求的曲顶柱体的体积 V，即

$$V = \lim_{d \to 0} \sum_{i=1}^{n} f(\xi_i, \eta_i) \Delta \sigma_i.$$

2. 二重积分的定义

对于定义在有界闭区域 D 上的二元函数 $f(x, y)$，重复上述四个步骤，就得到二重积分的定义.

定义 7.1　设 $z = f(x, y)$ 是定义在有界闭区域 D 上的有界二元函数，将区域 D 任意分割成 n 个小区域 $\Delta \sigma_1$, $\Delta \sigma_2$, $\cdots$, $\Delta \sigma_n$，并仍以 $\Delta \sigma_i$ 表示第 i 个小区域的面积，d_i 为区域 $\Delta \sigma_i$ 的直径，$i = 1, 2, \cdots, n$，$d = \max\{d_1, d_2, \cdots, d_n\}$，在每个小区域 $\Delta \sigma_i$ 上任取一点 (ξ_i, η_i)，作乘积 $f(\xi_i, \eta_i) \Delta \sigma_i$，并求和

$$\sum_{i=1}^{n} f(\xi_i, \eta_i) \Delta \sigma_i,$$

当 $d \to 0$ 时，这个和式的极限存在，则称函数 $z = f(x, y)$ 在区域 D 上**可积**，称此极限值为函数 $z = f(x, y)$ 在区域 D 上的**二重积分**（double integral），记作 $\iint\limits_{D} f(x, y) \mathrm{d}\sigma$，即

$$\iint\limits_{D} f(x, y) \mathrm{d}\sigma = \lim_{d \to 0} \sum_{i=1}^{n} f(\xi_i, \eta_i) \Delta \sigma_i.$$

其中，$f(x, y)$ 称为**被积函数**，"$\iint$" 称为**二重积分符号**，D 称为**积分区域**，$\mathrm{d}\sigma$ 称为**面积元素**，x，y 称为**积分变量**.

类似于定积分的可积性，我们给出如下定理.

3. 二重积分的存在性

定理 7.1　如果二元函数 $z = f(x, y)$ 在有界闭区域 D 上连续，则二重积分 $\iint\limits_{D} f(x, y) \mathrm{d}\sigma$ 存在，即 $f(x, y)$ 在区域 D 上可积.

证明略.

4. 二重积分的几何意义

如果在有界闭区域 D 上二元连续函数 $z = f(x, y) \geq 0$，则二重积分 $\iint\limits_{D} f(x, y) \mathrm{d}\sigma$ 的值等于以积分区域 D 为底，以连续曲面 $z = f(x, y)$ 为顶的曲顶柱体的体积 V，即 $\iint\limits_{D} f(x, y) \mathrm{d}\sigma = V$.

如果在有界闭区域 D 上二元连续函数 $z = f(x, y) \leq 0$，则二重积分 $\iint\limits_{D} f(x, y) \mathrm{d}\sigma$ 的

值等于以积分区域 D 为底, 以连续曲面 $z=f(x,y)$ 为顶的曲顶柱体的体积的相反数 $-V$, 即 $\iint\limits_D f(x,y)\mathrm{d}\sigma = -V$.

如果在有界闭区域 D 上二元连续函数 $z=f(x,y)$ 既取得正值, 又取得负值, 则二重积分 $\iint\limits_D f(x,y)\mathrm{d}\sigma$ 的值等于以积分区域 D 为底, 以连续曲面 $z=f(x,y)$ 为顶的曲顶柱体体积的代数和.

二、二重积分的性质

二重积分与一元函数的定积分具有相似的性质, 下面涉及的函数均假定在 D 上可积.

性质 7.1 若在区域 D 上有 $f(x,y)\equiv 1$, S 是 D 的面积, 则

$$\iint\limits_D \mathrm{d}\sigma = S.$$

性质 7.2 常数因子可提到积分号外面, 即

$$\iint\limits_D kf(x,y)\mathrm{d}\sigma = k\iint\limits_D f(x,y)\mathrm{d}\sigma, k \text{ 为常数}.$$

性质 7.3 函数的代数和的积分等于各个函数积分的代数和, 即

$$\iint\limits_D [f(x,y)\pm g(x,y)]\mathrm{d}\sigma = \iint\limits_D f(x,y)\mathrm{d}\sigma \pm \iint\limits_D g(x,y)\mathrm{d}\sigma.$$

性质 7.4(二重积分的积分区域可加性) 若闭区域 D 被一连续曲线分成两个没有公共内点的闭子区域 D_1 和 D_2, 如图 7-3 所示, 则

$$\iint\limits_D f(x,y)\mathrm{d}\sigma = \iint\limits_{D_1} f(x,y)\mathrm{d}\sigma + \iint\limits_{D_2} f(x,y)\mathrm{d}\sigma.$$

性质 7.5 若在区域 D 上, 有 $f(x,y)\geqslant 0$, 则

$$\iint\limits_D f(x,y)\mathrm{d}\sigma \geqslant 0.$$

由此, 若在区域 D 上, 有 $f(x,y)\leqslant g(x,y)$, 则

$$\iint\limits_D f(x,y)\mathrm{d}\sigma \leqslant \iint\limits_D g(x,y)\mathrm{d}\sigma.$$

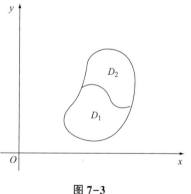

图 7-3

特别地, 由于

$$-|f(x,y)|\leqslant f(x,y)\leqslant |f(x,y)|,$$

所以

$$\left|\iint\limits_D f(x,y)\mathrm{d}\sigma\right| \leqslant \iint\limits_D |f(x,y)|\,\mathrm{d}\sigma.$$

性质 7.6(估值定理) 设 M,m 分别是函数 $f(x,y)$ 在有界闭区域 D 上的最大值和最小值, S 是 D 的面积, 则

$$m\cdot S \leqslant \iint\limits_D f(x,y)\mathrm{d}\sigma \leqslant M\cdot S.$$

性质 7.7(二重积分的中值定理) 设函数 $f(x, y)$ 在有界闭区域 D 上连续, S 是区域 D 的面积, 则在 D 上至少存在一点 (ξ, η), 使得

$$\iint\limits_{D} f(x, y) \, \mathrm{d}\sigma = f(\xi, \eta) \cdot S.$$

二重积分中值定理的几何意义是: 在区域 D 上以曲面 $f(x, y) (\geqslant 0)$ 为顶的曲顶柱体的体积, 等于区域 D 上以某一点 (ξ, η) 的函数值 $f(\xi, \eta)$ 为高的平顶柱体的体积.

【例1】 计算二重积分 $\iint\limits_{D} 2\mathrm{d}\sigma$.

(1) 设 $D = \{(x, y) \mid |x-1| \leqslant 3, \ |y-5| \leqslant 2\}$;

(2) 设 $D = \{(x, y) \mid x \geqslant 0, \ y \geqslant 0, \ x+y \leqslant 6\}$;

(3) 设 $D = \{(x, y) \mid 1 \leqslant x^2+y^2 \leqslant 4\}$.

解 (1) D 是长为 6, 宽为 4 的矩形, 其面积 $S = 6 \times 4 = 24$, 故

$$\iint\limits_{D} 2\mathrm{d}\sigma = 2S = 48.$$

(2) D 是第一象限的三角形, x 轴, y 轴上的截距均为 6, 其面积 $S = \dfrac{1}{2} \times 6 \times 6 = 18$, 故

$$\iint\limits_{D} 2\mathrm{d}\sigma = 2S = 36.$$

(3) D 是由半径为 2 和 1 的两个同心圆围成的圆环, 其面积 $S = \pi \cdot 2^2 - \pi \cdot 1^2 = 3\pi$, 故

$$\iint\limits_{D} 2\mathrm{d}\sigma = 2S = 6\pi.$$

【例2】 比较二重积分 $\iint\limits_{D} \mathrm{e}^{x+y} \mathrm{d}\sigma$ 与 $\iint\limits_{D} \mathrm{e}^{(x+y)^2} \mathrm{d}\sigma$ 的大小, 其中 D 是由直线 $x=0$, $y=0$ 与 $x+y=1$ 所围闭区域.

解 在积分区域 D 内, 由于 $0 \leqslant x+y \leqslant 1$, 所以 $(x+y)^2 \leqslant x+y$, 从而 $\mathrm{e}^{(x+y)^2} \leqslant \mathrm{e}^{x+y}$, 故

$$\iint\limits_{D} \mathrm{e}^{x+y} \mathrm{d}\sigma > \iint\limits_{D} \mathrm{e}^{(x+y)^2} \mathrm{d}\sigma.$$

【例3】 估计二重积分 $\iint\limits_{D} (5+x^2+y^2) \mathrm{d}\sigma$ 的取值范围, 其中 $D = \{(x, y) \mid x^2+y^2 \leqslant 4\}$.

解 在积分区域 D 内, 被积函数 $5 \leqslant 5+x^2+y^2 \leqslant 9$, 积分区域 D 的面积为 4π, 所以

$$5 \times 4\pi \leqslant \iint\limits_{D} (5+x^2+y^2) \, \mathrm{d}\sigma \leqslant 9 \times 4\pi,$$

即

$$20\pi \leqslant \iint\limits_{D} (5+x^2+y^2) \, \mathrm{d}\sigma \leqslant 36\pi.$$

习题 7-1

1. 利用二重积分的几何意义, 说明下列等式成立, 其中 $D = \{(x, y) \mid x^2+y^2 \leqslant R^2\}$:

(1) $\iint\limits_{D}\sqrt{R^2-x^2-y^2}\,\mathrm{d}\sigma=\dfrac{2}{3}\pi R^3$;

(2) $\iint\limits_{D}y\sqrt{R^2-x^2-y^2}\,\mathrm{d}\sigma=0$.

2. 利用二重积分的性质, 比较下列二重积分的大小:

(1) $I_1=\iint\limits_{D}(x+y)^2\mathrm{d}\sigma$ 与 $I_2=\iint\limits_{D}(x+y)^3\mathrm{d}\sigma$, 其中 D 是由 x 轴, y 轴与直线 $x+y=1$ 所围成的闭区域;

(2) $I_1=\iint\limits_{D}\mathrm{e}^{xy}\mathrm{d}\sigma$ 与 $I_2=\iint\limits_{D}\mathrm{e}^{x^2y^2}\mathrm{d}\sigma$, 其中 D 是由 x 轴, y 轴与直线 $x+y=1$ 所围成的闭区域;

(3) $I_1=\iint\limits_{D}\ln(x+y)\mathrm{d}\sigma$ 与 $I_2=\iint\limits_{D}[\ln(x+y)]^2\mathrm{d}\sigma$, 其中 $D=\{(x,y)\mid 3\leqslant x\leqslant 5,\,0\leqslant y\leqslant 1\}$;

(4) $I_1=\iint\limits_{D}(x+y)^2\mathrm{d}\sigma$ 与 $I_2=\iint\limits_{D}(x+y)^3\mathrm{d}\sigma$, 其中 $D=\{(x,y)\mid(x-2)^2+(y-1)^2\leqslant 2\}$.

3. 利用二重积分的性质, 估计下列二重积分的值:

(1) $I=\iint\limits_{D}xy(x+y)\mathrm{d}\sigma$, 其中 $D=\{(x,y)\mid 0\leqslant x\leqslant 1,\,0\leqslant y\leqslant 1\}$;

(2) $I=\iint\limits_{D}(x+y+1)\mathrm{d}\sigma$, 其中 $D=\{(x,y)\mid 0\leqslant x\leqslant 1,\,0\leqslant y\leqslant 2\}$;

(3) $I=\iint\limits_{D}(x^2+y^2+9)\mathrm{d}\sigma$, 其中 $D=\{(x,y)\mid x^2+y^2\leqslant 4\}$;

(4) $I=\iint\limits_{D}\dfrac{1}{100+\sin^2 x+\cos^2 y}\mathrm{d}\sigma$, 其中 $D=\{(x,y)\mid |x|+|y|\leqslant 10\}$.

第二节 二重积分的计算

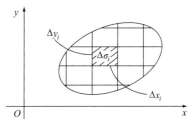

7.2 二重积分的计算

虽然二重积分是用和式的极限定义的, 但和定积分一样, 一般被积函数在积分区域上的二重积分很难用定义计算, 本节我们介绍在直角坐标系和极坐标系中将二重积分化为二次积分进行计算的方法.

一、利用直角坐标计算二重积分

在直角坐标系中我们采用平行于 x 轴和 y 轴的直线分割 D, 如图 7-4 所示, 于是小区域的面积为

$$\Delta\sigma_i=\Delta x_i\Delta y_i(i=1,2,\cdots,n),$$

所以在直角坐标系中, 面积元素 $\mathrm{d}\sigma$ 可写成 $\mathrm{d}x\mathrm{d}y$, 从而

图 7-4

$$\iint\limits_{D}f(x,y)\mathrm{d}\sigma=\iint\limits_{D}f(x,y)\mathrm{d}x\mathrm{d}y.$$

若积分区域 D 可以表示为

$$D:\begin{cases}a\leqslant x\leqslant b,\\ \varphi_1(x)\leqslant y\leqslant\varphi_2(x),\end{cases}$$

其中函数 $\varphi_1(x)$，$\varphi_2(x)$ 在 $[a,b]$ 上连续，并且穿过 D 内部且平行 y 轴正向的直线与区域 D 的边界最多交于两点，则称 D 为 X-型区域(见图7-5).

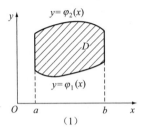
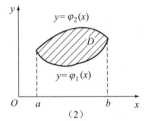

（1）　　　　　　　　　（2）

图 7-5

若积分区域 D 可以表示为

$$D:\begin{cases}c\leqslant y\leqslant d,\\ \psi_1(y)\leqslant x\leqslant\psi_2(y),\end{cases}$$

其中 $\psi_1(y)$，$\psi_2(y)$ 在 $[c,d]$ 上连续，并且穿过 D 内部且平行 x 轴正向的直线与区域 D 的边界最多交于两点，则称 D 为 Y-型区域(见图7-6).

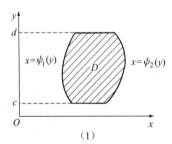
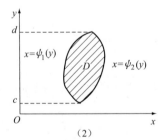

（1）　　　　　　　　　（2）

图 7-6

首先讨论积分区域为 X-型区域的二重积分 $\iint\limits_{D}f(x,y)\mathrm{d}x\mathrm{d}y$ 的计算.

由二重积分的几何意义，当 $z=f(x,y)\geqslant0$ 时，二重积分 $\iint\limits_{D}f(x,y)\mathrm{d}x\mathrm{d}y$ 是区域 D 上的以曲面 $z=f(x,y)$ 为顶的曲顶柱体的体积 V(见图7-7).

在区间 $[a,b]$ 上任取一点 x，过 x 作平面平行于 yOz 面，则此平面截曲顶柱体所得的截面是一个以

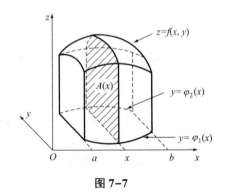

图 7-7

区间$[\varphi_1(x), \varphi_2(x)]$为底，曲线$z=f(x, y)$（对固定的$x$，$z$是$y$的一元函数）为曲边的曲边梯形（图7-7阴影部分），其面积为

$$A(x) = \int_{\varphi_1(x)}^{\varphi_2(x)} f(x, y)\,\mathrm{d}y.$$

根据平行截面面积为已知的立体体积公式，所求曲顶柱体的体积为

$$V = \int_a^b A(x)\,\mathrm{d}x = \int_a^b \left[\int_{\varphi_1(x)}^{\varphi_2(x)} f(x, y)\,\mathrm{d}y\right]\mathrm{d}x,$$

于是有

$$\iint\limits_D f(x, y)\,\mathrm{d}\sigma = \int_a^b \left[\int_{\varphi_1(x)}^{\varphi_2(x)} f(x, y)\,\mathrm{d}y\right]\mathrm{d}x,$$

一般写成

$$\iint\limits_D f(x, y)\,\mathrm{d}\sigma = \int_a^b \mathrm{d}x \int_{\varphi_1(x)}^{\varphi_2(x)} f(x, y)\,\mathrm{d}y,$$

右端的积分称为二次积分.

这样，当积分区域D可以表示为$\begin{cases}a \leqslant x \leqslant b, \\ \varphi_1(x) \leqslant y \leqslant \varphi_2(x)\end{cases}$时，有

$$\iint\limits_D f(x, y)\,\mathrm{d}\sigma = \int_a^b \left[\int_{\varphi_1(x)}^{\varphi_2(x)} f(x, y)\,\mathrm{d}y\right]\mathrm{d}x,$$

一般写成

$$\iint\limits_D f(x, y)\,\mathrm{d}\sigma = \int_a^b \mathrm{d}x \int_{\varphi_1(x)}^{\varphi_2(x)} f(x, y)\,\mathrm{d}y,$$

即当积分区域为X-型区域时，可以将二重积分化为**先对y后对x的二次积分（累次积分）**.

二次积分$\int_a^b \mathrm{d}x \int_{\varphi_1(x)}^{\varphi_2(x)} f(x, y)\,\mathrm{d}y$可这样理解：第一次计算积分$\int_{\varphi_1(x)}^{\varphi_2(x)} f(x, y)\,\mathrm{d}y$，把$x$看成常数，把$f(x, y)$看作$y$的函数，对$y$计算$\varphi_1(x)$到$\varphi_2(x)$的定积分；然后将算得的结果作为第二次积分的被积函数，再对x计算其在区间$[a, b]$上的定积分.

同理，当积分区域D可以表示为$\begin{cases}c \leqslant y \leqslant d, \\ \psi_1(y) \leqslant x \leqslant \psi_2(y)\end{cases}$（即为$Y$-型区域）时，有

$$\iint\limits_D f(x, y)\,\mathrm{d}\sigma = \int_c^d \left[\int_{\psi_1(y)}^{\psi_2(y)} f(x, y)\,\mathrm{d}x\right]\mathrm{d}y,$$

一般写成

$$\iint\limits_D f(x, y)\,\mathrm{d}\sigma = \int_c^d \mathrm{d}y \int_{\psi_1(y)}^{\psi_2(y)} f(x, y)\,\mathrm{d}x,$$

即当积分区域为Y-型区域时，可以将二重积分化为**先对x后对y的二次积分（累次积分）**.

二次积分$\int_c^d \mathrm{d}y \int_{\psi_1(y)}^{\psi_2(y)} f(x, y)\,\mathrm{d}x$可这样理解：第一次计算积分$\int_{\psi_1(y)}^{\psi_2(y)} f(x, y)\,\mathrm{d}x$，把$y$看成常数，把$f(x, y)$看作$x$的函数，对$x$计算$\psi_1(y)$到$\psi_2(y)$的定积分；然后将算得的结果作为第二次积分的被积函数，再对y计算其在区间$[c, d]$上的定积分.

注意 （1）若穿过D内部且平行y轴（x轴）正向的直线与区域D的边界相交多于两个点，则要将D分成几个X-型区域（Y-型区域）.

（2）若穿过 D 内部且平行 y 轴（x 轴）正向的直线与区域 D 的边界相交，边界方程不同，也要将 D 分成几个 X-型区域（Y-型区域）.

特别地，当积分区域为矩形 $D:\begin{cases} a \leqslant x \leqslant b, \\ c \leqslant y \leqslant d \end{cases}$ 时，有

$$\iint\limits_{D} f(x,y)\,\mathrm{d}\sigma = \int_a^b \mathrm{d}x \int_c^d f(x,y)\,\mathrm{d}y,$$

或

$$\iint\limits_{D} f(x,y)\,\mathrm{d}\sigma = \int_c^d \mathrm{d}y \int_a^b f(x,y)\,\mathrm{d}x.$$

当积分区域为矩形 $D:\begin{cases} a \leqslant x \leqslant b, \\ c \leqslant y \leqslant d \end{cases}$ 且被积函数 $f(x,y) = g(x) \cdot h(y)$ 时，有

$$\iint\limits_{D} f(x,y)\,\mathrm{d}\sigma = \int_a^b g(x)\,\mathrm{d}x \cdot \int_c^d h(y)\,\mathrm{d}y.$$

一般在计算二重积分时，应先画出积分区域 D 的草图，再根据被积函数及积分区域的特点，选择适当的二次积分次序，最后计算二次积分.

【例1】 将二重积分 $\iint\limits_{D} f(x,y)\,\mathrm{d}\sigma$ 化为直角坐标系下的二次积分（写出两种积分次序）.

（1）D 是由 $x=0$，$y=1$，$y=x$ 围成的闭区域；

（2）D 是由 $y=x^2$，$y=2x$，$x=1$ 围成的闭区域；

（3）D 是由 $y=x^2$，$y=0$，$x+y=2$ 围成的闭区域.

解 （1）区域 D 如图 7-8 所示.

① 若把二重积分化为先对 x 后对 y 的二次积分，则区域 D 为

$$D:\begin{cases} 0 \leqslant y \leqslant 1, \\ 0 \leqslant x \leqslant y, \end{cases}$$

所以

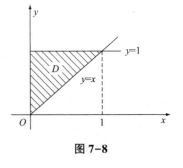

图 7-8

$$\iint\limits_{D} f(x,y)\,\mathrm{d}\sigma = \int_0^1 \mathrm{d}y \int_0^y f(x,y)\,\mathrm{d}x.$$

② 若把二重积分化为先对 y 后对 x 的二次积分，则区域 D 为

$$D:\begin{cases} 0 \leqslant x \leqslant 1, \\ x \leqslant y \leqslant 1, \end{cases}$$

所以

$$\iint\limits_{D} f(x,y)\,\mathrm{d}\sigma = \int_0^1 \mathrm{d}x \int_x^1 f(x,y)\,\mathrm{d}y.$$

（2）区域 D 如图 7-9 所示.

① 若把二重积分化为先对 x 后对 y 的二次积分，则区域 D 为

$$D_1:\begin{cases} 0 \leqslant y \leqslant 1, \\ \dfrac{y}{2} \leqslant x \leqslant \sqrt{y}, \end{cases} \qquad D_2:\begin{cases} 1 \leqslant y \leqslant 2, \\ \dfrac{y}{2} \leqslant x \leqslant 1, \end{cases}$$

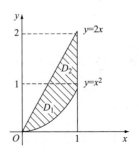

图 7-9

所以

$$\iint\limits_{D} f(x, y) \mathrm{d}\sigma = \iint\limits_{D_1} f(x, y) \mathrm{d}\sigma + \iint\limits_{D_2} f(x, y) \mathrm{d}\sigma$$

$$= \int_0^1 \mathrm{d}y \int_{\frac{y}{2}}^{\sqrt{y}} f(x, y) \mathrm{d}x + \int_1^2 \mathrm{d}y \int_{\frac{y}{2}}^1 f(x, y) \mathrm{d}x.$$

② 若把二重积分化为先对 y 后对 x 的二次积分, 则区域 D 为

$$D : \begin{cases} 0 \leqslant x \leqslant 1, \\ x^2 \leqslant y \leqslant 2x, \end{cases}$$

所以

$$\iint\limits_{D} f(x, y) \mathrm{d}\sigma = \int_0^1 \mathrm{d}x \int_{x^2}^{2x} f(x, y) \mathrm{d}y.$$

（3）区域 D 如图 7-10 所示.

① 若把二重积分化为先对 x 后对 y 的二次积分, 则区域 D 为

$$D : \begin{cases} 0 \leqslant y \leqslant 1, \\ \sqrt{y} \leqslant x \leqslant 2-y, \end{cases}$$

所以

$$\iint\limits_{D} f(x, y) \mathrm{d}\sigma = \int_0^1 \mathrm{d}y \int_{\sqrt{y}}^{2-y} f(x, y) \mathrm{d}x.$$

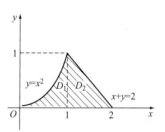

图 7-10

② 若把二重积分化为先对 y 后对 x 的二次积分, 则区域 D 为

$$D_1 : \begin{cases} 0 \leqslant x \leqslant 1, \\ 0 \leqslant y \leqslant x^2, \end{cases} \qquad D_2 : \begin{cases} 1 \leqslant x \leqslant 2, \\ 0 \leqslant y \leqslant 2-x, \end{cases}$$

所以

$$\iint\limits_{D} f(x, y) \mathrm{d}\sigma = \int_0^1 \mathrm{d}x \int_0^{x^2} f(x, y) \mathrm{d}y + \int_1^2 \mathrm{d}x \int_0^{2-x} f(x, y) \mathrm{d}y.$$

【例 2】 计算二重积分 $\iint\limits_{D} x^3 y^2 \mathrm{d}x \mathrm{d}y$, 其中 $D = \{(x, y) \mid 0 \leqslant x \leqslant 1, -1 \leqslant y \leqslant 1\}$.

解 由于积分区域是矩形区域（见图 7-11）, 且被积函数 $f(x, y) = x^3 y^2$, 所以

$$\iint\limits_{D} x^3 y^2 \mathrm{d}x \mathrm{d}y = \int_0^1 x^3 \mathrm{d}x \cdot \int_{-1}^1 y^2 \mathrm{d}y$$

$$= \frac{1}{4} x^4 \Big|_0^1 \cdot \frac{1}{3} y^3 \Big|_{-1}^1$$

$$= \frac{1}{4} \times \frac{2}{3} = \frac{1}{6}.$$

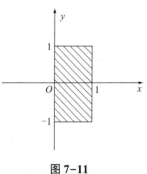

图 7-11

【例 3】 计算二重积分 $\iint\limits_{D} xy \mathrm{d}\sigma$, 其中 D 是由直线 $y=1$, $x=2$ 及 $y=x$ 所围成的闭区域.

解 **解法一** 区域 D 如图 7-12 所示, 可以将它看成一个 X-型区域, 即

$$D : \begin{cases} 1 \leqslant x \leqslant 2, \\ 1 \leqslant y \leqslant x, \end{cases}$$

所以

$$\iint\limits_{D} xy\mathrm{d}x\mathrm{d}y = \int_{1}^{2}\mathrm{d}x\int_{1}^{x}xy\mathrm{d}y$$

$$= \int_{1}^{2}x \cdot \frac{1}{2}y^{2}\bigg|_{1}^{x}\mathrm{d}x$$

$$= \frac{1}{2}\int_{1}^{2}(x^{3} - x)\mathrm{d}x$$

$$= \frac{1}{2}\left(\frac{1}{4}x^{4} - \frac{1}{2}x^{2}\right)\bigg|_{1}^{2}$$

$$= \frac{9}{8}.$$

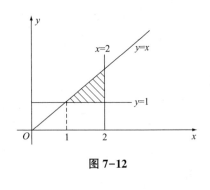

图 7-12

解法二 也可以将 D 看成是 Y-型区域，即

$$D:\begin{cases}1 \leqslant y \leqslant 2, \\ y \leqslant x \leqslant 2,\end{cases}$$

于是

$$\iint\limits_{D} xy\mathrm{d}x\mathrm{d}y = \int_{1}^{2}\mathrm{d}y\int_{y}^{2}xy\mathrm{d}x$$

$$= \int_{1}^{2}y \cdot \frac{1}{2}x^{2}\bigg|_{y}^{2}\mathrm{d}y$$

$$= \frac{1}{2}\int_{1}^{2}(4y - y^{3})\mathrm{d}y$$

$$= \frac{1}{2}\left(2y^{2} - \frac{1}{4}y^{4}\right)\bigg|_{1}^{2}$$

$$= \frac{9}{8}.$$

【例 4】 计算二重积分 $\iint\limits_{D}(x^{2}-2y)\mathrm{d}x\mathrm{d}y$，其中 D 是由直线 $y=x$，$y=\dfrac{x}{2}$，$y=1$ 及 $y=2$ 所围成的闭区域.

解 画出区域 D（见图 7-13(a)）.

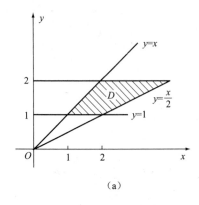

（a）

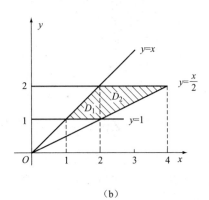

（b）

图 7-13

$$D: \begin{cases} 1 \leqslant y \leqslant 2, \\ y \leqslant x \leqslant 2y, \end{cases}$$

是 Y-型区域. 二重积分可化为先对 x 后对 y 的二次积分, 即

$$\iint\limits_{D} (x^2 - 2y)\,\mathrm{d}x\mathrm{d}y = \int_1^2 \mathrm{d}y \int_y^{2y} (x^2 - 2y)\,\mathrm{d}x$$

$$= \int_1^2 \left(\frac{1}{3}x^3 - 2yx \right) \Big|_y^{2y} \mathrm{d}y$$

$$= \int_1^2 \left(\frac{7}{3}y^3 - 2y^2 \right) \mathrm{d}y$$

$$= \left(\frac{7}{12}y^4 - \frac{2}{3}y^3 \right) \Big|_1^2$$

$$= \frac{49}{12}.$$

如果采用先对 y 后对 x 的二次积分, 则直线 $x = 2$ 将区域 D 分割成两个区域 D_1 和 D_2
(见图 7-13(b)), 其中

$$D_1: \begin{cases} 1 \leqslant x \leqslant 2, \\ 1 \leqslant y \leqslant x, \end{cases} \qquad D_2: \begin{cases} 2 \leqslant x \leqslant 4, \\ \dfrac{x}{2} \leqslant y \leqslant 2, \end{cases}$$

都是 X-型区域, 即

$$\iint\limits_{D} (x^2 - 2y)\,\mathrm{d}x\mathrm{d}y = \iint\limits_{D_1} (x^2 - 2y)\,\mathrm{d}x\mathrm{d}y + \iint\limits_{D_2} (x^2 - 2y)\,\mathrm{d}x\mathrm{d}y$$

$$= \int_1^2 \mathrm{d}x \int_1^x (x^2 - 2y)\,\mathrm{d}y + \int_2^4 \mathrm{d}x \int_{\frac{x}{2}}^2 (x^2 - 2y)\,\mathrm{d}y$$

$$= \int_1^2 (x^2 y - y^2) \Big|_1^x \mathrm{d}x + \int_2^4 (x^2 y - y^2) \Big|_{\frac{x}{2}}^2 \mathrm{d}x$$

$$= \int_1^2 (x^3 - 2x^2 + 1)\,\mathrm{d}x + \int_2^4 \left(\frac{9}{4}x^2 - \frac{1}{2}x^3 - 4 \right) \mathrm{d}x$$

$$= \left(\frac{1}{4}x^4 - \frac{2}{3}x^3 + x \right) \Big|_1^2 + \left(\frac{3}{4}x^3 - \frac{1}{8}x^4 - 4x \right) \Big|_2^4$$

$$= \frac{49}{12}.$$

显然, 先对 y 后对 x 的二次积分较先对 x 后对 y 的二次积分要
复杂.

【例 5】　计算二重积分 $I = \iint\limits_{D} x^2 \mathrm{e}^{-y^2}\mathrm{d}x\mathrm{d}y$, 其中 D 是由直线

$x = 0$, $y = 1$ 及 $y = x$ 所围成的闭区域(见图 7-14).

解　如图 7-14 所示, 区域 D 既是 X-型, 也是 Y-型.

若把二重积分化为先对 x 后对 y 的二次积分, 则区域 D 为

$$D: \begin{cases} 0 \leqslant y \leqslant 1, \\ 0 \leqslant x \leqslant y, \end{cases}$$

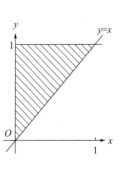

图 7-14

从而

$$I = \iint\limits_{D} x^2 e^{-y^2} dxdy$$

$$= \int_0^1 dy \int_0^y x^2 e^{-y^2} dx$$

$$= \int_0^1 \left(\frac{1}{3} x^3 e^{-y^2} \right) \Big|_0^y dy$$

$$= \frac{1}{3} \int_0^1 y^3 e^{-y^2} dy$$

$$= -\frac{1}{6} \int_0^1 y^2 d(e^{-y^2})$$

$$= -\frac{1}{6} \left(y^2 e^{-y^2} \Big|_0^1 - \int_0^1 e^{-y^2} dy^2 \right)$$

$$= \frac{1}{6} - \frac{1}{3e}.$$

若把二重积分化为先对 y 后对 x 的二次积分, 则区域 D 为

$$D: \begin{cases} 0 \leqslant x \leqslant 1, \\ x \leqslant y \leqslant 1, \end{cases}$$

从而

$$I = \iint\limits_{D} x^2 e^{-y^2} dxdy = \int_0^1 dx \int_x^1 x^2 e^{-y^2} dy.$$

由于函数 e^{-y^2} 的原函数不能用初等函数表示, 因此, 上面这个二次积分目前无法计算.

例 4, 例 5 说明, 二重积分的计算不但要考虑积分区域 D 的类型, 而且要结合被积函数选择一种保证二重积分能计算并使计算过程简捷的积分顺序.

【**例 6**】　计算二重积分 $\iint\limits_{D} xydxdy$, 其中 D 是由直线 $y = x - 2$ 及抛物线 $y^2 = x$ 所围成的闭区域.

解　画出区域 D(见图 7-15).

积分区域

$$D: \begin{cases} -1 \leqslant y \leqslant 2, \\ y^2 \leqslant x \leqslant y+2, \end{cases}$$

是 Y-型区域, 二重积分可化为先对 x 后对 y 的二次积分, 即

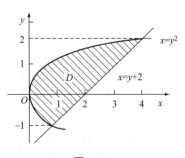

图 7-15

$$\iint\limits_{D} xydxdy = \int_{-1}^2 dy \int_{y^2}^{y+2} xydx$$

$$= \int_{-1}^2 \left(\frac{1}{2} yx^2 \right) \Big|_{y^2}^{y+2} dy$$

$$= \int_{-1}^2 \frac{1}{2} y[(y+2)^2 - y^4] dy$$

$$= \int_{-1}^{2} \frac{1}{2}(y^3 + 4y^2 + 4y - y^5)\,\mathrm{d}y$$

$$= \frac{45}{8}.$$

【例 7】 交换二次积分的次序 $\int_0^1 \mathrm{d}x \int_{x^2}^{x} f(x, y)\,\mathrm{d}y$.

解 由所给的二次积分,可得积分区域 D 为

$$D: \begin{cases} 0 \leqslant x \leqslant 1, \\ x^2 \leqslant y \leqslant x, \end{cases}$$

画出区域 D(见图 7-16).

改变积分次序,即化为先对 x 而后对 y 的二次积分. 此时积分区域 D 为

$$D: \begin{cases} 0 \leqslant y \leqslant 1, \\ y \leqslant x \leqslant \sqrt{y}, \end{cases}$$

则

$$\int_0^1 \mathrm{d}x \int_{x^2}^{x} f(x, y)\,\mathrm{d}y = \int_0^1 \mathrm{d}y \int_{y}^{\sqrt{y}} f(x, y)\,\mathrm{d}x.$$

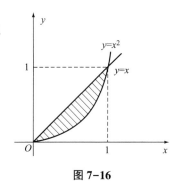

图 7-16

二、利用极坐标计算二重积分

7.3 极坐标计算二重积分

有些积分区域 D 的边界曲线用极坐标方程表示比较方便,且被积函数用极坐标变量 r, θ 表示比较简单. 这时我们考虑利用极坐标来计算二重积分.

设函数 $z = f(x, y)$ 在闭区域 D 上连续,下面我们讨论如何利用极坐标计算二重积分,即将二重积分 $\iint\limits_{D} f(x, y)\,\mathrm{d}x\mathrm{d}y$ 化为极坐标系下的二次积分.

假设极点与直角坐标系的原点重合,极轴与 x 轴正方向重合. 且设点 P 的直角坐标为 (x, y),极坐标为 (r, θ),如图 7-17 所示,则两者的关系为

$$\begin{cases} x = r\cos\theta, \\ y = r\sin\theta, \end{cases}$$

从而函数 $z = f(x, y)$ 在点 (x, y) 处的函数值用极坐标表示为 $f(r\cos\theta, r\sin\theta)$.

假定从极点 O 发出的穿过区域 D 内部的射线与区域 D 的边界至多有两个交点,我们用一族以极点(即原点) O 为

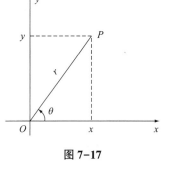

图 7-17

中心的同心圆和一族以极点 O 为顶点的射线将区域 D 分割成许多小区域(见图 7-18). 若将区域 D 分成 n 个小闭区域 σ_i,而 $\Delta\sigma_i(i = 1, 2, \cdots, n)$ 分别为它们的面积,λ 是所有小区域直径中的最大值,在每个小区域 σ_i 中任意取一点 (x_i, y_i),由二重积分的定义有

$$\iint\limits_{D}f(x, y)\mathrm{d}\sigma =\lim_{\lambda \to 0}\sum_{i=1}^{n}f(x_i, y_i)\Delta \sigma_i.$$

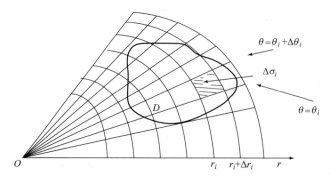

图 7-18

对任意一个小闭区域 $\Delta \sigma_i$ 有

$$\Delta \sigma_i =\frac{1}{2}(r_i+\Delta r_i)^2 \cdot \Delta \theta_i-\frac{1}{2}r_i^2 \cdot \Delta \theta_i$$

$$=\frac{1}{2}(2r_i+\Delta r_i)\Delta r_i \cdot \Delta \theta_i$$

$$=\frac{r_i+(r_i+\Delta r_i)}{2}\Delta r_i \cdot \Delta \theta_i=\bar{r}_i \cdot \Delta r_i \cdot \Delta \theta,$$

其中, $\bar{r}_i$ 表示小闭区域 σ_i 边界所在的两个相邻圆弧 $r=r_i$ 和 $r=r_i+\Delta r_i$ 的半径的平均值. 在小闭区域 σ_i 上取 $r=\bar{r}_i$ 上的一点 $(\bar{r}_i, \bar{\theta}_i)$, 我们令该点的直角坐标为 (x_i, y_i), 于是有

$$\lim_{\lambda \to 0}\sum_{i=1}^{n}f(x_i, y_i)\Delta \sigma_i=\lim_{\lambda \to 0}\sum_{i=1}^{n}f(\bar{r}_i\cos\bar{\theta}_i, \bar{r}_i\sin\bar{\theta}_i)\bar{r}_i \cdot \Delta r_i \cdot \Delta \theta,$$

即

$$\iint\limits_{D}f(x, y)\mathrm{d}\sigma =\iint\limits_{D}f(r\cos\theta, r\sin\theta)r\mathrm{d}r\mathrm{d}\theta.$$

上式是将直角坐标系下的二重积分化为极坐标系下的二重积分的计算公式, 其中 $r\mathrm{d}r\mathrm{d}\theta$ 就是极坐标系下的面积元素, 即 $\mathrm{d}\sigma =r\mathrm{d}r\mathrm{d}\theta$.

为计算极坐标系下的二重积分, 根据积分区域的具体特点分以下几种情形:

(1) 极点 O 在区域 D 的外部, 如图 7-19 所示.

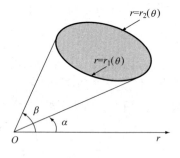

图 7-19

$$D:\begin{cases}\alpha \leqslant \theta \leqslant \beta, \\ r_1(\theta)\leqslant r\leqslant r_2(\theta),\end{cases}$$

则

$$\iint\limits_{D}f(r\cos\theta, r\sin\theta)r\mathrm{d}r\mathrm{d}\theta =\int_{\alpha}^{\beta}\mathrm{d}\theta \int_{r_1(\theta)}^{r_2(\theta)}f(r\cos\theta, r\sin\theta)r\mathrm{d}r.$$

(2) 极点 O 在区域 D 的边界上, 如图 7-20 所示.

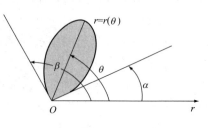

图 7-20

$$D:\begin{cases} \alpha \leqslant \theta \leqslant \beta, \\ 0 \leqslant r \leqslant r(\theta), \end{cases}$$

则

$$\iint\limits_{D} f(r\cos\theta,\ r\sin\theta)r\mathrm{d}r\mathrm{d}\theta = \int_{\alpha}^{\beta} \mathrm{d}\theta \int_{0}^{r(\theta)} f(r\cos\theta,\ r\sin\theta)r\mathrm{d}r.$$

（3）极点 O 在区域 D 的内部，如图 7-21 所示.

$$D:\begin{cases} 0 \leqslant \theta \leqslant 2\pi, \\ 0 \leqslant r \leqslant r(\theta), \end{cases}$$

则

$$\iint\limits_{D} f(r\cos\theta,\ r\sin\theta)r\mathrm{d}r\mathrm{d}\theta = \int_{0}^{2\pi} \mathrm{d}\theta \int_{0}^{r(\theta)} f(r\cos\theta,\ r\sin\theta)r\mathrm{d}r.$$

由二重积分的性质 1，闭区域 D 的面积可以表示为

$$S = \iint\limits_{D} \mathrm{d}\sigma.$$

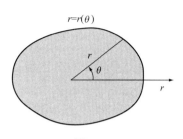

图 7-21

【例 8】　利用极坐标计算二重积分 $\iint\limits_{D} xy\mathrm{d}x\mathrm{d}y$，其中 $D = \{(x,\ y)\ |\ x^2 + y^2 \leqslant 4\}$.

解　积分区域 D（见图 7-22）的极坐标形式为

$$D:\begin{cases} 0 \leqslant \theta \leqslant 2\pi, \\ 0 \leqslant r \leqslant 2, \end{cases}$$

则

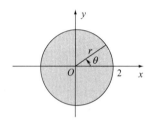

图 7-22

$$\begin{aligned} \iint\limits_{D} xy\mathrm{d}x\mathrm{d}y &= \int_{0}^{2\pi} \mathrm{d}\theta \int_{0}^{2} r\cos\theta \cdot r\sin\theta \cdot r\mathrm{d}r \\ &= \int_{0}^{2\pi} \sin\theta\cos\theta\mathrm{d}\theta \cdot \int_{0}^{2} r^3 \mathrm{d}r \\ &= \left(\frac{\sin^2\theta}{2}\right)\Big|_{0}^{2\pi} \cdot \left(\frac{1}{4}r^4\right)\Big|_{0}^{2} \\ &= 0. \end{aligned}$$

【例 9】　利用极坐标计算二重积分 $\iint\limits_{D} \sqrt{x^2+y^2}\ \mathrm{d}x\mathrm{d}y$，其中 $D = \{(x,\ y)\ |\ x^2+y^2 \leqslant 2y\}$（见图 7-23）.

解　**解法一**　圆 $x^2+y^2=2y$ 的极坐标方程是 $r = 2\sin\theta$，区域 D 的极坐标形式为

$$D:\begin{cases} 0 \leqslant \theta \leqslant \pi, \\ 0 \leqslant r \leqslant 2\sin\theta, \end{cases}$$

所以

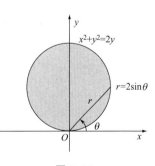

图 7-23

$$\begin{aligned} \iint\limits_{D} \sqrt{x^2+y^2}\ \mathrm{d}x\mathrm{d}y &= \iint\limits_{D} r \cdot r\mathrm{d}r\mathrm{d}\theta \\ &= \int_{0}^{\pi} \mathrm{d}\theta \int_{0}^{2\sin\theta} r^2 \mathrm{d}r \end{aligned}$$

$$= \int_0^\pi \left[\left(\frac{1}{3} r^3 \right) \Big|_0^{2\sin\theta} \right] \mathrm{d}\theta$$

$$= \frac{8}{3} \int_0^\pi \sin^3\theta \mathrm{d}\theta$$

$$= -\frac{8}{3} \int_0^\pi (1-\cos^2\theta) \mathrm{d}(\cos\theta)$$

$$= \frac{32}{9}.$$

解法二　由于积分区域 $D = \{ (x, y) \mid x^2+y^2 \leqslant 2y \}$ 关于 y 轴对称, 被积函数 $f(x, y) = \sqrt{x^2+y^2}$ 关于 x 是偶函数,

$$D_1 : \begin{cases} 0 \leqslant \theta \leqslant \dfrac{\pi}{2}, \\ 0 \leqslant r \leqslant 2\sin\theta, \end{cases}$$

所以

$$\iint\limits_D \sqrt{x^2 + y^2} \,\mathrm{d}x\mathrm{d}y = 2\iint\limits_{D_1} r \cdot r\mathrm{d}r\mathrm{d}\theta$$

$$= 2\int_0^{\frac{\pi}{2}} \mathrm{d}\theta \int_0^{2\sin\theta} r^2 \mathrm{d}r$$

$$= 2\int_0^{\frac{\pi}{2}} \left[\left(\frac{1}{3} r^3 \right) \Big|_0^{2\sin\theta} \right] \mathrm{d}\theta$$

$$= \frac{16}{3} \int_0^{\frac{\pi}{2}} \sin^3\theta \mathrm{d}\theta$$

$$= \frac{16}{3} \times \frac{2}{3} \times 1$$

$$= \frac{32}{9}.$$

【例 10】　计算二重积分 $\iint\limits_D \sin\sqrt{x^2+y^2} \,\mathrm{d}x\mathrm{d}y$, 其中 D 为圆 $x^2+y^2=1$ 和圆 $x^2+y^2=4$ 与直线 $y=x$, $y=0$ 所围区域在第 I 象限内的那部分(见图 7-24).

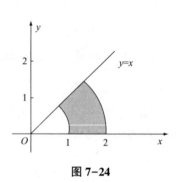

解　区域 D 的极坐标形式为

$$D : \begin{cases} 0 \leqslant \theta \leqslant \dfrac{\pi}{4}, \\ 1 \leqslant r \leqslant 2, \end{cases}$$

图 7-24

所以

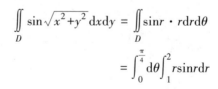

$$\iint\limits_D \sin\sqrt{x^2+y^2} \,\mathrm{d}x\mathrm{d}y = \iint\limits_D \sin r \cdot r\mathrm{d}r\mathrm{d}\theta$$

$$= \int_0^{\frac{\pi}{4}} \mathrm{d}\theta \int_1^2 r\sin r\mathrm{d}r$$

$$= \frac{\pi}{4}\left(-r\cos r \Big|_1^2 + \int_1^2 \cos r \, dr \right)$$

$$= \frac{\pi}{4}\left(\cos 1 - 2\cos 2 + \sin r \Big|_1^2 \right)$$

$$= \frac{\pi}{4}(\cos 1 - 2\cos 2 + \sin 2 - \sin 1) .$$

如果二元函数的积分区域 D 是无界的，则类似于一元函数，可以定义二元函数的广义积分. 下面举例说明.

【例 11】 计算积分 $I = \int_{-\infty}^{+\infty} e^{-\frac{x^2}{2}} dx$.

解　因为 $e^{-\frac{x^2}{2}}$ 是偶函数，所以 $I = 2\int_0^{+\infty} e^{-\frac{x^2}{2}} dx$ ，即 $\int_0^{+\infty} e^{-\frac{x^2}{2}} dx = \frac{I}{2}$.

设二重积分 $H = \iint\limits_D e^{-\frac{x^2+y^2}{2}} dxdy$ ，其中

$$D: \begin{cases} 0 \leqslant x < +\infty , \\ 0 \leqslant y < +\infty , \end{cases}$$

即积分区域 D 是平面直角坐标系中的第一象限(见图 7-25).

设

$$D': \begin{cases} 0 \leqslant x \leqslant A , \\ 0 \leqslant y \leqslant A , \end{cases}$$

则

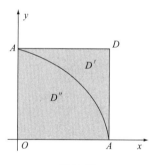

图 7-25

$$H = \iint\limits_D e^{-\frac{x^2+y^2}{2}} dxdy$$

$$= \lim_{A \to +\infty} \iint\limits_{D'} e^{-\frac{x^2+y^2}{2}} dxdy$$

$$= \lim_{A \to +\infty} \left(\int_0^A e^{-\frac{x^2}{2}} dx \cdot \int_0^A e^{-\frac{y^2}{2}} dy \right)$$

$$= \lim_{A \to +\infty} \int_0^A e^{-\frac{x^2}{2}} dx \lim_{A \to +\infty} \int_0^A e^{-\frac{y^2}{2}} dy$$

$$= \int_0^{+\infty} e^{-\frac{x^2}{2}} dx \cdot \int_0^{+\infty} e^{-\frac{y^2}{2}} dy$$

$$= \left(\int_0^{+\infty} e^{-\frac{x^2}{2}} dx \right)^2$$

$$= \frac{I^2}{4} .$$

在极坐标系下，设

$$D'': \begin{cases} 0 \leqslant \theta \leqslant \frac{\pi}{2} , \\ 0 \leqslant r \leqslant A , \end{cases}$$

$$H = \iint\limits_{D} e^{-\frac{x^2+y^2}{2}} dx dy = \lim_{A \to +\infty} \iint\limits_{D''} e^{-\frac{r^2}{2}} r dr d\theta .$$

而

$$\iint\limits_{D''} e^{-\frac{r^2}{2}} r dr d\theta = \int_0^{\frac{\pi}{2}} d\theta \int_0^A e^{-\frac{r^2}{2}} r dr$$

$$= \frac{\pi}{2} \int_0^A e^{-\frac{r^2}{2}} r dr$$

$$= \frac{\pi}{4} \int_0^A e^{-\frac{r^2}{2}} dr^2$$

$$= -\frac{\pi}{2} e^{-\frac{r^2}{2}} \Big|_0^A$$

$$= \frac{\pi}{2} \left(1 - e^{-\frac{A^2}{2}} \right) ,$$

所以

$$H = \iint\limits_{D} e^{-\frac{x^2+y^2}{2}} dx dy = \lim_{A \to +\infty} \iint\limits_{D''} e^{-\frac{r^2}{2}} r dr d\theta$$

$$= \lim_{A \to +\infty} \frac{\pi}{2} \left(1 - e^{-\frac{A^2}{2}} \right)$$

$$= \frac{\pi}{2} ,$$

即

$$\frac{I^2}{4} = \frac{\pi}{2} ,$$

所以

$$I = \int_{-\infty}^{+\infty} e^{-\frac{x^2}{2}} dx = \sqrt{2\pi} .$$

利用本例的结果, 可得到概率统计中标准正态分布 $N(0, 1)$ 的密度函数

$$\varphi(x) = \frac{1}{\sqrt{2\pi}} e^{-\frac{x^2}{2}}$$

的重要性质 $\int_{-\infty}^{+\infty} \frac{1}{\sqrt{2\pi}} e^{-\frac{x^2}{2}} dx = 1.$

【例 12】 求由曲面 $z = x^2 + y^2$ 与平面 $z = 1$ 所围立体的体积 $V.$

解 此立体如图 7-26 所示, 它的体积可以看成是一个圆柱体体积减去一个曲顶柱体体积.
圆柱体的体积是 $V_1 = \pi \cdot 1^2 \cdot 1 = \pi.$

曲顶柱体的顶是 $z = x^2 + y^2$, 底为区域 $D = \{ (x, y) \mid x^2 + y^2 \leqslant 1 \}$, 所以其体积为

$$V_2 = \iint\limits_{D} (x^2 + y^2) d\sigma = \int_0^{2\pi} d\theta \int_0^1 r^2 \cdot r dr$$

$$= \frac{\pi}{2} .$$

因此所求立体的体积为 $V = \pi - \frac{\pi}{2} = \frac{\pi}{2}.$

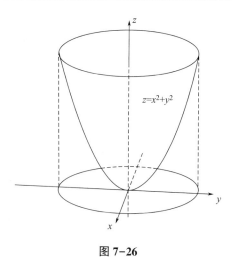

图 7-26

因此所求立体的体积为 $V = \pi - \dfrac{\pi}{2} = \dfrac{\pi}{2}$.

【例 13】 计算圆柱面 $x^2 + y^2 = 2ax$ 所围的空间区域被球面 $x^2 + y^2 + z^2 = 4a^2$ 所截的立体的体积.

解 此立体如图 7-27 所示,根据对称性,只要计算出此立体在第一卦限的体积,就可以得到立体体积. 此立体在第一卦限的部分可以看成是以 xOy 坐标面上的半圆区域 D 为底,以曲面 $z = \sqrt{4a^2 - x^2 - y^2}$ 为顶的曲顶柱体. 其体积为

$$V_1 = \iint\limits_{D} \sqrt{4a^2 - x^2 - y^2}\, d\sigma.$$

区域 D 在极坐标系下可以表示为

$$D: \begin{cases} 0 \leqslant \theta \leqslant \dfrac{\pi}{2}, \\ 0 \leqslant r \leqslant 2a\cos\theta, \end{cases}$$

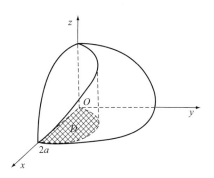

图 7-27

如图 7-28 所示. 所以

$$\begin{aligned}
V_1 &= \iint\limits_{D} \sqrt{4a^2 - x^2 - y^2}\, d\sigma \\
&= \int_0^{\frac{\pi}{2}} d\theta \int_0^{2a\cos\theta} \sqrt{4a^2 - r^2} \cdot r\, dr \\
&= \int_0^{\frac{\pi}{2}} \left[-\frac{1}{3}(4a^2 - r^2)^{\frac{3}{2}} \Big|_0^{2a\cos\theta} \right] d\theta \\
&= \frac{8}{3} a^3 \int_0^{\frac{\pi}{2}} (1 - \sin^3\theta)\, d\theta \\
&= \frac{8}{3} a^3 \left(\frac{\pi}{2} - \frac{2}{3} \right),
\end{aligned}$$

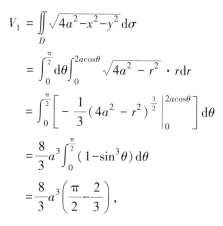

图 7-28

故所求立体的体积为

$$V = 4V_1 = \frac{32}{3}a^3\left(\frac{\pi}{2} - \frac{2}{3}\right).$$

习题 7-2

1. 将二重积分 $\iint\limits_D f(x, y)\,\mathrm{d}\sigma$ 表示为直角坐标系下的二次积分(写出两种积分次序):

(1) $D = \{(x, y) \mid a \leqslant x \leqslant b,\ c \leqslant y \leqslant d\}$;

(2) D 是由 $y = x$ 及 $y = x^2$ 所围成的闭区域;

(3) D 是由 $y = x^2$,$y = 0$ 及 $x = 2$ 所围成的闭区域;

(4) D 是由 $y = \ln x$,$y = 0$ 及 $x = e$ 所围成的闭区域;

(5) D 是由 $y = x$,$y = -x$ 及 $x = 2$ 所围成的闭区域;

(6) D 是由 $y = x$,$y = 0$ 及 $x + y = 2$ 所围成的闭区域.

2. 计算下列二重积分:

(1) $\iint\limits_D x^2 y\,\mathrm{d}\sigma$,其中 $D = \{(x, y) \mid 0 \leqslant x \leqslant 1,\ 1 \leqslant y \leqslant 2\}$;

(2) $\iint\limits_D e^{x+y}\,\mathrm{d}\sigma$,其中 $D = \{(x, y) \mid 0 \leqslant x \leqslant 1,\ 0 \leqslant y \leqslant 1\}$;

(3) $\iint\limits_D (x^2 + y^2)\,\mathrm{d}\sigma$,其中 $D = \{(x, y) \mid -1 \leqslant x \leqslant 1,\ -1 \leqslant y \leqslant 1\}$;

(4) $\iint\limits_D (x^3 + 3x^2 y + y^3)\,\mathrm{d}\sigma$,其中 $D = \{(x, y) \mid 0 \leqslant x \leqslant 1,\ 0 \leqslant y \leqslant 1\}$;

(5) $\iint\limits_D x e^{xy}\,\mathrm{d}\sigma$,其中 $D = \{(x, y) \mid 0 \leqslant x \leqslant 1,\ -1 \leqslant y \leqslant 0\}$;

(6) $\iint\limits_D \sin(x+y)\,\mathrm{d}\sigma$,其中 $D = \{(x, y) \mid 0 \leqslant x \leqslant \dfrac{\pi}{2},\ 0 \leqslant y \leqslant \dfrac{\pi}{2}\}$;

(7) $\iint\limits_D (3x + 2y)\,\mathrm{d}\sigma$,其中 D 是由 $x = 0$,$y = 0$ 及 $x + y = 2$ 所围成的闭区域;

(8) $\iint\limits_D xy\,\mathrm{d}\sigma$,其中 D 是由 $y = \sqrt{x}$,$y = x^2$ 所围成的闭区域;

(9) $\iint\limits_D \dfrac{x^2}{y^2}\,\mathrm{d}\sigma$,其中 D 是由 $y = x$,$x = 2$ 和 $xy = 1$ 所围成的闭区域;

(10) $\iint\limits_D \dfrac{\sin x}{x}\,\mathrm{d}\sigma$,其中 D 是由 $y = 0$,$y = x$ 和 $x = 1$ 所围成的闭区域.

3. 交换下列二次积分次序:

(1) $\displaystyle\int_0^1 \mathrm{d}y \int_0^y f(x, y)\,\mathrm{d}x$;　　　　　　(2) $\displaystyle\int_0^1 \mathrm{d}y \int_{-\sqrt{1-y^2}}^{\sqrt{1-y^2}} f(x, y)\,\mathrm{d}x$;

（3）$\int_1^2 dy \int_{\frac{y}{2}}^{y} f(x, y) dx$；　　　　　　　　（4）$\int_0^1 dx \int_{x^3}^{x^2} f(x, y) dy$；

（5）$\int_1^e dx \int_0^{\ln x} f(x, y) dy$；　　　　　　　　（6）$\int_0^1 dx \int_0^x f(x, y) dy + \int_1^2 dx \int_0^{2-x} f(x, y) dy$.

4. 将二重积分 $\iint\limits_{D} f(x, y) d\sigma$ 表示为极坐标系下的二次积分：

（1）$D = \{(x, y) \mid x^2 + y^2 \leqslant 1, x \geqslant 0\}$；

（2）$D = \{(x, y) \mid x^2 + y^2 \leqslant 2y\}$；

（3）$D = \{(x, y) \mid 4 \leqslant x^2 + y^2 \leqslant 9\}$.

5. 将下列二次积分化为极坐标系下的二次积分，并计算积分值：

（1）$\int_0^2 dx \int_0^{\sqrt{2x-x^2}} (x^2 + y^2) dy$；

（2）$\int_0^{\frac{\sqrt{3}}{2}} dx \int_0^{\frac{\sqrt{3}}{3}x} \sqrt{x^2 + y^2} dy + \int_{\frac{\sqrt{3}}{2}}^1 dx \int_0^{\sqrt{1-x^2}} \sqrt{x^2 + y^2} dy$.

6. 利用极坐标计算下列二重积分：

（1）$\iint\limits_{D} e^{x^2+y^2} d\sigma$，其中 $D = \{(x, y) \mid x^2 + y^2 \leqslant 4\}$；

（2）$\iint\limits_{D} y d\sigma$，其中 $D = \{(x, y) \mid x^2 + y^2 \leqslant 4, x \geqslant 0, y \geqslant 0\}$；

（3）$\iint\limits_{D} \arctan \frac{y}{x} d\sigma$，其中 D 是由圆 $x^2 + y^2 = 4$，$x^2 + y^2 = 1$ 及直线 $y = 0$，$y = x$ 所围成的在第一象限内的闭区域；

（4）$\iint\limits_{D} \sqrt{5 - x^2 - y^2} d\sigma$，其中 $D = \{(x, y) \mid 1 \leqslant x^2 + y^2 \leqslant 4, y \geqslant 0, y \leqslant x\}$；

（5）$\iint\limits_{D} \ln(1 + x^2 + y^2) d\sigma$，其中 $D = \{(x, y) \mid x^2 + y^2 \leqslant 1, x \geqslant 0, y \geqslant 0\}$.

7. 利用适当的坐标系计算下列二重积分：

（1）$\iint\limits_{D} x\sqrt{y} d\sigma$，其中 D 是由两条抛物线 $y = \sqrt{x}$，$y = x^2$ 所围成的闭区域；

（2）$\iint\limits_{D} (2x+y) d\sigma$，其中 D 是由 $y = x$，$y = \frac{1}{x}$ 及 $y = 2$ 所围成的闭区域；

（3）$\iint\limits_{D} \sqrt{x^2+y^2} d\sigma$，其中 $D = \{(x, y) \mid x^2 + y^2 \leqslant 1\}$；

（4）$\iint\limits_{D} \sin\sqrt{x^2+y^2} d\sigma$，其中 $D = \{(x, y) \mid \pi^2 \leqslant x^2 + y^2 \leqslant 4\pi^2\}$.

8. 利用二重积分求下列立体的体积：

（1）由平面 $x + 2y + z = 1$，$x = 0$，$y = 0$，$z = 0$ 围成的立体；

（2）由曲面 $z = x^2 + 2y^2$ 及 $z = 6 - 2x^2 - y^2$ 所围成的立体；

（3）以 xOy 面上的圆周 $x^2 + y^2 = 2x$ 围成的闭区域为底，以曲面 $z = x^2 + y^2$ 为顶的曲顶柱体.

本章小结

7.4　本章小结

二重积分概念	理解 二重积分的定义
	理解 二重积分的几何意义
	了解 二重积分的性质
二重积分计算	掌握 直角坐标系下二重积分计算方法
	掌握 直角坐标系下交换二重积分的积分次序
	掌握 极坐标系下二重积分计算方法
	理解 利用二重积分求立体体积

数学通识：数学与现代建筑——广州塔

已经成为城市地标的广州塔自 2009 年 9 月便伫立于广州市珠江南岸. 广州塔高 450 米, 塔身为椭圆形的渐变网格结构, 整个造型结构由两个向上旋转的椭圆型钢外壳变化生成. 其底部椭圆长轴直径约为 80 米, 短轴直径约为 60 米. 顶部椭圆长轴直径约为 54 米, 短轴直径约 40.5 米. 顶部椭圆逆时针旋转了 135 度, 使得广州塔的外围曲面在腰部产生了扭转收缩变细的效果. 从远处看, 广州塔是曲面. 而如果我们从近处看, 就会发现它是由若干笔直的材料搭建的. 事实上, 广州塔的水平截面的椭圆发生了旋转, 这是单叶双曲面的变形. 正因为这种巧妙的设计, 广州塔扭动后产生的结构优雅而灵动.

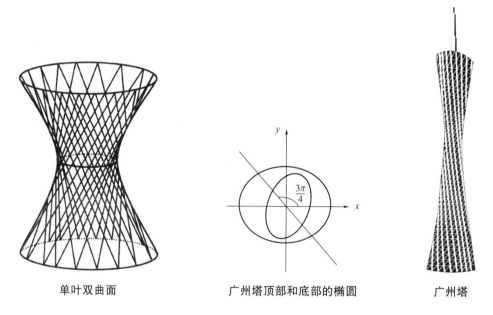

单叶双曲面　　　　　广州塔顶部和底部的椭圆　　　　　广州塔

在数学上, 单叶双曲面为一类特殊的直纹面, 它的标准方程为:

$$\frac{x^2}{a^2} + \frac{y^2}{b^2} - \frac{z^2}{c^2} = 1$$

其参数方程可以表示为

$$\begin{cases} x = a\cos\theta - va\sin\theta \\ y = b\sin\theta + vb\cos\theta, \\ \qquad z = cv \end{cases}$$

向量形式为:

$$\boldsymbol{r}(\theta, v) = \boldsymbol{a}(\theta) + v\boldsymbol{b}(\theta),$$

其中, $\boldsymbol{b}(\theta) = (-a\sin\theta, b\cos\theta, c)$, 称为母线; $\boldsymbol{a}(\theta) = (a\cos\theta, b\sin\theta, 0)$, 称为准线. 特别地, 如果取 $a = b$, 准线方程是圆周, 旋转单叶双曲面可以看成一条直线绕另一条不相垂直的异面直线旋转而成, 也可以看成双曲线绕着轴旋转一周得到的.

可以看到, 广州塔顶部的椭圆是由标准的椭圆逆时针旋转 $\dfrac{3\pi}{4}$ 得到的, 标准的单叶双曲面水平截面是同心的椭圆, 且主轴平行. 因此广州塔的方程复杂很多, 方程对应的曲面也不再是简单的单叶双曲面. 如果我们知道广州塔的曲面的具体表达式及其结构的具体数据等, 理论上可以利用重积分的思想方法来计算广州塔的体积, 并以此估计它的容纳量.

总复习题七

1. 计算下列二重积分:

(1) $\displaystyle\iint\limits_{D} |1 - x^2 - y^2| \, \mathrm{d}\sigma$, 其中 $D = \{(x, y) \mid x^2 + y^2 \leqslant 4\}$;

(2) $\displaystyle\iint\limits_{D} |\cos(x+y)| \, \mathrm{d}\sigma$, 其中 D 是由直线 $y = x$, $y = 0$ 及 $x = \dfrac{\pi}{2}$ 所围成的区域;

(3) $\displaystyle\iint\limits_{D} \sqrt{1 - x^2 - y^2} \, \mathrm{d}\sigma$, 其中 $D = \{(x, y) \mid x^2 + y^2 \leqslant x\}$;

(4) $\displaystyle\iint\limits_{D} (4 - x - y) \, \mathrm{d}\sigma$, 其中 $D = \{(x, y) \mid x^2 + y^2 \leqslant 2y\}$.

2. 交换下列二次积分次序:

(1) $\displaystyle\int_0^4 \mathrm{d}x \int_{-\sqrt{4-x}}^{\frac{1}{2}(x-4)} f(x, y) \, \mathrm{d}y$;

(2) $\displaystyle\int_1^2 \mathrm{d}x \int_{2-x}^{\sqrt{2x-x^2}} f(x, y) \, \mathrm{d}y$;

(3) $\displaystyle\int_0^1 \mathrm{d}y \int_{\sqrt{y}}^{1+\sqrt{1-y^2}} f(x, y) \, \mathrm{d}x$;

(4) $\displaystyle\int_0^1 \mathrm{d}y \int_0^{2y} f(x, y) \, \mathrm{d}x + \int_1^3 \mathrm{d}y \int_0^{3-y} f(x, y) \, \mathrm{d}x$.

3. 计算 $I = \displaystyle\int_0^1 \mathrm{d}x \int_{-x}^{-1+\sqrt{1-x^2}} \dfrac{1}{\sqrt{x^2+y^2} \cdot \sqrt{4-x^2-y^2}} \mathrm{d}y$.

4. 计算 $\displaystyle\iint\limits_{D} f(x, y) \, \mathrm{d}\sigma$, 其中 $f(x, y) = \begin{cases} x^2 y, & 1 \leqslant x \leqslant 2, \ 0 \leqslant y \leqslant x, \\ 0, & \text{其他} \end{cases}$, $D = \{(x, y) \mid x^2 + y^2 \geqslant 2x\}$.

第八章　无穷级数

无穷级数与微分、积分一样是一个重要的数学工具，它们都以极限为理论基础. 微积分的研究对象是函数，而无穷级数是研究函数的有力工具，它所研究的是无穷多个数或无穷多个函数的和，因此有着广泛的应用. 本章先介绍无穷级数及其敛散性判别法，然后研究幂级数及函数的展开问题.

第一节　无穷级数的概念与性质

一、无穷级数的概念

我们先观察一个实际问题.

8.1　常数项级数的概念

【例 1】　现有某一资金欲设立一项永久性奖励基金，每年发放一次，每次发放奖金额为 A 万元，奖金来源为基金的存款利息. 设年复利率为 r，每年结算一次，试问设立该基金所需的资金额 P 应为多少?

解　对于第一年发放的奖金 A 万元，最初需投入的本金 A_1 与奖金 A 之间的关系为 $A_1(1+r)=A$. 因此最初应投入的本金(万元)为

$$A_1 = \frac{A}{1+r}.$$

为发放第二年的奖金 A 万元，最初需投入的本金 A_2 与 A 之间的关系为 $A_2(1+r)^2=A$. 因此最初应投入的本金(万元)为

$$A_2 = \frac{A}{(1+r)^2}.$$

依此类推，为发放第 n 年的奖金 A 万元，最初应投入的本金(万元)为

$$A_n = \frac{A}{(1+r)^n}.$$

从而为发放这 n 次奖金，最初要投入的本金总和(万元)为

$$\frac{A}{1+r} + \frac{A}{(1+r)^2} + \cdots + \frac{A}{(1+r)^n}.$$

如此继续下去，当 n 无限增大时，上述总和的极限就是该基金的最低资金额 P，这时和式中的项数无限增多，于是出现了无穷多个数量依次相加的数学式子

$$\frac{A}{1+r} + \frac{A}{(1+r)^2} + \cdots + \frac{A}{(1+r)^n} + \cdots,$$

这是一个无穷级数. 下面给出相关定义.

定义 8.1 设给定数列$\{u_n\}$，则表达式

$$u_1+u_2+\cdots+u_n+\cdots$$

称为**无穷级数**，简称**级数**（series），记为$\sum\limits_{n=1}^{\infty}u_n$，其中第$n$项$u_n$称为级数的**一般项**（或**通项**）.

级数$\sum\limits_{n=1}^{\infty}u_n$的前$n$项和，称为级数的**前$n$项部分和**，简称**部分和**（partial sum），记为S_n. 即

$$S_n=u_1+u_2+\cdots+u_n.$$

显然，当n依次取1，2，$\cdots$时，部分和构成一个新的数列$\{S_n\}$：

$$S_1=u_1,$$
$$S_2=u_1+u_2,$$
$$\cdots,$$
$$S_n=u_1+u_2+\cdots+u_n,$$
$$\cdots,$$

称为**部分和数列**.

级数$\sum\limits_{n=1}^{\infty}u_n$去掉前$n$项的和$S_n$，余下的项称为**余项**（remainder term），记为r_n. 即

$$r_n=u_{n+1}+\cdots,$$

故$\sum\limits_{n=1}^{\infty}u_n=u_1+u_2+\cdots+u_n+u_{n+1}+\cdots=S_n+r_n$.

定义 8.2 如果级数$\sum\limits_{n=1}^{\infty}u_n$的部分和数列$\{S_n\}$极限存在，其极限值为$S$，即

$$\lim_{n\to\infty}S_n=S,$$

则称级数$\sum\limits_{n=1}^{\infty}u_n$**收敛**，且称$S$为它的和，记作

$$\sum_{n=1}^{\infty}u_n=S.$$

当级数$\sum\limits_{n=1}^{\infty}u_n$收敛时，余项$r_n$的极限为零，即$\lim\limits_{n\to\infty}r_n=0$.

如果部分和数列$\{S_n\}$的极限不存在，则称级数$\sum\limits_{n=1}^{\infty}u_n$**发散**.

【例2】 判别下列级数的敛散性：

（1）$\sum\limits_{n=1}^{\infty}(\sqrt{n+1}-\sqrt{n})$；　　　　（2）$\sum\limits_{n=1}^{\infty}\dfrac{1}{n(n+1)}$.

解 （1）因为$u_n=\sqrt{n+1}-\sqrt{n}$，所以部分和

$$S_n=(\sqrt{2}-\sqrt{1})+(\sqrt{3}-\sqrt{2})+\cdots+(\sqrt{n+1}-\sqrt{n})$$
$$=\sqrt{n+1}-1,$$

于是$\lim\limits_{n\to\infty}S_n=\lim\limits_{n\to\infty}(\sqrt{n+1}-1)=+\infty$，所以级数$\sum\limits_{n=1}^{\infty}(\sqrt{n+1}-\sqrt{n})$发散.

（2）因为 $u_n = \dfrac{1}{n(n+1)}$，所以部分和

$$S_n = \frac{1}{1 \cdot 2} + \frac{1}{2 \cdot 3} + \frac{1}{3 \cdot 4} + \cdots + \frac{1}{n(n+1)}$$

$$= \left(1 - \frac{1}{2}\right) + \left(\frac{1}{2} - \frac{1}{3}\right) + \left(\frac{1}{3} - \frac{1}{4}\right) + \cdots + \left(\frac{1}{n} - \frac{1}{n+1}\right)$$

$$= 1 - \frac{1}{n+1},$$

于是 $\lim\limits_{n \to \infty} S_n = \lim\limits_{n \to \infty}\left(1 - \dfrac{1}{n+1}\right) = 1$，所以级数 $\sum\limits_{n=1}^{\infty} \dfrac{1}{n(n+1)}$ 收敛，且其和为 1，即

$$\sum_{n=1}^{\infty} \frac{1}{n(n+1)} = 1.$$

【例3】 讨论**几何级数**(geometric series, **等比级数**) $\sum\limits_{n=1}^{\infty} aq^{n-1}$ 的敛散性，其中 $a \neq 0$.

解 如果 $|q| \neq 1$，则部分和

$$S_n = a + aq + aq^2 + \cdots + aq^{n-1}$$

$$= \frac{a(1 - q^n)}{1 - q}.$$

当 $|q| < 1$ 时，有 $\lim\limits_{n \to \infty} q^n = 0$，于是

$$\lim_{n \to \infty} S_n = \lim_{n \to \infty} \frac{a(1 - q^n)}{1 - q} = \frac{a}{1 - q},$$

所以级数 $\sum\limits_{n=1}^{\infty} aq^{n-1}$ 收敛，且其和为 $\dfrac{a}{1-q}$.

当 $|q| > 1$ 时，$\lim\limits_{n \to \infty} q^n = \infty$，于是

$$\lim_{n \to \infty} S_n = \lim_{n \to \infty} \frac{a(1 - q^n)}{1 - q} = \infty,$$

所以级数 $\sum\limits_{n=1}^{\infty} aq^{n-1}$ 发散.

如果 $|q| = 1$，当 $q = 1$ 时，$S_n = na$，于是 $\lim\limits_{n \to \infty} S_n = \infty$，所以级数 $\sum\limits_{n=1}^{\infty} aq^{n-1}$ 发散；

当 $q = -1$ 时，级数 $\sum\limits_{n=1}^{\infty} aq^{n-1}$ 为

$$a - a + a - a + \cdots + a - a + \cdots,$$

其部分和是

$$S_n = \begin{cases} 0, & n \text{ 为偶数}, \\ a, & n \text{ 为奇数}. \end{cases}$$

显然，当 $n \to \infty$ 时，$\lim\limits_{n \to \infty} S_n$ 不存在，所以级数 $\sum\limits_{n=1}^{\infty} aq^{n-1}$ 发散.

综上所述,可得如下重要结论:

当 $|q|<1$ 时,几何级数 $\displaystyle\sum_{n=1}^{\infty} aq^{n-1}$ 收敛,其和为 $\dfrac{a}{1-q}$;

当 $|q|\geqslant 1$ 时,几何级数 $\displaystyle\sum_{n=1}^{\infty} aq^{n-1}$ 发散.

由级数定义知,例 1 中基金所需的资金额 P 为级数,即

$$P = \sum_{n=1}^{\infty} \frac{A}{(1+r)^n} = \sum_{n=1}^{\infty} \frac{A}{1+r}\left(\frac{1}{1+r}\right)^{n-1},$$

这是几何级数,公比 $q=\dfrac{1}{1+r}$,显然 $|q|<1$,由例 3 得级数收敛,且其和为

$$P = \frac{A}{1+r} \cdot \frac{1}{1-\dfrac{1}{1+r}} = \frac{A}{r},$$

即设立该基金所需的资金额 P 应为 $\dfrac{A}{r}$ 万元.

【例 4】 判别下列级数的敛散性:

(1) $\displaystyle\sum_{n=1}^{\infty} (-1)^n \frac{1}{4^n}$;　　　　　　(2) $\displaystyle\sum_{n=1}^{\infty} \left(\frac{3}{2}\right)^n$.

解　(1) 级数的一般项 $u_n = (-1)^n \dfrac{1}{4^n} = \left(-\dfrac{1}{4}\right)^n$,这是几何级数,公比 $q=-\dfrac{1}{4}$,因为

$|q|=\dfrac{1}{4}<1$,所以级数 $\displaystyle\sum_{n=1}^{\infty} (-1)^n \dfrac{1}{4^n}$ 收敛.

(2) 这是几何级数,公比 $q=\dfrac{3}{2}$,因为 $|q|=\dfrac{3}{2}>1$,所以级数 $\displaystyle\sum_{n=1}^{\infty} \left(\dfrac{3}{2}\right)^n$ 发散.

从上面例子看到,用定义求级数的和或研判级数的敛散性有时是比较困难的,下面先给出收敛级数的一些简单性质,然后再给出一些级数敛散性的判别方法.

二、无穷级数的性质

由于级数和数列有着密切的关系,利用数列极限的性质,容易证明级数具备下列性质。

性质 8.1　如果级数 $\displaystyle\sum_{n=1}^{\infty} u_n$ 与级数 $\displaystyle\sum_{n=1}^{\infty} v_n$ 都收敛,其和分别为 U,V,则级数 $\displaystyle\sum_{n=1}^{\infty} (u_n \pm v_n)$ 也收敛,且

$$\sum_{n=1}^{\infty} (u_n \pm v_n) = U \pm V = \sum_{n=1}^{\infty} u_n \pm \sum_{n=1}^{\infty} v_n.$$

证明　设 $\displaystyle\sum_{n=1}^{\infty} u_n$ 与 $\displaystyle\sum_{n=1}^{\infty} v_n$ 的部分和分别为 U_n 和 V_n,则级数 $\displaystyle\sum_{n=1}^{\infty} (u_n \pm v_n)$ 的部分和

$$\begin{aligned}
S_n &= (u_1 \pm v_1) + (u_2 \pm v_2) + \cdots + (u_n \pm v_n) \\
&= (u_1 + u_2 + \cdots + u_n) \pm (v_1 + v_2 + \cdots + v_n) \\
&= U_n \pm V_n,
\end{aligned}$$

于是

$$\lim_{n \to \infty} S_n = \lim_{n \to \infty} (U_n \pm V_n) = U \pm V.$$

性质 8.2 如果级数 $\sum\limits_{n=1}^{\infty} u_n$ 收敛（发散），k 为非零常数，则级数 $\sum\limits_{n=1}^{\infty} k u_n$ 也收敛（发散），且收敛时有

$$\sum_{n=1}^{\infty} k u_n = k \sum_{n=1}^{\infty} u_n.$$

（读者自证.）

【例5】 判别下列级数的敛散性：

（1） $\sum\limits_{n=1}^{\infty} \left[\left(\frac{2}{3} \right)^n + \left(\frac{3}{5} \right)^n \right]$；　　　（2） $\sum\limits_{n=1}^{\infty} \frac{4^{n+1} - 3 \cdot 2^n}{5^n}$.

解 （1）因为几何级数 $\sum\limits_{n=1}^{\infty} \left(\frac{2}{3} \right)^n$ 与 $\sum\limits_{n=1}^{\infty} \left(\frac{3}{5} \right)^n$ 都收敛，根据性质 8.1，可知级数 $\sum\limits_{n=1}^{\infty} \left[\left(\frac{2}{3} \right)^n + \left(\frac{3}{5} \right)^n \right]$ 收敛.

（2）因为 $\sum\limits_{n=1}^{\infty} \frac{4^{n+1} - 3 \cdot 2^n}{5^n} = \sum\limits_{n=1}^{\infty} \left[4 \left(\frac{4}{5} \right)^n - 3 \left(\frac{2}{5} \right)^n \right]$，而级数 $\sum\limits_{n=1}^{\infty} \left(\frac{4}{5} \right)^n$ 与级数 $\sum\limits_{n=1}^{\infty} \left(\frac{2}{5} \right)^n$ 都收敛，由性质 8.1 和性质 8.2，可知级数 $\sum\limits_{n=1}^{\infty} \frac{4^{n+1} - 3 \cdot 2^n}{5^n}$ 收敛.

性质 8.3 在级数的前面加上或去掉有限项，得到的新级数与原级数具有相同的敛散性.

证明 设将级数 $\sum\limits_{n=1}^{\infty} u_n$ 的前 N 项去掉，得级数 $\sum\limits_{n=N+1}^{\infty} u_n$，于是新级数的部分和

$$S'_n = u_{N+1} + u_{N+2} + \cdots + u_{N+n} = S_{N+n} - S_N,$$

其中 S_{N+n} 为原级数的前 $N+n$ 项和，S_N 是原级数的前 N 项和. 因为 S_N 是常数，所以 S_{N+n} 与 S'_n 同时收敛或同时发散.

类似地，可以证明在原级数前面加上有限项，亦不改变其敛散性.

例如，级数

$$10 + 10^2 + \cdots + 10^{200} + \sum_{n=1}^{\infty} \frac{1}{2^n}$$

是收敛级数 $\sum\limits_{n=1}^{\infty} \frac{1}{2^n}$ 前面加上有限项 $10 + 10^2 + \cdots + 10^{200}$ 后得到的级数，所以该级数收敛.

性质 8.4 如果级数 $\sum\limits_{n=1}^{\infty} u_n$ 收敛，则对该级数的项任意加括号后所成的级数仍收敛，且其和不变.

证明 对级数 $\sum\limits_{n=1}^{\infty} u_n$ 任意加括号

$$(u_1 + u_2 + \cdots + u_{n_1}) + (u_{n_1+1} + u_{n_1+2} + \cdots + u_{n_2}) + \cdots + (u_{n_{k-1}+1} + u_{n_{k-1}+2} + \cdots + u_{n_k}) + \cdots,$$

它的前 k 项部分和为 U_k，则

$$U_1 = u_1 + u_2 + \cdots + u_{n_1} = S_{n_1},$$

$$U_2 = u_1 + u_2 + \cdots + u_{n_1} + u_{n_1+1} + u_{n_1+2} + \cdots + u_{n_2} = S_{n_2},$$

$$\cdots,$$

$$U_k = u_1 + u_2 + \cdots + u_{n_1} + u_{n_1+1} + u_{n_1+2} + \cdots + u_{n_2} + \cdots + u_{n_{k-1}+1} + u_{n_{k-1}+2} + \cdots + u_{n_k} = S_{n_k},$$

可见，数列 $\{U_k\}$ 是数列 $\{S_n\}$ 的一个子列. 由于收敛数列的子列必收敛，因此 $\{S_n\}$ 收敛时，$\{U_k\}$ 亦收敛，且有 $\lim\limits_{k\to\infty} U_k = \lim\limits_{n\to\infty} S_n$，即加括号后所成的级数仍收敛，且其和不变.

注意　性质 8.4 的逆不成立，即加括号后的级数收敛，不能保证原级数收敛.

例如，级数

$$(1-1) + (1-1) + \cdots + (1-1) + \cdots$$

收敛于零，但级数

$$1 - 1 + 1 - 1 + \cdots + 1 - 1 + \cdots$$

却是发散的.

推论 8.1　加括号后的级数发散，原级数必发散.

性质 8.5(级数收敛的必要条件)　如果级数 $\sum\limits_{n=1}^{\infty} u_n$ 收敛，则 $\lim\limits_{n\to\infty} u_n = 0$.

证明　因为级数 $\sum\limits_{n=1}^{\infty} u_n$ 收敛，所以 $\lim\limits_{n\to\infty} S_n = S$. 而

$$u_n = S_n - S_{n-1},$$

故

$$\lim_{n\to\infty} u_n = \lim_{n\to\infty} (S_n - S_{n-1}) = S - S = 0.$$

注　一般项趋于零的级数不一定收敛.

例如，级数 $\sum\limits_{n=1}^{\infty} (\sqrt{n+1} - \sqrt{n})$ 满足 $\lim\limits_{n\to\infty} u_n = \lim\limits_{n\to\infty} (\sqrt{n+1} - \sqrt{n}) = \lim\limits_{n\to\infty} \dfrac{1}{\sqrt{n+1} + \sqrt{n}} = 0$，但由例 2 知，它却是发散的.

推论 8.2　如果 $\lim\limits_{n\to\infty} u_n \neq 0$，则级数 $\sum\limits_{n=1}^{\infty} u_n$ 发散.

我们经常用这个推论来判定某些级数是发散的.

【例 6】　判别级数 $\sum\limits_{n=1}^{\infty} \dfrac{n}{2n+1}$ 的敛散性.

解　因为 $\lim\limits_{n\to\infty} u_n = \lim\limits_{n\to\infty} \dfrac{n}{2n+1} = \dfrac{1}{2} \neq 0$，所以级数 $\sum\limits_{n=1}^{\infty} \dfrac{n}{2n+1}$ 发散.

习题 8-1

1. 判别下列级数的敛散性，并求收敛级数的和：

（1）$\dfrac{1}{1 \cdot 3} + \dfrac{1}{3 \cdot 5} + \dfrac{1}{5 \cdot 7} + \cdots$；

（2）$\sum\limits_{n=1}^{\infty} \left(\sin\dfrac{1}{n} - \sin\dfrac{1}{n+1} \right)$；

（3）$\displaystyle\sum_{n=1}^{\infty}(\sqrt{n+1}-\sqrt{n})$ ；　　　　（4）$\displaystyle\sum_{n=1}^{\infty}\ln\frac{2n+3}{2n+1}$.

2. 判别下列级数的敛散性：

（1）$\dfrac{4}{7}-\dfrac{4^2}{7^2}+\dfrac{4^3}{7^3}-\cdots$；　　　　（2）$\ln^3\pi+\ln^4\pi+\ln^5\pi+\cdots$；

（3）$1+\dfrac{2}{3}+\dfrac{3}{5}+\dfrac{4}{7}+\cdots$；　　　　（4）$\displaystyle\sum_{n=1}^{\infty}\dfrac{n}{\sqrt{n^2+1}}$；

（5）$\displaystyle\sum_{n=1}^{\infty}\dfrac{3^n+2^n}{6^n}$ ；　　　　（6）$\displaystyle\sum_{n=0}^{\infty}\arctan n$ ；

（7）$\left(\dfrac{1}{6}+\dfrac{8}{9}\right)+\left(\dfrac{1}{6^2}+\dfrac{8^2}{9^2}\right)+\cdots+\left(\dfrac{1}{6^n}+\dfrac{8^n}{9^n}\right)+\cdots$；

（8）$\left(\dfrac{1}{2}+\dfrac{1}{10}\right)+\left(\dfrac{1}{4}+\dfrac{1}{20}\right)+\cdots+\left(\dfrac{1}{2^n}+\dfrac{1}{10n}\right)+\cdots$.

3. 将下列循环小数写成无穷级数形式，并用分数表示：

（1）$0.555555\cdots$；　　　　（2）$0.414141\cdots$；　　　　（3）$0.307307\cdots$.

4. 设银行存款的年利率为 10%，若以年复利计息，则应在银行中一次存入多少资金，才能保证从存入之后起，每年能从银行提取 500 万元以支付职工福利直到永远？

第二节　正项级数及其敛散性判别法

一、正项级数的概念

定义 8.3　如果级数 $\displaystyle\sum_{n=1}^{\infty}u_n$ 满足 $u_n\geq 0(n=1,2,\cdots)$，则称级数 $\displaystyle\sum_{n=1}^{\infty}u_n$ 为**正项级数**（series with positive terms）.

如果级数 $\displaystyle\sum_{n=1}^{\infty}u_n$ 满足 $u_n\leq 0(n=1,2,\cdots)$（负项级数），则级数 $\displaystyle\sum_{n=1}^{\infty}(-u_n)$ 为正项级数. 由性质 8.2 知正项级数的敛散性判别法适用于负项级数；如果级数 $\displaystyle\sum_{n=1}^{\infty}u_n$ 的前有限项的符号不规则，而 $\displaystyle\sum_{n=N+1}^{\infty}u_n$ 为正项级数或负项级数，由性质 8.3，仍可用正项级数的敛散性判别法. 由此正项级数是一类非常重要的级数，在研究其他级数敛散性的问题时，常常要利用到正项级数的敛散性

二、正项级数敛散性判别法

定理 8.1（正项级数的收敛定理）　正项级数收敛的充要条件是它的部分和数列

$\{S_n\}$ 有界.

证明　对于正项级数 $\displaystyle\sum_{n=1}^{\infty} u_n$，显然有

$$S_1 \leqslant S_2 \leqslant \cdots \leqslant S_{n-1} \leqslant S_n \leqslant \cdots,$$

即它的部分和数列 $\{S_n\}$ 是单调增加数列，由数列极限的单调有界存在准则知道，如果数列 $\{S_n\}$ 有界，则 $\displaystyle\lim_{n\to\infty} S_n$ 存在，此时级数收敛，否则 $\displaystyle\lim_{n\to\infty} S_n = \infty$，级数发散.

另一方面，由数列极限的性质知道，如果级数收敛，则 $\{S_n\}$ 必有界.

对于一般的正项级数，考虑使用上述定理证明部分和数列 $\{S_n\}$ 是否有界，和使用定义考虑部分和数列 $\{S_n\}$ 是否收敛，都需要尽量将部分和数列整理的更加简洁，其难度都非常大. 为此我们引入如下定理，在只考虑正项级数通项的基础上，利用另一个已知敛散性正项级数来判别.

定理 8.2（比较判别法）　设级数 $\displaystyle\sum_{n=1}^{\infty} u_n$ 与级数 $\displaystyle\sum_{n=1}^{\infty} v_n$ 都是正项级数，且 $u_n \leqslant v_n$（ $n=1$，2，$\cdots$ ）.

（1）若级数 $\displaystyle\sum_{n=1}^{\infty} v_n$ 收敛，则级数 $\displaystyle\sum_{n=1}^{\infty} u_n$ 收敛；

（2）若级数 $\displaystyle\sum_{n=1}^{\infty} u_n$ 发散，则级数 $\displaystyle\sum_{n=1}^{\infty} v_n$ 发散.

证明　设 $U_n = u_1 + u_2 + \cdots + u_n$，$V_n = v_1 + v_2 + \cdots + v_n$. 因为 $u_n \leqslant v_n$，所以 $U_n \leqslant V_n$. 那么由定理 8.1 知：

（1）如果级数 $\displaystyle\sum_{n=1}^{\infty} v_n$ 收敛，则 $\{V_n\}$ 有界，因此 $\{U_n\}$ 也有界，所以级数 $\displaystyle\sum_{n=1}^{\infty} u_n$ 收敛；

（2）用反证法. 假设级数 $\displaystyle\sum_{n=1}^{\infty} v_n$ 收敛，由条件 $u_n \leqslant v_n$，根据已证明的第（1）部分结论可知级数 $\displaystyle\sum_{n=1}^{\infty} u_n$ 收敛，这与已知条件 $\displaystyle\sum_{n=1}^{\infty} u_n$ 发散矛盾，所以级数 $\displaystyle\sum_{n=1}^{\infty} v_n$ 发散.

【例 1】　判别**调和级数**（harmonic series）

$$\sum_{n=1}^{\infty} \frac{1}{n} = 1 + \frac{1}{2} + \frac{1}{3} + \cdots + \frac{1}{n} + \cdots$$

的敛散性.

解　$\displaystyle\sum_{n=1}^{\infty} \frac{1}{n} = 1 + \frac{1}{2} + \frac{1}{3} + \cdots + \frac{1}{n} + \cdots$

$$= \left(1 + \frac{1}{2}\right) + \left(\frac{1}{3} + \frac{1}{4}\right) + \left(\frac{1}{5} + \frac{1}{6} + \frac{1}{7} + \frac{1}{8}\right) + \left(\frac{1}{9} + \cdots + \frac{1}{16}\right) + \cdots,$$

其各项均大于正项级数

$$\frac{1}{2} + \left(\frac{1}{4} + \frac{1}{4}\right) + \left(\frac{1}{8} + \frac{1}{8} + \frac{1}{8} + \frac{1}{8}\right) + \left(\frac{1}{16} + \cdots + \frac{1}{16}\right) + \cdots$$

$$= \frac{1}{2} + \frac{1}{2} + \frac{1}{2} + \frac{1}{2} + \cdots$$

的对应项，后一个正项级数的一般项为 $\dfrac{1}{2}$，它是发散的. 根据比较判别法得，调和级数 $\displaystyle\sum_{n=1}^{\infty}\dfrac{1}{n}$ 加括号后得到的新级数发散，再由性质 8.4 知调和级数 $\displaystyle\sum_{n=1}^{\infty}\dfrac{1}{n}$ 发散.

【例 2】 判别 p-级数

$$\sum_{n=1}^{\infty}\frac{1}{n^p}=1+\frac{1}{2^p}+\frac{1}{3^p}+\cdots+\frac{1}{n^p}+\cdots$$

的敛散性.

解 当 $p\leqslant 1$ 时，有

$$0<\frac{1}{n}\leqslant\frac{1}{n^p}.$$

因为调和级数 $\displaystyle\sum_{n=1}^{\infty}\dfrac{1}{n}$ 发散，所以根据比较判别法得，p-级数 $\displaystyle\sum_{n=1}^{\infty}\dfrac{1}{n^p}$ 发散.

当 $p>1$ 时，因为当 $k-1<x\leqslant k$ 时 $(k\in\mathbf{Z}^+)$，有

$$\frac{1}{k^p}\leqslant\frac{1}{x^p},$$

所以

$$\frac{1}{k^p}=\int_{k-1}^{k}\frac{1}{k^p}\mathrm{d}x\leqslant\int_{k-1}^{k}\frac{1}{x^p}\mathrm{d}x,$$

而 p-级数的部分和

$$S_n=1+\sum_{k=2}^{n}\frac{1}{k^p}=1+\sum_{k=2}^{n}\int_{k-1}^{k}\frac{1}{k^p}\mathrm{d}x\leqslant 1+\sum_{k=2}^{n}\int_{k-1}^{k}\frac{1}{x^p}\mathrm{d}x=1+\int_{1}^{n}\frac{1}{x^p}\mathrm{d}x,$$

即

$$S_n\leqslant 1+\int_{1}^{n}\frac{1}{x^p}\mathrm{d}x=1+\frac{1}{p-1}\left(1-\frac{1}{n^{p-1}}\right)<1+\frac{1}{p-1},$$

这表明 $\{S_n\}$ 有界，故 p-级数 $\displaystyle\sum_{n=1}^{\infty}\dfrac{1}{n^p}$ 收敛.

综上所述，可得如下重要结论：

当 $p>1$ 时，p-级数 $\displaystyle\sum_{n=1}^{\infty}\dfrac{1}{n^p}$ 收敛；

当 $p\leqslant 1$ 时，p-级数 $\displaystyle\sum_{n=1}^{\infty}\dfrac{1}{n^p}$ 发散.

调和级数 $\displaystyle\sum_{n=1}^{\infty}\dfrac{1}{n}$ 是 p-级数 $\displaystyle\sum_{n=1}^{\infty}\dfrac{1}{n^p}$ 当 $p=1$ 时的一种特殊情形.

用比较判别法判别一个正项级数的敛散性时，我们经常将需判定的级数的一般项与几何级数或 p-级数的一般项比较，然后确定该级数的敛散性.

【例 3】 判别下列级数的敛散性：

（1）$\displaystyle\sum_{n=1}^{\infty}\dfrac{1}{2^n+3}$；　　　　　　（2）$\displaystyle\sum_{n=1}^{\infty}\dfrac{1}{5n-3}$.

解 （1）因为 $\sum\limits_{n=1}^{\infty}\dfrac{1}{2^n+3}$ 是正项级数，且

$$\frac{1}{2^n+3}<\frac{1}{2^n},$$

而 $\sum\limits_{n=1}^{\infty}\dfrac{1}{2^n}$ 为 $q=\dfrac{1}{2}$ 时的几何级数，它是收敛的，所以根据比较判别法得级数 $\sum\limits_{n=1}^{\infty}\dfrac{1}{2^n+3}$ 收敛.

（2）因为 $\sum\limits_{n=1}^{\infty}\dfrac{1}{5n-3}$ 是正项级数，且

$$\frac{1}{5n-3}>\frac{1}{5n}=\frac{1}{5}\cdot\frac{1}{n},$$

而 $\sum\limits_{n=1}^{\infty}\dfrac{1}{n}$ 为调和级数，它是发散的，所以根据性质 8.2 知级数 $\sum\limits_{n=1}^{\infty}\dfrac{1}{5n}$ 发散，再根据比较判别法得级数 $\sum\limits_{n=1}^{\infty}\dfrac{1}{5n-3}$ 发散.

【例 4】 讨论级数 $\sum\limits_{n=1}^{\infty}\dfrac{1}{1+a^n}(a>0)$ 的敛散性.

解 因为 $\sum\limits_{n=1}^{\infty}\dfrac{1}{1+a^n}(a>0)$ 是正项级数，且当 $a>1$ 时，

$$\frac{1}{1+a^n}<\frac{1}{a^n},$$

而 $\sum\limits_{n=1}^{\infty}\dfrac{1}{a^n}$ 为 $q=\dfrac{1}{a}<1$ 时的等比级数，它是收敛的，所以根据比较判别法得级数 $\sum\limits_{n=1}^{\infty}\dfrac{1}{1+a^n}$ 收敛.

当 $a=1$ 时，因为

$$\sum_{n=1}^{\infty}\frac{1}{1+a^n}=\sum_{n=1}^{\infty}\frac{1}{2},$$

显然是发散的.

当 $0<a<1$ 时，因为

$$\frac{1}{1+a^n}>\frac{1}{2},$$

而 $\sum\limits_{n=1}^{\infty}\dfrac{1}{2}$ 是发散的，所以根据比较判别法得级数 $\sum\limits_{n=1}^{\infty}\dfrac{1}{1+a^n}$ 发散.

由级数去掉或增加有限项不影响级数的敛散性，结合比较判别法的条件，对于级数 $\sum\limits_{n=1}^{\infty}u_n$ ，只要存在正整数 N ，当 $n>N$ 时，有 $0\leqslant u_n\leqslant v_n$ ，仍可应用比较判别法.

上述定理在使用过程中通常情况下需要对级数敛散性作初步的预判才能选择合适的不等式放缩，所以我们推出下列定理，有时在实用上更加直观方便.

定理 8.3(比较判别法的极限形式)　设级数 $\sum\limits_{n=1}^{\infty} u_n$ 与 $\sum\limits_{n=1}^{\infty} v_n$ 都是正项级数,且

$$\lim_{n\to\infty} \frac{u_n}{v_n} = l, v_n \neq 0,$$

则　（1）当 $0 < l < +\infty$ 时,级数 $\sum\limits_{n=1}^{\infty} v_n$ 与级数 $\sum\limits_{n=1}^{\infty} u_n$ 同敛散;

（2）当 $l = 0$ 时,若级数 $\sum\limits_{n=1}^{\infty} v_n$ 收敛,那么级数 $\sum\limits_{n=1}^{\infty} u_n$ 也收敛;

（3）当 $l = +\infty$ 时,若级数 $\sum\limits_{n=1}^{\infty} v_n$ 发散,那么级数 $\sum\limits_{n=1}^{\infty} u_n$ 也发散.

证明　（1）由极限的定义可知,对 $\varepsilon = \dfrac{l}{2}$,存在正整数 N,当 $n > N$ 时,有

$$\frac{1}{2}l < \frac{u_n}{v_n} < \frac{3}{2}l,$$

即

$$\frac{1}{2}lv_n < u_n < \frac{3}{2}lv_n,$$

所以若 $\sum\limits_{n=1}^{\infty} u_n$ 收敛,则由于 $\dfrac{1}{2}lv_n < u_n$,根据比较判别法得 $\sum\limits_{n=1}^{\infty} v_n$ 收敛;若 $\sum\limits_{n=1}^{\infty} u_n$ 发散,则由于 $u_n < \dfrac{3}{2}lv_n$,再根据比较判别法得级数 $\sum\limits_{n=1}^{\infty} v_n$ 发散.

类似地可证明（2）和（3）.

【例5】　判别下列级数的敛散性:

（1）$\sum\limits_{n=1}^{\infty} \dfrac{1}{4^n - n}$;　　　　　　　（2）$\sum\limits_{n=1}^{\infty} 3^n \sin \dfrac{\pi}{2^n}$.

解　（1）由于 $\sum\limits_{n=1}^{\infty} \dfrac{1}{4^n - n}$ 是正项级数,当 $n \to \infty$ 时,$\dfrac{1}{4^n - n} \sim \dfrac{1}{4^n}$,令 $v_n = \dfrac{1}{4^n}$,因为

$$\lim_{n\to\infty} \frac{\dfrac{1}{4^n - n}}{\dfrac{1}{4^n}} = \lim_{n\to\infty} \frac{4^n}{4^n - n} = 1,$$

所以根据比较判别法的极限形式得,级数 $\sum\limits_{n=1}^{\infty} \dfrac{1}{4^n - n}$ 与级数 $\sum\limits_{n=1}^{\infty} \dfrac{1}{4^n}$ 同敛散,而级数 $\sum\limits_{n=1}^{\infty} \dfrac{1}{4^n}$ 收敛,故级数 $\sum\limits_{n=1}^{\infty} \dfrac{1}{4^n - n}$ 收敛.

（2）由于 $\sum\limits_{n=1}^{\infty} 3^n \sin \dfrac{\pi}{2^n}$ 是正项级数,当 $n \to \infty$ 时,$\sin \dfrac{\pi}{2^n} \sim \dfrac{\pi}{2^n}$,令 $v_n = \dfrac{3^n \pi}{2^n}$,因为

$$\lim_{n\to\infty} \frac{3^n \sin \dfrac{\pi}{2^n}}{\dfrac{3^n \pi}{2^n}} = 1,$$

所以根据比较判别法的极限形式得，级数 $\sum\limits_{n=1}^{\infty} 3^n \sin \dfrac{\pi}{2^n}$ 与级数 $\sum\limits_{n=1}^{\infty} \dfrac{3^n \pi}{2^n}$ 同敛散，而级数

$\sum\limits_{n=1}^{\infty} \dfrac{3^n \pi}{2^n}$ 发散，故级数 $\sum\limits_{n=1}^{\infty} 3^n \sin \dfrac{\pi}{2^n}$ 发散.

【例 6】　判别下列级数的敛散性：

（1）$\sum\limits_{n=1}^{\infty} \left(1-\cos \dfrac{1}{n}\right)$；　　　　　（2）$\sum\limits_{n=1}^{\infty} \dfrac{n+1}{3n^2-n}$；

（3）$\sum\limits_{n=1}^{\infty} \ln\left(1+\dfrac{1}{\sqrt{n}}\right)$；　　　　　（4）$\sum\limits_{n=1}^{\infty} \dfrac{1}{\ln(n+1)}$.

　解　（1）由于当 $n\to\infty$ 时，$1-\cos \dfrac{1}{n} \sim \dfrac{1}{2n^2}$，令 $v_n = \dfrac{1}{2n^2}$，因为

$$\lim_{n\to\infty} \frac{1-\cos \dfrac{1}{n}}{\dfrac{1}{2n^2}} = 1,$$

所以根据比较判别法的极限形式得，级数 $\sum\limits_{n=1}^{\infty} \left(1-\cos \dfrac{1}{n}\right)$ 与级数 $\sum\limits_{n=1}^{\infty} \dfrac{1}{2n^2}$ 同敛散，而级数

$\sum\limits_{n=1}^{\infty} \dfrac{1}{2n^2}$ 收敛，故级数 $\sum\limits_{n=1}^{\infty} \left(1-\cos \dfrac{1}{n}\right)$ 收敛.

　（2）由于当 $n\to\infty$ 时，$\dfrac{n+1}{3n^2-n} \sim \dfrac{1}{3n}$，令 $v_n = \dfrac{1}{3n}$，因为

$$\lim_{n\to\infty} \frac{\dfrac{n+1}{3n^2-n}}{\dfrac{1}{3n}} = \lim_{n\to\infty} \frac{3n(n+1)}{3n^2-n} = 1,$$

所以根据比较判别法的极限形式得，级数 $\sum\limits_{n=1}^{\infty} \dfrac{n+1}{3n^2-n}$ 与级数 $\sum\limits_{n=1}^{\infty} \dfrac{1}{3n}$ 同敛散，而级数 $\sum\limits_{n=1}^{\infty} \dfrac{1}{3n}$ 发

散，故级数 $\sum\limits_{n=1}^{\infty} \dfrac{n+1}{3n^2-n}$ 发散.

　（3）由于当 $n\to\infty$ 时，$\ln\left(1+\dfrac{1}{\sqrt{n}}\right) \sim \dfrac{1}{\sqrt{n}}$，令 $v_n = \dfrac{1}{\sqrt{n}}$，因为

$$\lim_{n\to\infty} \frac{\ln\left(1+\dfrac{1}{\sqrt{n}}\right)}{\dfrac{1}{\sqrt{n}}} = 1,$$

所以根据比较判别法的极限形式得，级数 $\sum\limits_{n=1}^{\infty} \ln\left(1+\dfrac{1}{\sqrt{n}}\right)$ 与级数 $\sum\limits_{n=1}^{\infty} \dfrac{1}{\sqrt{n}}$ 同敛散，而级数

$\sum\limits_{n=1}^{\infty} \dfrac{1}{\sqrt{n}}$ 发散，故级数 $\sum\limits_{n=1}^{\infty} \ln\left(1+\dfrac{1}{\sqrt{n}}\right)$ 发散.

（4）因为

$$\lim_{n \to \infty} \frac{\dfrac{1}{\ln(1+n)}}{\dfrac{1}{n}} = +\infty,$$

而级数 $\sum\limits_{n=1}^{\infty} \dfrac{1}{n}$ 发散，所以根据比较判别法的极限形式得级数 $\sum\limits_{n=1}^{\infty} \dfrac{1}{\ln(n+1)}$ 发散.

下面我们引入新的判别法，可以利用级数自身的特点，不需要找参考级数，就能判断级数的敛散性。

用比较判别法时，需要适当选取一个已知其敛散性的级数 $\sum\limits_{n=1}^{\infty} v_n$ 作为比较的基准. 但就绝大多数情况而言，这具有相当大的难度，甚至根本无法做到. 尽管运用比较判别法的极限形式相对来说更方便，但需要寻找一个与 u_n 等价或同阶或高阶或低阶的敛散性已知的无穷小量 v_n 与之比较，这也有一定难度.

定理 8.4（比值判别法，或达朗贝尔（**D'Alembert**）判别法）

设有正项级数 $\sum\limits_{n=1}^{\infty} u_n$，如果

$$\lim_{n \to \infty} \frac{u_{n+1}}{u_n} = \rho, \, u_n \neq 0,$$

则 （1）当 $0 \leqslant \rho < 1$ 时，级数 $\sum\limits_{n=1}^{\infty} u_n$ 收敛；

（2）当 $\rho > 1$，或 $\rho = +\infty$ 时，级数 $\sum\limits_{n=1}^{\infty} u_n$ 发散；

（3）当 $\rho = 1$ 时，级数 $\sum\limits_{n=1}^{\infty} u_n$ 可能收敛，也可能发散.

证明 （1）当 $0 \leqslant \rho < 1$ 时，可取一个适当小的正数 ε，使得 $\rho + \varepsilon = r < 1$，由极限的定义，对于这样的 $\varepsilon > 0$，存在正整数 N，当 $n > N$ 时，有

$$\left| \frac{u_{n+1}}{u_n} - \rho \right| < \varepsilon, \quad \text{即} \quad u_{n+1} < r u_n,$$

因此，当取 $N_0 = N+1$ 时，有

$$u_{N_0+1} < r u_{N_0}, \quad u_{N_0+2} < r u_{N_0+1} < r^2 u_{N_0}, \quad \cdots.$$

由于级数 $\sum\limits_{n=1}^{\infty} r^n u_{N_0}$ 收敛（公比为 r 且 $0 < r < 1$ 的等比级数），根据比较判别法得，级数 $\sum\limits_{n=1}^{\infty} u_n$ 收敛.

（2）当 $\rho > 1$，或 $\rho = +\infty$ 时，存在 $\varepsilon > 0$，使得 $r = \rho - \varepsilon > 1$，由极限的定义，对于这样的 $\varepsilon > 0$，存在正整数 N，当 $n > N$ 时，有

$$\frac{u_{n+1}}{u_n} - \rho > -\varepsilon, \quad \text{即} \quad u_{n+1} > r u_n,$$

因此，当取 $N_0 = N+1$ 时，有

$$u_{N_0+1} > r u_{N_0}, \quad u_{N_0+2} > r u_{N_0+1} > r^2 u_{N_0}, \quad \cdots.$$

由于 $\lim\limits_{n \to \infty} r^n u_{N_0} \neq 0$，从而 $\lim\limits_{n \to \infty} u_n \neq 0$，由性质 8.5（级数收敛的必要条件）得，级数 $\sum\limits_{n=1}^{\infty} u_n$ 发散.

（3）当 $\rho = 1$ 时，级数可能收敛也可能发散. 例如 p-级数 $\sum\limits_{n=1}^{\infty} \dfrac{1}{n^p}$，不论 p 为何值都有

$$\lim_{n \to \infty} \frac{u_{n+1}}{u_n} = \lim_{n \to \infty} \frac{\dfrac{1}{(n+1)^p}}{\dfrac{1}{n^p}} = \lim_{n \to \infty} \left(\frac{n}{n+1} \right)^p = 1.$$

但是我们知道，当 $p > 1$ 时级数收敛，当 $p \leqslant 1$ 时级数发散，因此当 $\rho = 1$ 时不能判定级数的敛散性.

【例 7】 判别下列级数的敛散性：

（1）$\sum\limits_{n=1}^{\infty} \dfrac{1}{n!}$； （2）$\sum\limits_{n=1}^{\infty} \dfrac{n!}{2^n}$.

解 （1）因为 $\sum\limits_{n=1}^{\infty} \dfrac{1}{n!}$ 是正项级数，且

$$\lim_{n \to \infty} \frac{u_{n+1}}{u_n} = \lim_{n \to \infty} \frac{\dfrac{1}{(n+1)!}}{\dfrac{1}{n!}} = \lim_{n \to \infty} \frac{1}{n+1} = 0,$$

根据比值判别法得级数 $\sum\limits_{n=1}^{\infty} \dfrac{1}{n!}$ 收敛.

（2）因为 $\sum\limits_{n=1}^{\infty} \dfrac{n!}{2^n}$ 是正项级数，且

$$\lim_{n \to \infty} \frac{u_{n+1}}{u_n} = \lim_{n \to \infty} \frac{\dfrac{(n+1)!}{2^{n+1}}}{\dfrac{(n)!}{2^n}} = \lim_{n \to \infty} \frac{n+1}{2} = +\infty,$$

根据比值判别法得级数 $\sum\limits_{n=1}^{\infty} \dfrac{n!}{2^n}$ 发散.

【例 8】 判断级数

$$\frac{2}{1} + \frac{2 \cdot 5}{1 \cdot 5} + \frac{2 \cdot 5 \cdot 8}{1 \cdot 5 \cdot 9} + \cdots + \frac{2 \cdot 5 \cdot 8 \cdots [2+3(n-1)]}{1 \cdot 5 \cdot 9 \cdots [1+4(n-1)]} + \cdots$$

的敛散性.

解 因为 $u_n = \dfrac{2 \cdot 5 \cdot 8 \cdots [2+3(n-1)]}{1 \cdot 5 \cdot 9 \cdots [1+4(n-1)]} \geqslant 0$，而

$$\lim_{n \to \infty} \frac{u_{n+1}}{u_n} = \lim_{n \to \infty} \frac{2+3n}{1+4n} = \frac{3}{4} < 1,$$

根据比值判别法得原级数收敛.

定理 8.5（根值判别法，或柯西（Cauchy）判别法）

设有正项级数 $\sum\limits_{n=1}^{\infty} u_n$ ，如果

$$\lim_{n\to\infty} \sqrt[n]{u_n} = \rho,$$

则　（1）当 $0 \leqslant \rho < 1$ 时，级数 $\sum\limits_{n=1}^{\infty} u_n$ 收敛；

（2）当 $\rho > 1$ 或 $\rho = +\infty$ 时，级数 $\sum\limits_{n=1}^{\infty} u_n$ 发散；

（3）当 $\rho = 1$ 时，级数 $\sum\limits_{n=1}^{\infty} u_n$ 可能收敛，也可能发散.

【例 9】　判别下列级数的敛散性：

（1）$\sum\limits_{n=1}^{\infty} \left(\dfrac{3n+2}{2n+3}\right)^n$ ；　　　　　（2）$\sum\limits_{n=1}^{\infty} \dfrac{1}{6^n}\left(1+\dfrac{1}{n}\right)^{n^2}$.

解　（1）因为 $\sum\limits_{n=1}^{\infty} \left(\dfrac{3n+2}{2n+3}\right)^n$ 是正项级数，且

$$\lim_{n\to\infty} \sqrt[n]{u_n} = \lim_{n\to\infty} \sqrt[n]{\left(\frac{3n+2}{2n+3}\right)^n} = \lim_{n\to\infty} \frac{3n+2}{2n+3} = \frac{3}{2} > 1,$$

根据根值判别法得级数 $\sum\limits_{n=1}^{\infty} \left(\dfrac{3n+2}{2n+3}\right)^n$ 发散.

（2）因为 $\sum\limits_{n=1}^{\infty} \dfrac{1}{6^n}\left(1+\dfrac{1}{n}\right)^{n^2}$ 是正项级数，且

$$\lim_{n\to\infty} \sqrt[n]{u_n} = \lim_{n\to\infty} \sqrt[n]{\frac{1}{6^n}\left(1+\frac{1}{n}\right)^{n^2}} = \lim_{n\to\infty} \frac{1}{6}\left(1+\frac{1}{n}\right)^n = \frac{e}{6} < 1,$$

根据根值判别法得级数 $\sum\limits_{n=1}^{\infty} \dfrac{1}{6^n}\left(1+\dfrac{1}{n}\right)^{n^2}$ 收敛.

习题 8-2

1.用比较判别法或其极限形式判别下列级数的敛散性：

（1）$\sum\limits_{n=1}^{\infty} \dfrac{5}{2n+1}$ ；　　　　　（2）$\sum\limits_{n=1}^{\infty} \dfrac{\sqrt{n}}{n+1}$ ；

（3）$\sum\limits_{n=1}^{\infty} \dfrac{n+18}{n^3+1}$ ；　　　　　（4）$\sum\limits_{n=1}^{\infty} \dfrac{n^2+3}{n(n+1)(n+2)}$ ；

（5）$\sum\limits_{n=1}^{\infty} \dfrac{n^2-n+2}{\sqrt[4]{n^{10}+n^4+1}}$ ；　　　（6）$\sum\limits_{n=1}^{\infty} \dfrac{1}{n\sqrt[n]{n}}$ ；

（7）$\displaystyle\sum_{n=1}^{\infty}\frac{3}{2^n+1}$；

（8）$\displaystyle\sum_{n=1}^{\infty}\frac{3^n+1}{5^n+n}$；

（9）$\displaystyle\sum_{n=1}^{\infty}\frac{1}{\sqrt{n}}\ln\left(1+\frac{1}{n}\right)$；

（10）$\displaystyle\sum_{n=1}^{\infty}\frac{\sin^2\dfrac{n}{3}}{2^n}$．

2. 用比值判别法判别下列级数的敛散性：

（1）$\displaystyle\sum_{n=1}^{\infty}\frac{2}{n!}$；

（2）$\displaystyle\sum_{n=1}^{\infty}\frac{5^n}{n!}$；

（3）$\displaystyle\sum_{n=1}^{\infty}\frac{(n!)^2}{(2n)!}$；

（4）$\displaystyle\sum_{n=1}^{\infty}\frac{3^n n!}{n^n}$．

3. 用根值判别法判别下列级数的敛散性：

（1）$1+\dfrac{3}{2^2}+\dfrac{4}{2^3}+\cdots+\dfrac{n+1}{2^n}+\cdots$；

（2）$\displaystyle\sum_{n=1}^{\infty}\frac{3^n}{n(n+1)}$；

（3）$\displaystyle\sum_{n=1}^{\infty}2^n\sin\frac{\pi}{3^n}$；

（4）$\displaystyle\sum_{n=1}^{\infty}n^2\sin\frac{\pi}{3^n}$．

4. 用适当的判别法判别下列级数的敛散性：

（1）$\displaystyle\sum_{n=1}^{\infty}\frac{n+1}{(n^2+2)(n+3)}$；

（2）$\displaystyle\sum_{n=1}^{\infty}\frac{n^p}{n!}$；

（3）$\displaystyle\sum_{n=1}^{\infty}2^n\sin\frac{1}{n!}$；

（4）$\displaystyle\sum_{n=1}^{\infty}\frac{n}{2^n}\sin^2\frac{n\pi}{3}$．

5. 利用级数收敛的必要条件证明：$\displaystyle\lim_{n\to\infty}\frac{n^n}{3^n n!}=0$．

第三节 任意项级数及其敛散性判别法

一、交错级数及莱布尼兹判别法

定义 8.4 如果级数 $\displaystyle\sum_{n=1}^{\infty}(-1)^{n-1}u_n$ 满足 $u_n\geq0$，$n=1,2,\cdots$，则称级数 $\displaystyle\sum_{n=1}^{\infty}(-1)^{n-1}u_n$ 为**交错级数**（alternating series）．

关于交错级数敛散性的判别有下面定理．

定理 8.6（莱布尼兹（Leibniz）定理） 如果交错级数 $\displaystyle\sum_{n=1}^{\infty}(-1)^{n-1}u_n$ 满足

（1）$\displaystyle\lim_{n\to\infty}u_n=0$，

（2）$u_{n+1}\leq u_n$，$n=1,2,\cdots$，

则级数 $\displaystyle\sum_{n=1}^{\infty}(-1)^{n-1}u_n$ 收敛，且其和 $S\leq u_1$，其余项的绝对值 $|r_n|\leq u_{n+1}$．

上述莱布尼兹定理是判别交错级数收敛性的方法，称为**莱布尼兹判别法**.

证明　先证明前 $2n$ 项和的极限 $\lim\limits_{n\to\infty}S_{2n}$ 存在，为此将 S_{2n} 写成如下两种形式：

$$S_{2n}=(u_1-u_2)+(u_3-u_4)+\cdots+(u_{2n-1}-u_{2n}),$$

及

$$S_{2n}=u_1-(u_2-u_3)-(u_4-u_5)-\cdots-(u_{2n-2}-u_{2n-1})-u_{2n}.$$

由条件(2)知，所有括号中的差都是非负的. 由第一种形式可知 S_{2n} 随 n 增大而增大；由第二种形式可得 $S_{2n}<u_1$. 根据极限的单调有界存在准则，数列 $\{S_{2n}\}$ 存在极限 S，且 $S\leqslant u_1$，即

$$\lim_{n\to\infty}S_{2n}=S\leqslant u_1.$$

再证明前 $2n+1$ 项和的极限 $\lim\limits_{n\to\infty}S_{2n+1}=S$.

由于 $S_{2n+1}=S_{2n}+u_{2n+1}$，又由条件(1)知 $\lim\limits_{n\to\infty}u_{2n+1}=0$，因此

$$\lim_{n\to\infty}S_{2n+1}=\lim_{n\to\infty}(S_{2n}+u_{2n+1})=S.$$

于是 $\lim\limits_{n\to\infty}S_{2n+1}=\lim\limits_{n\to\infty}S_{2n}=S$，得 $\lim\limits_{n\to\infty}S_n=S$，且 $S\leqslant u_1$.

最后，由于

$$r_n=\pm(u_{n+1}-u_{n+2}+\cdots)=\pm\left[(u_{n+1}-u_{n+2})+(u_{n+3}-u_{n+4})+\cdots\right],$$

因此

$$|r_n|=u_{n+1}-u_{n+2}+\cdots,$$

上式右边也是一个交错级数，它也满足收敛的两个条件，所以其和小于级数的第一项，即

$$|r_n|\leqslant u_{n+1}.$$

显然，对交错级数 $\sum\limits_{n=1}^{\infty}(-1)^{n-1}u_n$，如果极限 $\lim\limits_{n\to\infty}u_n$ 不存在，或存在但 $\lim\limits_{n\to\infty}u_n\neq 0$，则 $\sum\limits_{n=1}^{\infty}(-1)^{n-1}u_n$ 的一般项的极限 $\lim\limits_{n\to\infty}(-1)^{n-1}u_n$ 不存在或不为零，此时交错级数 $\sum\limits_{n=1}^{\infty}(-1)^{n-1}u_n$ 发散.

【例1】　判别级数 $\sum\limits_{n=1}^{\infty}(-1)^{n-1}\dfrac{1}{n}$ 的敛散性.

解　级数 $\sum\limits_{n=1}^{\infty}(-1)^{n-1}\dfrac{1}{n}$ 为交错级数，满足条件

(1) $\lim\limits_{n\to\infty}u_n=\lim\limits_{n\to\infty}\dfrac{1}{n}=0,$

(2) $u_{n+1}=\dfrac{1}{n+1}<\dfrac{1}{n}=u_n$，$n=1,2,\cdots;$

根据莱布尼兹定理得级数 $\sum\limits_{n=1}^{\infty}(-1)^{n-1}\dfrac{1}{n}$ 收敛，且其和 $S\leqslant 1$.

如果取其前 99 项和

$$S_{99}=1-\frac{1}{2}+\frac{1}{3}-\cdots+\frac{1}{99}$$

作为 S 的近似值，则所产生的误差 $|r_{99}|\leqslant u_{100}=\dfrac{1}{100}=0.01.$

【例2】　判别级数 $\sum\limits_{n=2}^{\infty}(-1)^n\dfrac{1}{\ln n}$ 的敛散性.

解　级数 $\sum\limits_{n=2}^{\infty}(-1)^n\dfrac{1}{\ln n}$ 为交错级数,满足条件

（1）$\lim\limits_{n\to\infty}u_n=\lim\limits_{n\to\infty}\dfrac{1}{\ln n}=0$,

（2）$u_{n+1}=\dfrac{1}{\ln(n+1)}<\dfrac{1}{\ln n}=u_n$, $n=2,3,\cdots$;

根据莱布尼兹定理得级数 $\sum\limits_{n=2}^{\infty}(-1)^n\dfrac{1}{\ln n}$ 收敛,且其和 $S\leqslant\dfrac{1}{\ln 2}$.

二、绝对收敛与条件收敛

正项负项任意出现的级数称为任意项级数. 可见,交错级数是任意项级数的一种特殊情形.

定义 8.5　设任意项级数 $\sum\limits_{n=1}^{\infty}u_n$,如果级数 $\sum\limits_{n=1}^{\infty}|u_n|$ 收敛,则称级数 $\sum\limits_{n=1}^{\infty}u_n$ **绝对收敛**（absolute convergence）;若级数 $\sum\limits_{n=1}^{\infty}|u_n|$ 发散,而级数 $\sum\limits_{n=1}^{\infty}u_n$ 收敛,则称级数 $\sum\limits_{n=1}^{\infty}u_n$ **条件收敛**（conditional convergence）.

定理 8.7　如果任意项级数 $\sum\limits_{n=1}^{\infty}u_n$ 绝对收敛,则级数 $\sum\limits_{n=1}^{\infty}u_n$ 必收敛.

证明　由于任意项级数 $\sum\limits_{n=1}^{\infty}u_n$ 绝对收敛,即级数 $\sum\limits_{n=1}^{\infty}|u_n|$ 收敛,令

$$v_n=\frac{1}{2}(u_n+|u_n|)\,(n=1,2,3,\cdots),$$

则有 $v_n\geqslant 0$ 且 $v_n\leqslant|u_n|$ $(n=1,2,3,\cdots)$. 由比较判别法可知级数 $\sum\limits_{n=1}^{\infty}v_n$ 收敛,从而级数 $\sum\limits_{n=1}^{\infty}2v_n$ 也收敛. 而 $u_n=2v_n-|u_n|$,于是由性质 8.1 得级数 $\sum\limits_{n=1}^{\infty}u_n$ 收敛.

【例3】　判别下列级数的敛散性,若收敛,指出其是绝对收敛还是条件收敛:

（1）$\sum\limits_{n=1}^{\infty}\dfrac{\cos\alpha}{n^3}$;　　　　　　　　（2）$\sum\limits_{n=1}^{\infty}(-1)^n(\sqrt{n+1}-\sqrt{n})$.

解　（1）因为

$$\left|\frac{\cos\alpha}{n^3}\right|\leqslant\frac{1}{n^3},$$

而级数 $\sum\limits_{n=1}^{\infty}\dfrac{1}{n^3}$ 收敛,根据比较判别法得 $\sum\limits_{n=1}^{\infty}\left|\dfrac{\cos\alpha}{n^3}\right|$ 收敛. 所以级数 $\sum\limits_{n=1}^{\infty}\dfrac{\cos\alpha}{n^3}$ 绝对收敛.

（2）$\left|(-1)^n(\sqrt{n+1}-\sqrt{n})\right|=\dfrac{1}{\sqrt{n+1}+\sqrt{n}}$,

因为

$$\lim_{n \to \infty} \frac{\dfrac{1}{\sqrt{n+1}+\sqrt{n}}}{\dfrac{1}{\sqrt{n}}} = \frac{1}{2},$$

根据比较判别法的极限形式得, 级数 $\sum\limits_{n=1}^{\infty} \left| (-1)^n (\sqrt{n+1}-\sqrt{n}) \right|$ 与级数 $\sum\limits_{n=1}^{\infty} \dfrac{1}{\sqrt{n}}$ 同敛散, 而级数 $\sum\limits_{n=1}^{\infty} \dfrac{1}{\sqrt{n}}$ 发散, 故级数 $\sum\limits_{n=1}^{\infty} \left| (-1)^n (\sqrt{n+1}-\sqrt{n}) \right|$ 发散.

而对于交错级数 $\sum\limits_{n=1}^{\infty} (-1)^n (\sqrt{n+1}-\sqrt{n})$,

$$\lim_{n \to \infty} u_n = \lim_{n \to \infty} \frac{1}{\sqrt{n+1}+\sqrt{n}} = 0,$$

又

$$u_{n+1} = \frac{1}{\sqrt{n+2}+\sqrt{n+1}} < \frac{1}{\sqrt{n+1}+\sqrt{n}} = u_n,$$

根据莱布尼兹定理得 $\sum\limits_{n=1}^{\infty} (-1)^n (\sqrt{n+1}-\sqrt{n})$ 收敛.

所以原级数 $\sum\limits_{n=1}^{\infty} (-1)^n (\sqrt{n+1}-\sqrt{n})$ 条件收敛.

接下来利用正项级数的比值判别法和根值判别法, 立即可以得到下列判定任意项级数绝对收敛的的判别法.

从上例中我们看到, 对于任意项级数 $\sum\limits_{n=1}^{\infty} u_n$, 当 $\sum\limits_{n=1}^{\infty} |u_n|$ 发散时, 只能判断原级数非绝对收敛, 而不能判断它也发散.

定理 8.8 如果任意项级数 $\sum\limits_{n=1}^{\infty} u_n$, 满足条件

$$\lim_{n \to \infty} \left| \frac{u_{n+1}}{u_n} \right| = \rho, \ u_n \neq 0,$$

则 (1) 当 $0 \leqslant \rho < 1$ 时, 级数 $\sum\limits_{n=1}^{\infty} u_n$ 绝对收敛;

(2) 当 $\rho > 1$ 或 $\rho = +\infty$ 时, 级数 $\sum\limits_{n=1}^{\infty} u_n$ 发散.

证明 对正项级数 $\sum\limits_{n=1}^{\infty} |u_n|$ 由定理 8.4(比值判别法)知,

(1) 当 $0 \leqslant \rho < 1$ 时, 级数 $\sum\limits_{n=1}^{\infty} |u_n|$ 收敛, 即级数 $\sum\limits_{n=1}^{\infty} u_n$ 绝对收敛,

(2) 当 $\rho > 1$ 或 $\rho = +\infty$ 时, 由于数列 $\{|u_n|\}$ 递增, 故 $\lim\limits_{n \to \infty} |u_n| \neq 0$, 从而 $\lim\limits_{n \to \infty} u_n \neq 0$, 所以

级数 $\sum\limits_{n=1}^{\infty} u_n$ 发散.

同理可证下面定理.

定理 8.9　如果任意项级数 $\sum\limits_{n=1}^{\infty} u_n$，满足条件

$$\lim_{n\to\infty} \sqrt[n]{|u_n|} = \rho,$$

则（1）当 $0 \leqslant \rho < 1$ 时，级数 $\sum\limits_{n=1}^{\infty} u_n$ 绝对收敛；

（2）当 $\rho > 1$ 或 $\rho = +\infty$ 时，级数 $\sum\limits_{n=1}^{\infty} u_n$ 发散.

【例 4】　判别下列级数的敛散性，若收敛，是绝对收敛还是条件收敛：

（1）$\sum\limits_{n=1}^{\infty} \dfrac{(-1)^{n-1}}{(2n-1)!}$；　　　　　　　　（2）$\sum\limits_{n=1}^{\infty} (-1)^n \dfrac{n^n}{n!}$；

（3）$\sum\limits_{n=1}^{\infty} (-1)^n \dfrac{5^n}{n \cdot 3^{2n}}$；　　　　　　　　（4）$\sum\limits_{n=1}^{\infty} \dfrac{x^n}{n}$.

解　（1）因为

$$\lim_{n\to\infty} \left| \frac{u_{n+1}}{u_n} \right| = \lim_{n\to\infty} \frac{\dfrac{1}{(2n+1)!}}{\dfrac{1}{(2n-1)!}} = \lim_{n\to\infty} \frac{(2n-1)!}{(2n+1)!} = \lim_{n\to\infty} \frac{1}{(2n+1) \cdot 2n} = 0,$$

所以根据定理 8.8 得级数 $\sum\limits_{n=1}^{\infty} \dfrac{(-1)^{n-1}}{(2n-1)!}$ 绝对收敛.

（2）因为

$$\lim_{n\to\infty} \left| \frac{u_{n+1}}{u_n} \right| = \lim_{n\to\infty} \left[\frac{(n+1)^{n+1}}{(n+1)!} \cdot \frac{n!}{n^n} \right] = \lim_{n\to\infty} \left(1 + \frac{1}{n} \right)^n = e,$$

所以根据定理 8.8 得级数 $\sum\limits_{n=1}^{\infty} (-1)^n \dfrac{n^n}{n!}$ 发散.

（3）因为

$$\lim_{n\to\infty} \sqrt[n]{|u_n|} = \lim_{n\to\infty} \sqrt[n]{\frac{5^n}{n \cdot 3^{2n}}} = \lim_{n\to\infty} \frac{5}{\sqrt[n]{n} \cdot 3^2} = \frac{5}{9},$$

所以根据定理 8.9 得级数 $\sum\limits_{n=1}^{\infty} (-1)^n \dfrac{5^n}{n \cdot 3^{2n}}$ 绝对收敛.

（4）因为

$$\lim_{n\to\infty} \sqrt[n]{|u_n|} = \lim_{n\to\infty} \sqrt[n]{\frac{|x|^n}{n}} = \lim_{n\to\infty} \frac{|x|}{\sqrt[n]{n}} = |x|,$$

所以当 $|x| < 1$ 时，根据定理 8.9 得级数 $\sum\limits_{n=1}^{\infty} \dfrac{x^n}{n}$ 绝对收敛；当 $|x| > 1$ 时，根据定理 8.9 得级数 $\sum\limits_{n=1}^{\infty} \dfrac{x^n}{n}$ 发散；当 $x = 1$ 时，原级数为调和级数 $\sum\limits_{n=1}^{\infty} \dfrac{1}{n}$ 发散；当 $x = -1$ 时，原级数为交错级数

$$\sum_{n=1}^{\infty} \frac{(-1)^n}{n}\text{条件收敛}.$$

习题 8-3

1. 判别下列交错级数的敛散性:

(1) $\sum_{n=1}^{\infty} (-1)^n \frac{n}{(n+1)(n+2)}$;

(2) $\sum_{n=1}^{\infty} (-1)^{n-1} \frac{n}{2n+1}$.

2. 判别下列级数的敛散性, 如果收敛, 是绝对收敛还是条件收敛:

(1) $1 - \frac{1}{3^2} + \frac{1}{5^2} - \frac{1}{7^2} + \cdots$;

(2) $\sum_{n=1}^{\infty} (-1)^{n-1} \frac{1}{n^3}$;

(3) $\sum_{n=1}^{\infty} (-1)^n \frac{n}{2n+10}$;

(4) $\sum_{n=1}^{\infty} (-1)^n \frac{1}{(2n+1)^2}$;

(5) $\sum_{n=1}^{\infty} (-1)^{n-1} \ln(1 + \frac{3}{n^2})$;

(6) $\sum_{n=1}^{\infty} (-1)^n \frac{n}{(2n+1)!}$;

(7) $\sum_{n=1}^{\infty} (-1)^n \frac{n^3}{2^n}$;

(8) $\sum_{n=1}^{\infty} (-1)^{n-1} \sin \frac{n^2}{3^n}$;

(9) $\sum_{n=1}^{\infty} (-1)^n (\sqrt{n+1} - \sqrt{n})$;

(10) $\sum_{n=1}^{\infty} (-1)^n \ln \frac{n+3}{n}$;

(11) $\sum_{n=2}^{\infty} (-1)^n \frac{1}{\ln n}$;

(12) $\sum_{n=1}^{\infty} (-1)^n \frac{\cos(n!)}{n\sqrt{n}}$.

3. 设 $a_n \leqslant c_n \leqslant b_n (n=1, 2, \cdots)$, 且级数 $\sum_{n=1}^{\infty} a_n$ 和 $\sum_{n=1}^{\infty} b_n$ 都收敛, 证明级数 $\sum_{n=1}^{\infty} c_n$ 收敛.

4. 设级数 $\sum_{n=1}^{\infty} a_n^2$ 收敛, 证明级数 $\sum_{n=1}^{\infty} \frac{a_n}{n}$ 绝对收敛.

第四节　幂级数

一、幂级数的概念

定义 8.6　形如
$$a_0 + a_1(x-x_0) + a_2(x-x_0)^2 + \cdots + a_n(x-x_0)^n + \cdots$$
的级数称为 $x-x_0$ 的**幂级数**(power series), 简记为 $\sum_{n=0}^{\infty} a_n(x-x_0)^n$, 其中 $a_0, a_1, \cdots, a_n \cdots$ 均为常数, 称为幂级数的**系数**(coefficient).

8.2　幂级数的概念

当 $x_0 = 0$ 时，上式变为

$$\sum_{n=0}^{\infty} a_n x^n = a_0 + a_1 x + a_2 x^2 + \cdots + a_n x^n + \cdots,$$

称为 x 的**幂级数**.

下面仅对 $\sum_{n=0}^{\infty} a_n x^n$ 进行讨论，对 $\sum_{n=0}^{\infty} a_n (x-x_0)^n$，只要令 $t = x - x_0$，就可转化为 $\sum_{n=0}^{\infty} a_n t^n$.

二、幂级数的收敛域

当 x 取一确定值 x_0 时，幂级数 $\sum_{n=0}^{\infty} a_n x^n$ 就成为一个常数项级数 $\sum_{n=0}^{\infty} a_n x_0^n$，可以用常数项级数的敛散性判别法确定其敛散性.

当 $x = x_0$ 时，若幂级数 $\sum_{n=0}^{\infty} a_n x^n$ 收敛，则称点 x_0 为幂级数的**收敛点**（convergent point）；当 $x = x_0$ 时，若幂级数 $\sum_{n=0}^{\infty} a_n x^n$ 发散，则称点 x_0 为幂级数 $\sum_{n=0}^{\infty} a_n x^n$ 的**发散点**（divergent point）. 幂级数 $\sum_{n=0}^{\infty} a_n x^n$ 所有收敛点的集合，称为幂级数 $\sum_{n=0}^{\infty} a_n x^n$ 的**收敛域**（convergence domain），记作 I.

在收敛域 I 上，幂级数 $\sum_{n=0}^{\infty} a_n x^n$ 的和是 x 的函数，称为幂级数 $\sum_{n=0}^{\infty} a_n x^n$ 的**和函数**，记为 $S(x)$. 显然，和函数 $S(x)$ 的定义域就是幂级数的收敛域，表示为

$$S(x) = \sum_{n=0}^{\infty} a_n x^n, \ x \in I.$$

我们已经知道，幂级数 $\sum_{n=0}^{\infty} x^n$，当 $|x| < 1$ 时，该级数收敛于 $\dfrac{1}{1-x}$；当 $|x| \geqslant 1$ 时，该级数发散. 因此它的收敛域为 $(-1, 1)$，并且当 $x \in (-1, 1)$ 时，有 $\sum_{n=0}^{\infty} x^n = \dfrac{1}{1-x}$.

对于一般的幂级数 $\sum_{n=0}^{\infty} a_n x^n = 0$，显然 $x = 0$ 点是其一个收敛点，为判别其他点处的敛散性，我们给出下列定理。

定理 8.10（阿贝尔（Abel）定理）

（1）如果幂级数 $\sum_{n=0}^{\infty} a_n x^n$ 当 $x = x_0 (x_0 \neq 0)$ 时收敛，则当 $|x| < |x_0|$ 时，幂级数 $\sum_{n=0}^{\infty} a_n x^n$ 绝对收敛.

（2）如果幂级数 $\sum_{n=0}^{\infty} a_n x^n$ 当 $x = x_1$ 时发散，则当 $|x| > |x_1|$ 时，幂级数 $\sum_{n=0}^{\infty} a_n x^n$ 发散.

证明　（1）先设 x_0 是幂级数 $\sum\limits_{n=0}^{\infty} a_n x^n$ 的收敛点，即级数 $\sum\limits_{n=0}^{\infty} a_n x_0^n$ 收敛. 由级数收敛的

必要条件可知 $\lim\limits_{n\to\infty} a_n x_0^n = 0.$ 于是存在一个常数 $M>0$，使得

$$|a_n x_0^n| \leqslant M, \quad n=1, 2, \cdots,$$

从而当 $|x|<|x_0|$ 时，有

$$|a_n x^n| = |a_n x_0^n| \left| \frac{x}{x_0} \right|^n \leqslant M \left| \frac{x}{x_0} \right|^n,$$

因为 $\sum\limits_{n=0}^{\infty} M \left| \dfrac{x}{x_0} \right|^n$ 收敛，由比较判别法知 $\sum\limits_{n=0}^{\infty} |a_n x^n|$ 收敛，即幂级数 $\sum\limits_{n=0}^{\infty} a_n x^n$ 绝对收敛.

（2）用反证法证明. 假设存在 t_0，$|t_0|>|x_0|$，而 $\sum\limits_{n=0}^{\infty} a_n t_0^n$ 收敛. 由（1）可知 $\sum\limits_{n=0}^{\infty} a_n x_0^n$

收敛，这与 $\sum\limits_{n=0}^{\infty} a_n x_0^n$ 发散矛盾. 所以对于任意的 x，只要 $|x|>|x_0|$，就有 $\sum\limits_{n=0}^{\infty} a_n x^n$ 发散.

由此可知，幂级数 $\sum\limits_{n=0}^{\infty} a_n x^n$ 的收敛域是关于原点对称的一个区间. 关于幂级数 $\sum\limits_{n=0}^{\infty} a_n x^n$

的收敛半径 R，有下面定义.

定义 8.7　如果幂级数 $\sum\limits_{n=0}^{\infty} a_n x^n$ 不是仅在一点 $x=0$ 收敛，也不是在整个实数轴上都收

敛，则必有一个确定的正数 R 存在，使得当 $|x|<R$ 时，幂级数 $\sum\limits_{n=0}^{\infty} a_n x^n$ 绝对收敛，当 $|x|>R$

时，幂级数 $\sum\limits_{n=0}^{\infty} a_n x^n$ 发散，当 $|x|=R$ 时，幂级数 $\sum\limits_{n=0}^{\infty} a_n x^n$ 可能收敛，也可能发散，则称正数

R 为幂级数 $\sum\limits_{n=0}^{\infty} a_n x^n$ 的**收敛半径**（radius of convergence），称区间 $(-R, R)$ 为幂级数 $\sum\limits_{n=0}^{\infty} a_n x^n$

的**收敛区间**（interval of convergence），由 $x=\pm R$ 处级数 $\sum\limits_{n=0}^{\infty} a_n x^n$ 的敛散性可以确定幂级数

$\sum\limits_{n=0}^{\infty} a_n x^n$ 的收敛域是 $(-R, R)$ 或 $(-R, R]$ 或 $[-R, R)$ 或 $[-R, R]$.

如果幂级数 $\sum\limits_{n=0}^{\infty} a_n x^n$ 只在 $x=0$ 处收敛，则规定收敛半径 $R=0$，这时收敛域只有一个点

$x=0$；如果幂级数 $\sum\limits_{n=0}^{\infty} a_n x^n$ 在整个实数轴上都收敛，则规定收敛半径 $R=+\infty$，这时收敛域

是 $(-\infty, +\infty)$.

关于幂级数的收敛半径求法，有下面的定理.

定理 8.11　设幂级数 $\sum\limits_{n=0}^{\infty} a_n x^n$，若 $\lim\limits_{n\to\infty} \left| \dfrac{a_{n+1}}{a_n} \right| = \rho$，则幂级数 $\sum\limits_{n=0}^{\infty} a_n x^n$ 的收敛半径为

$$R = \begin{cases} \dfrac{1}{\rho}, & 0<\rho<+\infty, \\ +\infty, & \rho=0, \\ 0, & \rho=+\infty. \end{cases}$$

证明 考虑级数 $\sum\limits_{n=0}^{\infty}|a_nx^n|$, 由于

$$\lim_{n\to\infty}\left|\frac{a_{n+1}x^{n+1}}{a_nx^n}\right|=\lim_{n\to\infty}\left|\frac{a_{n+1}}{a_n}\right|\cdot|x|=\rho|x|,$$

根据比值判别法:

如果 $0<\rho<+\infty$, 当 $\rho|x|<1$, 即 $|x|<\dfrac{1}{\rho}$ 时, 幂级数 $\sum\limits_{n=0}^{\infty}a_nx^n$ 绝对收敛; 当 $\rho|x|>1$, 即 $|x|>\dfrac{1}{\rho}$

时, 级数 $\sum\limits_{n=0}^{\infty}|a_nx^n|$ 发散, 由于此时 $\lim\limits_{n\to\infty}a_nx^n\neq0$, 从而级数 $\sum\limits_{n=0}^{\infty}a_nx^n$ 发散. 于是收敛半径 $R=\dfrac{1}{\rho}$.

如果 $\rho=0$, 则对任何 $x\neq0$, 幂级数 $\sum\limits_{n=0}^{\infty}a_nx^n$ 绝对收敛, 于是收敛半径 $R=+\infty$;

如果 $\rho=+\infty$, 则对于除 $x=0$ 外的其他一切 x 值, 级数 $\sum\limits_{n=0}^{\infty}a_nx^n$ 发散, 于是收敛半径 $R=0$.

另外, 我们可以根据根值法来求级数的收敛半径.

定理 8.12 设幂级数 $\sum\limits_{n=0}^{\infty}a_nx^n$, 若 $\lim\limits_{n\to\infty}\sqrt[n]{|a_n|}=\rho$, 则幂级数 $\sum\limits_{n=0}^{\infty}a_nx^n$ 的收敛半径为

$$R=\begin{cases}\dfrac{1}{\rho}, & 0<\rho<+\infty, \\ +\infty, & \rho=0, \\ 0, & \rho=+\infty.\end{cases}$$

【**例1**】 求下列幂级数的收敛域:

(1) $\sum\limits_{n=0}^{\infty}n!x^n$;

(2) $\sum\limits_{n=0}^{\infty}\dfrac{x^n}{n!}$;

(3) $\sum\limits_{n=1}^{\infty}\dfrac{x^n}{n\cdot2^n}$;

(4) $\sum\limits_{n=0}^{\infty}\dfrac{x^{n+1}}{(n+1)^2}$.

解 (1) 幂级数 $\sum\limits_{n=0}^{\infty}n!x^n$ 的系数 $a_n=n!$, 因为

$$\lim_{n\to\infty}\left|\frac{a_{n+1}}{a_n}\right|=\lim_{n\to\infty}\frac{(n+1)!}{n!}=\lim_{n\to\infty}(n+1)=+\infty,$$

故收敛半径 $R=0$. 所以幂级数 $\sum\limits_{n=0}^{\infty}n!x^n$ 的收敛域是 $x=0$.

(2) 幂级数 $\sum\limits_{n=0}^{\infty}\dfrac{x^n}{n!}$ 的系数 $a_n=\dfrac{1}{n!}$, 因为

$$\lim_{n\to\infty}\left|\frac{a_{n+1}}{a_n}\right|=\lim_{n\to\infty}\frac{\dfrac{1}{(n+1)!}}{\dfrac{1}{n!}}=\lim_{n\to\infty}\frac{1}{n+1}=0,$$

故收敛半径 $R=+\infty$. 所以幂级数 $\sum\limits_{n=0}^{\infty}\dfrac{x^n}{n!}$ 的收敛域是 $(-\infty,+\infty)$.

（3）幂级数 $\sum\limits_{n=0}^{\infty} \dfrac{x^n}{n \cdot 2^n}$ 的系数 $a_n = \dfrac{1}{n \cdot 2^n}$，因为

$$\lim_{n \to \infty} \sqrt[n]{|a_n|} = \lim_{n \to \infty} \sqrt[n]{\dfrac{1}{n \cdot 2^n}} = \lim_{n \to \infty} \dfrac{1}{2\sqrt[n]{n}} = \dfrac{1}{2},$$

故收敛半径 $R = 2$，收敛区间为 $(-2, 2)$.

当 $x = -2$ 时，幂级数 $\sum\limits_{n=0}^{\infty} \dfrac{x^n}{n \cdot 2^n}$ 成为交错级数 $\sum\limits_{n=0}^{\infty} \dfrac{(-1)^n}{n}$，此级数（条件）收敛；当 $x = 2$ 时，幂级数 $\sum\limits_{n=0}^{\infty} \dfrac{x^n}{n \cdot 2^n}$ 成为调和级数 $\sum\limits_{n=0}^{\infty} \dfrac{1}{n}$，此级数发散.

所以幂级数 $\sum\limits_{n=0}^{\infty} \dfrac{x^n}{n \cdot 2^n}$ 的收敛域为 $[-2, 2)$.

（4）幂级数 $\sum\limits_{n=0}^{\infty} \dfrac{x^{n+1}}{(n+1)^2}$ 的系数 $a_n = \dfrac{1}{(n+1)^2}$，因为

$$\lim_{n \to \infty} |\dfrac{a_{n+1}}{a_n}| = \lim_{n \to \infty} \dfrac{\dfrac{1}{(n+2)^2}}{\dfrac{1}{(n+1)^2}} = \lim_{n \to \infty} \dfrac{(n+1)^2}{(n+2)^2} = 1,$$

故收敛半径 $R = 1$，收敛区间为 $(-1, 1)$.

当 $x = -1$ 时，幂级数 $\sum\limits_{n=0}^{\infty} \dfrac{x^{n+1}}{(n+1)^2}$ 成为交错级数 $\sum\limits_{n=0}^{\infty} \dfrac{(-1)^{n+1}}{(n+1)^2} = \sum\limits_{n=1}^{\infty} \dfrac{(-1)^n}{n^2}$，此级数（绝对）收敛；当 $x = 1$ 时，幂级数 $\sum\limits_{n=0}^{\infty} \dfrac{x^{n+1}}{(n+1)^2}$ 成为 p-级数 $\sum\limits_{n=0}^{\infty} \dfrac{1}{(n+1)^2} = \sum\limits_{n=1}^{\infty} \dfrac{1}{n^2}$，此级数收敛.

所以幂级数 $\sum\limits_{n=0}^{\infty} \dfrac{x^{n+1}}{(n+1)^2}$ 的收敛域为 $[-1, 1]$.

【例 2】 求下列幂级数的收敛域：

（1）$\sum\limits_{n=0}^{\infty} \dfrac{x^{2n}}{2^n}$；　　　　　　　　　　（2）$\sum\limits_{n=1}^{\infty} \dfrac{(x-1)^n}{\sqrt{n}}$.

解 （1）**解法一**　令 $t = x^2$，则幂级数 $\sum\limits_{n=0}^{\infty} \dfrac{x^{2n}}{2^n}$ 变为 $\sum\limits_{n=0}^{\infty} \dfrac{t^n}{2^n}$，其系数 $a_n = \dfrac{1}{2^n}$，因为

$$\lim_{n \to \infty} \sqrt[n]{|a_n|} = \lim_{n \to \infty} \sqrt[n]{\dfrac{1}{2^n}} = \dfrac{1}{2},$$

故幂级数 $\sum\limits_{n=0}^{\infty} \dfrac{t^n}{2^n}$ 的收敛半径 $R = 2$，收敛区间为 $t \in (-2, 2)$，即 $x \in (-\sqrt{2}, \sqrt{2})$.

当 $x = \pm\sqrt{2}$ 时，幂级数 $\sum\limits_{n=0}^{\infty} \dfrac{x^{2n}}{2^n}$ 成为级数 $\sum\limits_{n=0}^{\infty} 1$，此级数发散.

所以幂级数 $\sum\limits_{n=0}^{\infty} \dfrac{x^{2n}}{2^n}$ 的收敛域为 $(-\sqrt{2}, \sqrt{2})$.

解法二　由于这个幂级数的奇次项系数为零，故不能根据定理 8.11 或定理 8.12 直接求

收敛半径. 可利用比值判别法或根值判别法来处理, 考虑级数 $\sum\limits_{n=0}^{\infty}\left|\dfrac{x^{2n}}{2^{n}}\right|$, $u_{n}=\left|\dfrac{x^{2n}}{2^{n}}\right|$, 因为

$$\lim_{n\to\infty}\frac{u_{n+1}}{u_{n}}=\lim_{n\to\infty}\frac{\left|\dfrac{1}{2^{n+1}}x^{2n+2}\right|}{\left|\dfrac{1}{2^{n}}x^{2n}\right|}=\frac{1}{2}x^{2},$$

当 $\dfrac{1}{2}x^{2}<1$, 即 $|x|<\sqrt{2}$ 时, 幂级数 $\sum\limits_{n=0}^{\infty}\dfrac{x^{2n}}{2^{n}}$ 绝对收敛, 当 $\dfrac{1}{2}x^{2}>1$, 即 $|x|>\sqrt{2}$ 时, 幂级数 $\sum\limits_{n=0}^{\infty}\dfrac{x^{2n}}{2^{n}}$ 发散, 所以收敛半径 $R=\sqrt{2}$. 当 $x=\pm\sqrt{2}$ 时, 级数 $\sum\limits_{n=0}^{\infty}\dfrac{(\pm\sqrt{2})^{2n}}{2^{n}}=\sum\limits_{n=0}^{\infty}1$ 发散, 故幂级数 $\sum\limits_{n=0}^{\infty}\dfrac{x^{2n}}{2^{n}}$ 的收敛域为 $(-\sqrt{2},\sqrt{2})$.

（2）令 $t=x-1$, 则幂级数 $\sum\limits_{n=1}^{\infty}\dfrac{(x-1)^{n}}{\sqrt{n}}$ 变为 $\sum\limits_{n=1}^{\infty}\dfrac{t^{n}}{\sqrt{n}}$, 其系数 $a_{n}=\dfrac{1}{\sqrt{n}}$, 因为

$$\lim_{n\to\infty}\left|\frac{a_{n+1}}{a_{n}}\right|=\lim_{n\to\infty}\frac{\dfrac{1}{\sqrt{n+1}}}{\dfrac{1}{\sqrt{n}}}=1,$$

所以幂级数 $\sum\limits_{n=1}^{\infty}\dfrac{t^{n}}{\sqrt{n}}$ 的收敛半径 $R=1$, 收敛区间为 $t\in(-1,1)$, 即 $x\in(0,2)$.

当 $x=0$ 时, 幂级数 $\sum\limits_{n=1}^{\infty}\dfrac{(x-1)^{n}}{\sqrt{n}}$ 成为交错级数 $\sum\limits_{n=1}^{\infty}\dfrac{(-1)^{n}}{\sqrt{n}}$, 此级数（条件）收敛; 当 $x=2$ 时, 幂级数 $\sum\limits_{n=1}^{\infty}\dfrac{(x-1)^{n}}{\sqrt{n}}$ 成为 p-级数 $\sum\limits_{n=1}^{\infty}\dfrac{1}{\sqrt{n}}$, 此级数发散.

所以幂级数 $\sum\limits_{n=1}^{\infty}\dfrac{(x-1)^{n}}{\sqrt{n}}$ 的收敛域为 $[0,2)$.

三、幂级数的运算

1. 代数运算

定理8.13　设 $S(x)=\sum\limits_{n=0}^{\infty}a_{n}x^{n}$, $T(x)=\sum\limits_{n=0}^{\infty}b_{n}x^{n}$, 它们的收敛半径分别是 R_{1} 和 R_{2}, 记 $R=\min(R_{1},R_{2})$, 则

$$S(x)+T(x)=\sum_{n=0}^{\infty}a_{n}x^{n}+\sum_{n=0}^{\infty}b_{n}x^{n}=\sum_{n=0}^{\infty}(a_{n}+b_{n})x^{n},\ |x|<R;$$

$$S(x)-T(x)=\sum_{n=0}^{\infty}a_{n}x^{n}-\sum_{n=0}^{\infty}b_{n}x^{n}=\sum_{n=0}^{\infty}(a_{n}-b_{n})x^{n},\ |x|<R;$$

$$S(x)\cdot T(x)=\sum_{n=0}^{\infty}a_{n}x^{n}\cdot\sum_{n=0}^{\infty}b_{n}x^{n}=\sum_{n=0}^{\infty}c_{n}x^{n},\ |x|<R,$$

其中 $c_n = a_0 b_n + a_1 b_{n-1} + \cdots + a_n b_0$.

一般情况下, 幂级数的和函数是关于 x 的函数, 依据下列定理其仍然具备连续性, 可微性和可积性等分析性质.

2. 分析运算

定理 8.14(连续性)　设幂级数 $\displaystyle\sum_{n=0}^{\infty} a_n x^n$ 的收敛半径为 R, 则其和函数 $S(x)$ 在收敛区间 $(-R, R)$ 内连续, 即

$$\lim_{x \to x_0} S(x) = S(x_0) = \sum_{n=0}^{\infty} a_n x_0^n, \ x \in (-R, R).$$

定理 8.15(逐项可导性)　设幂级数 $\displaystyle\sum_{n=0}^{\infty} a_n x^n$ 的收敛半径为 R, 则它在收敛区间 $(-R, R)$ 内可以逐项求导, 即

$$\left(\sum_{n=0}^{\infty} a_n x^n \right)' = \sum_{n=0}^{\infty} n a_n x^{n-1} = \sum_{n=1}^{\infty} n a_n x^{n-1},$$

且所得幂级数 $\displaystyle\sum_{n=1}^{\infty} n a_n x^{n-1}$ 的收敛半径仍为 R, 但收敛域可能变化.

定理 8.16(逐项可积性)　设幂级数 $\displaystyle\sum_{n=0}^{\infty} a_n x^n$ 的收敛半径为 R, 则它在收敛区间 $(-R, R)$ 内可逐项积分, 即

$$\int_0^x \left(\sum_{n=0}^{\infty} a_n t^n \right) \mathrm{d}t = \sum_{n=0}^{\infty} \int_0^x a_n t^n \mathrm{d}t = \sum_{n=0}^{\infty} \frac{a_n}{n+1} x^{n+1},$$

且所得幂级数 $\displaystyle\sum_{n=0}^{\infty} \frac{a_n}{n+1} x^{n+1}$ 的收敛半径仍为 R, 但收敛域可能变化.

【例 3】　求幂级数 $\displaystyle\sum_{n=0}^{\infty} (-1)^n \frac{1}{n+1} x^{n+1}$ 的和函数.

解　幂级数 $\displaystyle\sum_{n=0}^{\infty} (-1)^n \frac{1}{n+1} x^{n+1}$ 的系数 $a_n = (-1)^n \frac{1}{n+1}$, 因为

$$\lim_{n \to \infty} \left| \frac{a_{n+1}}{a_n} \right| = \lim_{n \to \infty} \frac{\frac{1}{n+2}}{\frac{1}{n+1}} = \lim_{n \to \infty} \frac{n+1}{n+2} = 1,$$

故收敛半径 $R = 1$, 收敛区间为 $(-1, 1)$.

当 $x = -1$ 时, 幂级数 $\displaystyle\sum_{n=0}^{\infty} (-1)^n \frac{1}{n+1} x^{n+1}$ 成为级数 $\displaystyle\sum_{n=0}^{\infty} \frac{-1}{n+1}$, 此级数发散; 当 $x = 1$ 时, 幂级数 $\displaystyle\sum_{n=0}^{\infty} (-1)^n \frac{1}{n+1} x^{n+1}$ 成为交错级数 $\displaystyle\sum_{n=0}^{\infty} \frac{(-1)^n}{n+1}$, 此级数(条件)收敛.

所以幂级数 $\displaystyle\sum_{n=0}^{\infty} (-1)^n \frac{1}{n+1} x^{n+1}$ 的收敛域为 $(-1, 1]$.

设

$$S(x) = \sum_{n=0}^{\infty} (-1)^n \frac{1}{n+1} x^{n+1}, \ x \in (-1, 1],$$

上式在收敛区间$(-1, 1)$内两边求导,得

$$S'(x) = \sum_{n=0}^{\infty} (-1)^n x^n = \frac{1}{1-(-x)} = \frac{1}{1+x},$$

上式在收敛区间$(-1, 1)$内两边积分,得

$$\int_0^x S'(t)\,\mathrm{d}t = \int_0^x \frac{1}{1+t}\mathrm{d}t,$$

即

$$S(x) - S(0) = \ln(1+x),$$

由于$S(0) = 0$,故

$$S(x) = \sum_{n=0}^{\infty} (-1)^n \frac{1}{n+1} x^{n+1} = \ln(1+x), \ x \in (-1, 1],$$

所以

$$\sum_{n=0}^{\infty} (-1)^n \frac{1}{n+1} x^{n+1} = x - \frac{1}{2}x^2 + \cdots + (-1)^n \frac{1}{n+1} x^{n+1} + \cdots = \ln(1+x), \ x \in (-1, 1].$$

【例4】　求幂级数$\sum\limits_{n=1}^{\infty} nx^{n-1}$的和函数,并求级数$\sum\limits_{n=1}^{\infty} \dfrac{n}{2^n}$的值.

解　幂级数$\sum\limits_{n=1}^{\infty} nx^{n-1}$的系数$a_n = n$,因为

$$\lim_{n \to \infty} \left| \frac{a_{n+1}}{a_n} \right| = \lim_{n \to \infty} \frac{n+1}{n} = 1,$$

故收敛半径$R = 1$,收敛区间为$(-1, 1)$.

当$x = -1$时,幂级数$\sum\limits_{n=1}^{\infty} nx^{n-1}$成为级数$\sum\limits_{n=1}^{\infty} (-1)^{n-1} n$,此级数发散;当$x = 1$时,幂级数$\sum\limits_{n=1}^{\infty} nx^{n-1}$成为级数$\sum\limits_{n=1}^{\infty} n$,此级数也发散.所以幂级数$\sum\limits_{n=1}^{\infty} nx^{n-1}$的收敛域为$(-1, 1)$.

设

$$S(x) = \sum_{n=1}^{\infty} nx^{n-1}, \ x \in (-1, 1),$$

上式在收敛区间$(-1, 1)$内两边积分,得

$$\int_0^x S(t)\,\mathrm{d}t = \sum_{n=1}^{\infty} n \int_0^x t^{n-1}\mathrm{d}t = \sum_{n=1}^{\infty} x^n = \frac{x}{1-x},$$

上式在收敛区间$(-1, 1)$内两边求导,得

$$S(x) = \left(\frac{x}{1-x} \right)' = \frac{1}{(1-x)^2}, \ x \in (-1, 1),$$

所以

$$\sum_{n=1}^{\infty} nx^{n-1} = 1 + 2x + 3x^2 + \cdots + nx^{n-1} + \cdots = \frac{1}{(1-x)^2}, \ x \in (-1, 1).$$

而 $\sum_{n=1}^{\infty} \dfrac{n}{2^n} = \dfrac{1}{2} \sum_{n=1}^{\infty} \dfrac{n}{2^{n-1}} = \dfrac{1}{2} \sum_{n=1}^{\infty} n\left(\dfrac{1}{2}\right)^{n-1} = \dfrac{1}{2} S\left(\dfrac{1}{2}\right) = 2.$

幂级数的和函数已知时,利用幂级数运算法则既可求另一些幂级数的和函数,又可得到某些初等函数的幂级数形式.

例如,对幂级数 $\sum_{n=0}^{\infty} x^n = \dfrac{1}{1-x}$,$-1<x<1$,利用运算法则可得到其他若干幂级数的和函数,同时得到若干初等函数的幂级数表示形式.

如果 $\sum_{n=0}^{\infty} x^n = \dfrac{1}{1-x}$,$-1<x<1$,两端施以从 0 到 x 的积分运算,得

$$\sum_{n=0}^{\infty} \dfrac{1}{n+1} x^{n+1} = -\ln(1-x),\ x \in [-1,\ 1),$$

即

$$-\sum_{n=0}^{\infty} \dfrac{1}{n+1} x^{n+1} = -x - \dfrac{1}{2}x^2 - \cdots - \dfrac{1}{n+1}x^{n+1} - \cdots = \ln(1-x),\ x \in [-1,\ 1),$$

以 $-x$ 代入,得 $\sum_{n=0}^{\infty} \dfrac{(-1)^n}{n+1} x^{n+1} = x - \dfrac{1}{2}x^2 + \cdots + (-1)^n \dfrac{1}{n+1}x^{n+1} + \cdots = \ln(1+x),\ x \in (-1,1],$

这是例 3 所求幂级数的和函数.

如果 $\sum_{n=0}^{\infty} x^n = \dfrac{1}{1-x}$,$-1<x<1$,两端施以求导运算,得

$$\sum_{n=0}^{\infty} (x^n)' = \sum_{n=1}^{\infty} nx^{n-1} = \dfrac{1}{(1-x)^2}, x \in (-1,\ 1),$$

即

$$\sum_{n=0}^{\infty} (x^n)' = \sum_{n=1}^{\infty} nx^{n-1} = 1 + 2x + 3x^2 + \cdots + nx^{n-1} + \cdots = \dfrac{1}{(1-x)^2}, x \in (-1,\ 1),$$

这是例 4 所求幂级数的和函数.

习题 8-4

1. 求下列幂级数的收敛域:

(1) $\sum_{n=1}^{\infty} nx^n$;

(2) $\sum_{n=1}^{\infty} \dfrac{x^n}{n}$;

(3) $\sum_{n=1}^{\infty} (-1)^{n-1} \dfrac{x^n}{2^n n^2}$;

(4) $\sum_{n=1}^{\infty} \dfrac{x^n}{n!}$;

(5) $\sum_{n=1}^{\infty} \dfrac{2n+1}{2^n} x^{2n-2}$;

(6) $\sum_{n=1}^{\infty} (-1)^n \dfrac{x^{2n-1}}{2n-1}$;

(7) $\sum_{n=1}^{\infty} 2^n (x+3)^n$;

(8) $\sum_{n=1}^{\infty} \dfrac{(2x-1)^n}{\sqrt{n}}$.

2. 求下列幂级数的和函数：

（1）$\displaystyle\sum_{n=1}^{\infty}(-1)^n\frac{x^n}{n2^n}$；

（2）$\displaystyle\sum_{n=0}^{\infty}\frac{n+1}{3^n}x^n$；

（3）$\displaystyle\sum_{n=0}^{\infty}2nx^{2n-1}$；

（4）$\displaystyle\sum_{n=1}^{\infty}\frac{x^{4n}}{4n}$；

（5）$\displaystyle\sum_{n=0}^{\infty}nx^n$；

（6）$\displaystyle\sum_{n=1}^{\infty}n(n+1)x^n$.

第五节　函数的幂级数展开式

一、泰勒公式

上一节在给定幂级数的情况下，研究了幂级数的收敛域以及和函数的一些性质，但是我们常常会遇到相反的问题，即将给定的函数表示成幂级数，这对我们进一步理解这些幂函数有重要意义. 为此我们先考虑函数的泰勒公式.

由第二章的微分部分知道，若 $f(x)$ 在 x_0 处可微，则当 $|\Delta x|=|x-x_0|$ 很小时，可用一次函数近似表示 $f(x)$，即

$$f(x)\approx f(x_0)+f'(x_0)(x-x_0),$$

上面近似公式的精度不高且误差无法估计.

我们设想用关于 $(x-x_0)$ 的 n 次多项式

$$P_n(x)=a_0+a_1(x-x_0)+a_2(x-x_0)^2+\cdots+a_n(x-x_0)^n \tag{8-1}$$

逼近函数 $f(x)$ 来提高精度，使误差为 $(x-x_0)^n$ 的高阶无穷小量，并给出误差估计公式.

设函数 $f(x)$ 在含 x_0 的某个邻域内有 n 阶导数，假设

$$P_n(x_0)=f(x_0),\ P_n'(x_0)=f'(x_0),\ P_n''(x_0)=f''(x_0),\ \cdots,\ P_n^{(n)}(x_0)=f^{(n)}(x_0),$$

由式（8-1），得

$$P_n(x_0)=a_0,\ P_n'(x_0)=a_1,\ P_n''(x_0)=2!\ a_2,\ \cdots,\ P_n^{(n)}(x_0)=n!\ a_n,$$

于是

$$a_0=f(x_0),\ a_1=f'(x_0),\ a_2=\frac{f''(x_0)}{2!},\ \cdots,\ a_n=\frac{f^{(n)}(x_0)}{n!},$$

代入式（8-1），有

$$P_n(x)=f(x_0)+f'(x_0)(x-x_0)+\frac{f''(x_0)}{2!}(x-x_0)^2+\cdots+\frac{f^{(n)}(x_0)}{n!}(x-x_0)^n. \tag{8-2}$$

设误差项为 $R_n(x)$，则

$$R_n(x)=f(x)-P_n(x).$$

下面定理给出了误差项的表达式.

定理 8.17（泰勒（Taylor）中值定理）　如果函数 $f(x)$ 在含 x_0 的某区间 (a,b) 内有直到

$n+1$ 阶导数，则对任意的 $x \in (a, b)$，有

$$f(x)=f(x_0)+f'(x_0)(x-x_0)+\frac{f''(x_0)}{2!}(x-x_0)^2+\cdots+\frac{f^{(n)}(x_0)}{n!}(x-x_0)^n+R_n(x)，\quad (8-3)$$

其中

$$R_n(x)=\frac{f^{(n+1)}(\xi)}{(n+1)!}(x-x_0)^{n+1}，\xi \text{ 在 } x_0 \text{ 与 } x \text{ 之间，}$$

$R_n(x)$ 称为**拉格朗日型余项**（Lagrange form for the remainder），式（8-3）称为函数 $f(x)$ 在 x_0 处带拉格朗日型余项的 n **阶泰勒公式**（Taylor formula）．

当 $x_0=0$ 时，式（8-3）成为

$$f(x)=f(0)+f'(0)x+\frac{f''(0)}{2!}x^2+\cdots+\frac{f^{(n)}(0)}{n!}x^n+R_n(x)，\quad (8-4)$$

其中

$$R_n(x)=\frac{f^{(n+1)}(\xi)}{(n+1)!}x^{n+1}，\xi \text{ 在 } 0 \text{ 与 } x \text{ 之间，}$$

令 $\xi=\theta x，0<\theta<1$，则

$$R_n(x)=\frac{f^{(n+1)}(\theta x)}{(n+1)!}x^{n+1}．$$

式（8-4）称为函数 $f(x)$ 带拉格朗日型余项的 n **阶麦克劳林**（Maclaurin）**公式**．

泰勒公式在经济学中是非常有用的．例如，在某个经济活动中有两个变量 x, y，它们有着非常密切的关系．设 $y=f(x)$，但是，具体的表达式难以获得．用

$$P_n(x)=f(0)+f'(0)x+\cdots+\frac{f^{(n)}(0)}{n!}x^n$$

来近似表达 $f(x)$．其中因 $f(x)$ 未知，故其系数未知，所以可以令

$$f(x)=a_0+a_1x+\cdots+a_nx^n+\varepsilon，$$

再通过已知的信息，用统计的手段来估计未知系数 $a_0, a_1, a_2, \cdots, a_n$，其中 ε 是一个随机变量．

同样，对若干个变量之间的关系，也可以用类似的方法来处理．

二、泰勒级数

定义 8.8　设函数 $f(x)$ 在含 x_0 的某区间 (a, b) 内有任意阶导数，则级数

$$\sum_{n=0}^{\infty}\frac{f^{(n)}(x_0)}{n!}(x-x_0)^n=f(x_0)+f'(x_0)(x-x_0)+\frac{f''(x_0)}{2!}(x-x_0)^2$$
$$+\cdots+\frac{f^{(n)}(x_0)}{n!}(x-x_0)^n+\cdots，$$

称为函数 $f(x)$ 在 x_0 处的**泰勒级数**（Taylor series）．

当 $x_0=0$ 时，级数

$$\sum_{n=0}^{\infty}\frac{f^{(n)}(0)}{n!}x^n=f(0)+f'(0)x+\frac{f''(0)}{2!}x^2+\cdots+\frac{f^{(n)}(0)}{n!}x^n+\cdots，$$

称为函数 $f(x)$ 的**麦克劳林**（Maclaurin）**级数**．

一般情况下, $f(x)$ 的泰勒级数 $\sum\limits_{n=0}^{\infty} \dfrac{f^{(n)}(x_0)}{n!}(x-x_0)^n$ 未必收敛于 $f(x)$, 下面定理给出了泰勒级数收敛于 $f(x)$ 的充要条件.

定理 8.18　设函数 $f(x)$ 在含 x_0 的某区间 (a, b) 内有任意阶导数, 则函数 $f(x)$ 在该区间能展开为泰勒级数 $\sum\limits_{n=0}^{\infty} \dfrac{f^{(n)}(x_0)}{n!}(x-x_0)^n$ 的充要条件是 $f(x)$ 的 n 阶泰勒公式的余项 $R_n(x)$ 当 $n \to \infty$ 时趋于零, 即 $\lim\limits_{n \to \infty} R_n(x) = 0$.

证明　因为函数 $f(x)$ 在含 x_0 的某区间 (a, b) 内有任意阶导数, 所以

$$R_n(x) = f(x) - \sum_{k=0}^{n} \frac{f^{(k)}(x_0)}{k!}(x-x_0)^k.$$

必要性　由于函数 $f(x)$ 在含 x_0 的某区间 (a, b) 内能展开为泰勒级数, 即

$$f(x) = \sum_{n=0}^{\infty} \frac{f^{(n)}(x_0)}{n!}(x-x_0)^n,$$

所以

$$\lim_{n \to \infty} R_n(x) = \lim_{n \to \infty} \left[f(x) - \sum_{k=0}^{n} \frac{f^{(k)}(x_0)}{k!}(x-x_0)^k \right] = 0.$$

充分性　由于 $\lim\limits_{n \to \infty} R_n(x) = 0$, 所以

$$\lim_{n \to \infty} \left[f(x) - \sum_{k=0}^{n} \frac{f^{(k)}(x_0)}{k!}(x-x_0)^k \right] = 0,$$

即

$$f(x) = \lim_{n \to \infty} \sum_{k=0}^{n} \frac{f^{(k)}(x_0)}{k!}(x-x_0)^k$$

$$= \sum_{k=0}^{\infty} \frac{f^{(k)}(x_0)}{k!}(x-x_0)^k = \sum_{n=0}^{\infty} \frac{f^{(n)}(x_0)}{n!}(x-x_0)^n.$$

定理 8.19　设 $f(x)$ 是幂级数 $\sum\limits_{n=0}^{\infty} a_n(x-x_0)^n$ 在其收敛域内的和函数, 则

$$a_n = \frac{f^{(n)}(x_0)}{n!}, \ n = 0, 1, 2, \cdots,$$

即若函数 $f(x)$ 在收敛域内能展开成幂级数, 则必为泰勒级数.

证明　因为 $f(x) = \sum\limits_{n=0}^{\infty} a_n(x-x_0)^n$, 对其逐项求各阶导数, 再令 $x = x_0$, 就得到关系式 $f^{(n)}(x_0) = a_n n!$, $n = 0, 1, 2, \cdots$, 从而定理得证.

定理 8.18 及定理 8.19 是函数展开为幂级数的理论依据.

三、函数展开成幂级数

1. 直接展开法
直接展开法是利用定理 8.18 及定理 8.19, 将函数 $f(x)$ 展开为幂级数.

将函数 $f(x)$ 展开成 $x-x_0$ 的幂级数的步骤如下：

（1）求出函数 $f(x)$ 在 $x=x_0$ 处的各阶导数 $f^{(n)}(x_0)$，$n=0$，1，2，$\cdots$；

（2）写出幂级数 $\sum\limits_{n=0}^{\infty}\dfrac{f^{(n)}(x_0)}{n!}(x-x_0)^n$，并求其收敛半径，确定其收敛域；

（3）在收敛域内验证 $\lim\limits_{n\to\infty}R_n(x)=0$；

（4）在收敛域内 $f(x)=\sum\limits_{n=0}^{\infty}\dfrac{f^{(n)}(x_0)}{n!}(x-x_0)^n$.

【例 1】　将函数 $f(x)=\mathrm{e}^x$ 展开成 x 的幂级数（即麦克劳林（Maclaurin）级数）.

解　因为 $f^{(n)}(x)=\mathrm{e}^x$，$n=1$，2，$\cdots$，故

$$f(0)=f'(0)=f''(0)=\cdots=f^{(n)}(0)=\cdots=1,$$

则 e^x 在 $x=0$ 处的 Taylor 级数（即 x 的幂级数，也即麦克劳林（Maclaurin）级数）为

$$\sum\limits_{n=0}^{\infty}\dfrac{f^{(n)}(0)}{n!}x^n=\sum\limits_{n=0}^{\infty}\dfrac{x^n}{n!}$$

$$=1+x+\dfrac{x^2}{2!}+\cdots+\dfrac{x^n}{n!}+\cdots.$$

由于

$$\lim\limits_{n\to\infty}\left|\dfrac{a_{n+1}}{a_n}\right|=\lim\limits_{n\to\infty}\dfrac{\dfrac{1}{(n+1)!}}{\dfrac{1}{n!}}=\lim\limits_{n\to\infty}\dfrac{1}{n+1}=0,$$

故其收敛半径 $R=+\infty$，得其收敛区间即收敛域为 $(-\infty,+\infty)$.

对于 $(-\infty,+\infty)$ 内任意有限的数 x，ξ（ξ 在 0 与 x 之间），余项的绝对值

$$|R_n(x)|=\left|\dfrac{\mathrm{e}^{\xi}}{(n+1)!}x^{n+1}\right|<\mathrm{e}^{|x|}\dfrac{|x|^{n+1}}{(n+1)!},$$

因为 $\mathrm{e}^{|x|}$ 有限，而级数 $\sum\limits_{n=0}^{\infty}\dfrac{|x|^{n+1}}{(n+1)!}$ 收敛，由级数收敛的必要条件知 $\lim\limits_{n\to\infty}\dfrac{|x|^{n+1}}{(n+1)!}=0$，故 $\lim\limits_{n\to\infty}R_n(x)=0$，所以

$$\mathrm{e}^x=\sum\limits_{n=0}^{\infty}\dfrac{x^n}{n!}=1+x+\dfrac{x^2}{2!}+\cdots+\dfrac{x^n}{n!}+\cdots,\quad x\in(-\infty,+\infty).$$

【例 2】　将函数 $f(x)=\sin x$ 展开成麦克劳林级数.

解　由于 $f^{(n)}(x)=\sin\left(x+n\cdot\dfrac{\pi}{2}\right)$，$n=1$，2，$\cdots$，故

$$f(0)=0,\ f'(0)=1,\ f''(0)=0,\ f'''(0)=-1,\ \cdots,\ f^{(2n)}(0)=0,\ f^{(2n+1)}(0)=(-1)^n,\ \cdots,$$

则 $\sin x$ 的麦克劳林级数为

$$\sum\limits_{n=0}^{\infty}\dfrac{f^{(n)}(0)}{n!}x^n=\sum\limits_{n=0}^{\infty}(-1)^n\dfrac{x^{2n+1}}{(2n+1)!}$$

$$=x-\dfrac{x^3}{3!}+\dfrac{x^5}{5!}-\cdots+(-1)^n\dfrac{x^{2n+1}}{(2n+1)!}+\cdots.$$

由于

$$\lim_{n \to \infty} \left| \frac{a_{n+1}}{a_n} \right| = \lim_{n \to \infty} \frac{\dfrac{1}{(2n+1)!}}{\dfrac{1}{(2n-1)!}} = \lim_{n \to \infty} \frac{1}{(2n+1) \cdot 2n} = 0,$$

故其收敛半径 $R = +\infty$，得其收敛区间即收敛域为 $(-\infty, +\infty)$．

对于 $(-\infty, +\infty)$ 内任意有限的数 x, ξ（ξ 在 0 与 x 之间），余项的绝对值

$$|R_{2n+1}(x)| = \left| \frac{\sin\left[\xi + \dfrac{(2n+1)\pi}{2}\right]}{(2n+1)!} x^{2n+1} \right| \leqslant \frac{|x|^{2n+1}}{(2n+1)!},$$

而级数 $\displaystyle\sum_{n=0}^{\infty} \frac{|x|^{2n+1}}{(2n+1)!}$ 收敛，由级数收敛的必要条件知 $\displaystyle\lim_{n \to \infty} \frac{|x|^{2n+1}}{(2n+1)!} = 0$，故

$\displaystyle\lim_{n \to \infty} R_n(x) = 0$，所以

$$\sin x = \sum_{n=0}^{\infty} (-1)^n \frac{x^{2n+1}}{(2n+1)!}$$

$$= x - \frac{x^3}{3!} + \frac{x^5}{5!} - \cdots + (-1)^n \frac{x^{2n+1}}{(2n+1)!} + \cdots, \quad x \in (-\infty, +\infty).$$

直接展开法一般较麻烦，必须先求函数的各阶导数值，然后判别余项的极限为零，下面介绍较为常用的间接展开法．

2. 间接展开法

间接展开法是利用已知函数的幂级数展开式，通过幂级数的代数运算（加、减）、分析运算（逐项求导、逐项求积）或变量代换等方法，求函数幂级数展开式的方法．

【例 3】　将函数 $f(x) = \cos x$ 展开成 x 的幂函数．

解　由于

$$\sin x = \sum_{n=0}^{\infty} (-1)^n \frac{x^{2n+1}}{(2n+1)!}$$

$$= x - \frac{x^3}{3!} + \frac{x^5}{5!} - \cdots + (-1)^n \frac{x^{2n-1}}{(2n-1)!} + \cdots, \quad x \in (-\infty, +\infty),$$

上式两边求导，得

$$\cos x = \sum_{n=0}^{\infty} (-1)^n \frac{x^{2n}}{(2n)!}$$

$$= 1 - \frac{x^2}{2!} + \frac{x^4}{4!} - \cdots + (-1)^n \frac{x^{2n}}{(2n)!} + \cdots, \quad x \in (-\infty, +\infty).$$

【例 4】　将函数 $f(x) = \ln(1+x)$ 展开成麦克劳林级数．

解　由于

$$\frac{1}{1+x} = \sum_{n=0}^{\infty} (-1)^n x^n = 1 - x + x^2 - x^3 + \cdots + (-1)^n x^n + \cdots, \quad x \in (-1, 1),$$

上式两边积分, 有

$$\int_0^x \frac{\mathrm{d}t}{1+t} = \sum_{n=0}^{\infty} (-1)^n \int_0^x t^n \mathrm{d}t = \sum_{n=0}^{\infty} (-1)^n \frac{x^{n+1}}{n+1},$$

即

$$\ln(1+x) = \sum_{n=0}^{\infty} (-1)^n \frac{x^{n+1}}{n+1} = x - \frac{x^2}{2} + \frac{x^3}{3} - \cdots + (-1)^{n-1} \frac{x^n}{n} + \cdots.$$

由于上面展开式在点 $x=-1$ 处发散, 在点 $x=1$ 处收敛, 因此

$$\ln(1+x) = \sum_{n=0}^{\infty} (-1)^n \frac{x^{n+1}}{n+1} = x - \frac{x^2}{2} + \frac{x^3}{3} - \cdots + (-1)^{n-1} \frac{x^n}{n} + \cdots, \quad x \in (-1, 1].$$

当 $x=1$ 时, 有 $\ln 2 = 1 - \dfrac{1}{2} + \dfrac{1}{3} - \dfrac{1}{4} + \cdots + (-1)^{n-1} \dfrac{1}{n} + \cdots.$

【例 5】 将函数 $f(x) = \mathrm{e}^{-x^2}$ 展开成麦克劳林级数.

解 由于 $\mathrm{e}^x = \displaystyle\sum_{n=0}^{\infty} \frac{x^n}{n!} = 1 + x + \frac{x^2}{2!} + \cdots + \frac{x^n}{n!} + \cdots, \ x \in (-\infty, +\infty)$, 公式中 x 换成 $-x^2$, 得

$$\mathrm{e}^{-x^2} = \sum_{n=0}^{\infty} \frac{(-x^2)^n}{n!} = 1 + (-x^2) + \frac{(-x^2)^2}{2!} + \cdots + \frac{(-x^2)^n}{n!} + \cdots, \quad x \in (-\infty, +\infty),$$

即

$$\mathrm{e}^{-x^2} = \sum_{n=0}^{\infty} (-1)^n \frac{x^{2n}}{n!} = 1 - x^2 + \frac{x^4}{2!} - \cdots + (-1)^n \frac{x^{2n}}{n!} + \cdots, \quad x \in (-\infty, +\infty),$$

【例 6】 将函数 $f(x) = \arctan x$ 展开成麦克劳林级数.

解 因为 $f'(x) = (\arctan x)' = \dfrac{1}{1+x^2}$, 又由于

$$\frac{1}{1+x} = \sum_{n=0}^{\infty} (-1)^n x^n = 1 - x + x^2 - x^3 + \cdots + (-1)^n x^n + \cdots, \quad x \in (-1, 1)$$

将上式中 x 换成 x^2, 得

$$\frac{1}{1+x^2} = \sum_{n=0}^{\infty} (-1)^n x^{2n} = 1 - x^2 + x^4 - x^6 + \cdots + (-1)^n x^{2n} + \cdots, \quad x \in (-1, 1)$$

即

$$\frac{1}{1+x^2} = \sum_{n=0}^{\infty} (-1)^n x^{2n} = 1 - x^2 + x^4 - x^6 + \cdots + (-1)^n x^{2n} + \cdots, \quad x \in (-1, 1)$$

上式两边积分, 有

$$\arctan x = \int_0^x \frac{\mathrm{d}t}{1+t^2} = \sum_{n=0}^{\infty} (-1)^n \int_0^x t^{2n} \mathrm{d}t = \sum_{n=0}^{\infty} (-1)^n \frac{x^{2n+1}}{2n+1},$$

由于上面展开式在点 $x=-1$ 处收敛, 且在点 $x=1$ 处收敛, 因此

$$\arctan x = \sum_{n=0}^{\infty} (-1)^n \frac{x^{2n+1}}{2n+1}, \quad x \in [-1, 1].$$

【例 7】 将下列函数展开成 x 的幂函数:

(1) $f(x) = x\cos^2 x$; \qquad\qquad (2) $f(x) = \dfrac{x}{x^2-x-2}.$

解 (1) 因为 $\cos^2 x = \dfrac{1}{2}(1+\cos 2x)$,又

$$\cos x = \sum_{n=0}^{\infty} (-1)^n \frac{x^{2n}}{(2n)!},\ x\in(-\infty,\ +\infty),$$

将上式中 x 换成 $2x$,得

$$\cos 2x = \sum_{n=0}^{\infty} (-1)^n \frac{(2x)^{2n}}{(2n)!} = \sum_{n=0}^{\infty} (-1)^n \frac{2^{2n}}{(2n)!} x^{2n},\ x\in(-\infty,\ +\infty),$$

于是

$$f(x) = x\cos^2 x = \frac{x}{2}(1+\cos 2x)$$

$$= \frac{x}{2} + \sum_{n=0}^{\infty} (-1)^n \frac{2^{2n-1}}{(2n)!} x^{2n+1},\ x\in(-\infty,\ +\infty).$$

(2) 因为

$$\frac{x}{x^2-x-2} = \frac{x}{(x-2)(x+1)} = \frac{1}{3}\left(\frac{2}{x-2} + \frac{1}{x+1}\right)$$

$$= \frac{1}{3}\left(\frac{1}{1+x} - \frac{1}{1-\dfrac{x}{2}}\right),$$

又

$$\frac{1}{1+x} = \sum_{n=0}^{\infty} (-1)^n x^n,\ x\in(-1,\ 1),$$

$$\frac{1}{1-\dfrac{x}{2}} = \sum_{n=0}^{\infty} \frac{x^n}{2^n},\ x\in(-2,\ 2),$$

于是

$$f(x) = \frac{x}{x^2-x-2} = \frac{1}{3}\sum_{n=0}^{\infty} (-1)^n x^n - \frac{1}{3}\sum_{n=0}^{\infty} \frac{x^n}{2^n}$$

$$= \frac{1}{3}\sum_{n=0}^{\infty} \left[(-1)^n - \frac{1}{2^n}\right] x^n,$$

收敛域为 $(-1,\ 1)\cap(-2,\ 2)=(-1,\ 1)$,则

$$f(x) = \frac{x}{x^2-x-2} = \frac{1}{3}\sum_{n=0}^{\infty} \left[(-1)^n + \frac{1}{2^n}\right] x^n,\ x\in(-1,1).$$

【例 8】 将下列函数展开成 $x-x_0$ 的幂级数:

(1) $f(x) = \dfrac{1}{5-x}$,$x_0 = -2$; (2) $f(x) = \ln x$,$x_0 = 3$.

解 (1) 令 $t = x-(-2)$,则 $x = -2+t$,于是

$$\frac{1}{5-x} = \frac{1}{5+2-t} = \frac{1}{7-t} = \frac{1}{7}\cdot\frac{1}{1-\dfrac{t}{7}},$$

又

$$\frac{1}{1-x} = \sum_{n=0}^{\infty} x^n, \; x \in (-1, 1),$$

将上式中 x 换成 $\dfrac{t}{7}$，得

$$\frac{1}{1-\dfrac{t}{7}} = \sum_{n=0}^{\infty} \left(\frac{t}{7}\right)^n, \; \frac{t}{7} \in (-1, 1),$$

即

$$\frac{1}{1-\dfrac{t}{7}} = \sum_{n=0}^{\infty} \frac{1}{7^n} t^n, \; t \in (-7, 7),$$

所以

$$\frac{1}{5-x} = \frac{1}{7} \frac{1}{1-\dfrac{t}{7}} = \frac{1}{7} \sum_{n=0}^{\infty} \frac{1}{7^n} t^n = \sum_{n=0}^{\infty} \frac{1}{7^{n+1}} t^n$$

$$= \sum_{n=0}^{\infty} \frac{1}{7^{n+1}} (x+2)^n, \; x \in (-9, 5),$$

即

$$f(x) = \frac{1}{5-x} = \sum_{n=0}^{\infty} \frac{1}{7^{n+1}} (x+2)^n, \; x \in (-9, 5),$$

（2）令 $t = x-3$，则 $x = 3+t$，于是

$$\ln x = \ln(3+t) = \ln 3 + \ln\left(1+\frac{t}{3}\right),$$

又

$$\ln(1+x) = \sum_{n=0}^{\infty} (-1)^n \frac{x^{n+1}}{n+1}, \; x \in (-1, 1],$$

将上式中 x 换成 $\dfrac{t}{3}$，得

$$\ln\left(1+\frac{t}{3}\right) = \sum_{n=0}^{\infty} (-1)^n \frac{\left(\dfrac{t}{3}\right)^{n+1}}{n+1}, \; \frac{t}{3} \in (-1, 1],$$

即

$$\ln\left(1+\frac{t}{3}\right) = \sum_{n=0}^{\infty} (-1)^n \frac{t^{n+1}}{(n+1) \cdot 3^{n+1}}, \; t \in (-3, 3],$$

所以

$$\ln x = \ln 3 + \ln\left(1+\frac{t}{3}\right) = \ln 3 + \sum_{n=0}^{\infty} (-1)^n \frac{t^{n+1}}{(n+1) \cdot 3^{n+1}}$$

$$= \ln 3 + \sum_{n=0}^{\infty} (-1)^n \frac{(x-3)^{n+1}}{(n+1) \cdot 3^{n+1}}, \; x \in (0, 6],$$

即

$$f(x) = \ln x = \ln 3 + \sum_{n=0}^{\infty} (-1)^n \frac{(x-3)^{n+1}}{(n+1) \cdot 3^{n+1}}, \quad x \in (0, 6].$$

3. 常用函数的麦克劳林展开式

(1) $e^x = \sum_{n=0}^{\infty} \frac{x^n}{n!}, \quad x \in (-\infty, +\infty)$;

(2) $\sin x = \sum_{n=0}^{\infty} (-1)^n \frac{x^{2n+1}}{(2n+1)!}, \quad x \in (-\infty, +\infty)$;

(3) $\cos x = \sum_{n=0}^{\infty} (-1)^n \frac{x^{2n}}{(2n)!}, \quad x \in (-\infty, +\infty)$;

(4) $\ln(1+x) = \sum_{n=0}^{\infty} (-1)^n \frac{x^{n+1}}{n+1}, \quad x \in (-1, 1]$;

(5) $\ln(1-x) = -\sum_{n=0}^{\infty} \frac{x^{n+1}}{n+1}, \quad x \in [-1, 1)$;

(6) $(1+x)^a = 1 + \sum_{n=1}^{\infty} \frac{a(a-1)\cdots(a-n+1)}{n!} x^n, \quad R = 1$;

特别地，$\dfrac{1}{1+x} = \sum_{n=0}^{\infty} (-1)^n x^n, \quad x \in (-1, 1)$;

$$\frac{1}{1-x} = \sum_{n=0}^{\infty} x^n, \quad x \in (-1, 1).$$

四、函数幂级数展开式的应用

有了函数的幂级数展开式，就可以用它来进行近似计算，即在展开式的有效区间上，函数值可以近似地利用这个级数按精确度要求计算出来.

【例 9】　计算 $\sqrt{e}$ 的近似值，使其误差不超过 10^{-3}.

解　由于

$$e^x = \sum_{n=0}^{\infty} \frac{x^n}{n!} = 1 + x + \frac{x^2}{2!} + \cdots + \frac{x^n}{n!} + \cdots, \quad x \in (-\infty, +\infty),$$

上式中令 $x = \dfrac{1}{2}$，得

$$\sqrt{e} = e^{\frac{1}{2}} = 1 + \frac{1}{2} + \frac{1}{2!}\left(\frac{1}{2}\right)^2 + \frac{1}{3!}\left(\frac{1}{2}\right)^3 + \frac{1}{4!}\left(\frac{1}{2}\right)^4 + \cdots + \frac{1}{n!}\left(\frac{1}{2}\right)^n + \cdots,$$

取前 5 项和作为近似值，

$$\sqrt{e} \approx 1 + \frac{1}{2} + \frac{1}{8} + \frac{1}{48} + \frac{1}{384} \approx 1.648,$$

其误差

$$|r| = \frac{1}{5!}\left(\frac{1}{2}\right)^5 + \frac{1}{6!}\left(\frac{1}{2}\right)^6 + \frac{1}{7!}\left(\frac{1}{2}\right)^7 + \cdots$$

$$< \frac{1}{5!} \left(\frac{1}{2}\right)^5 \left[1 + \frac{1}{6}\left(\frac{1}{2}\right) + \frac{1}{6 \cdot 6}\left(\frac{1}{2}\right)^2 + \cdots\right]$$

$$= \frac{1}{5!} \left(\frac{1}{2}\right)^5 \frac{1}{1 - \frac{1}{12}} < \frac{1}{1000}.$$

【例 10】 计算 $\sqrt[5]{244}$ 的近似值，使其误差不超过 10^{-4}.

解 由于 $\sqrt[5]{244} = \sqrt[5]{3^5 + 1} = 3\left(1 + \frac{1}{3^5}\right)^{\frac{1}{5}}$，又

$$(1+x)^a = 1 + \sum_{n=1}^{\infty} \frac{a(a-1)\cdots(a-n+1)}{n!} x^n, \quad x \in (-1, 1),$$

上式中令 $a = \frac{1}{5}$，$x = \frac{1}{3^5}$，得

$$\sqrt[5]{244} = 3\left[1 + \frac{1}{5}\left(\frac{1}{3^5}\right) + \frac{1}{2!}\frac{1}{5}\left(\frac{1}{5}-1\right)\left(\frac{1}{3^5}\right)^2 + \cdots\right],$$

这个级数从第二项起是交错级数，若取前 n 项和作为近似值，则其误差 $|r_n| \leqslant u_{n+1}$，由于 $u_2 = \frac{3 \cdot 4}{2 \cdot 5^2 \cdot 3^{10}} = \frac{2}{25 \cdot 3^9} = \frac{2}{492075} < 10^{-4}$，于是

$$\sqrt[5]{244} \approx 3\left(1 + \frac{1}{5} \cdot \frac{1}{243}\right) \approx 3.0024.$$

利用函数的幂级数展开式也可以计算一些定积分的近似值，即如果被积函数在积分区间上能展开成幂级数，则通过逐项积分计算出定积分的近似值.

【例 11】 计算 $\int_0^{\frac{1}{2}} e^{-x^2} dx$ 的近似值，使其误差不超过 0.0001.

解 由于 $e^{-x^2} = \sum_{n=0}^{\infty} (-1)^n \frac{x^{2n}}{n!}$，$x \in (-\infty, +\infty)$，于是，根据幂级数在收敛区间内可逐项积分，得

$$\int_0^{\frac{1}{2}} e^{-x^2} dx = \int_0^{\frac{1}{2}} \left(1 - x^2 + \frac{x^4}{2!} - \frac{x^6}{3!} + \frac{x^8}{4!} - \cdots\right) dx$$

$$= \left(x - \frac{1}{3}x^3 + \frac{1}{5}\frac{x^5}{2!} - \frac{1}{7}\frac{x^7}{3!} + \frac{1}{9}\frac{x^9}{4!} - \cdots\right)\bigg|_0^{\frac{1}{2}}$$

$$= \frac{1}{2} - \frac{1}{3}\left(\frac{1}{2}\right)^3 + \frac{1}{5}\frac{1}{2!}\left(\frac{1}{2}\right)^5 - \frac{1}{7}\frac{1}{3!}\left(\frac{1}{2}\right)^7 + \frac{1}{9}\frac{1}{4!}\left(\frac{1}{2}\right)^9 - \cdots,$$

这个级数是交错级数，若取前 n 项和作为近似值，则其误差 $|r_n| \leqslant u_{n+1}$，由于

$$u_5 = \frac{1}{9 \cdot 4! \cdot 2^9} = \frac{1}{110592} < 10^{-4},$$

于是

$$\int_0^{\frac{1}{2}} e^{-x^2} dx \approx \frac{1}{2} - \frac{1}{3}\left(\frac{1}{2}\right)^3 + \frac{1}{5}\frac{1}{2!}\left(\frac{1}{2}\right)^5 - \frac{1}{7}\frac{1}{3!}\left(\frac{1}{2}\right)^7 \approx 0.4612.$$

习题 8-5

1. 利用已知展开式将下列函数展开为 x 的幂级数：

（1）$f(x)=x^3 e^{-x}$；

（2）$f(x)=xe^{x^2}$；

（3）$f(x)=\sin\dfrac{x}{3}$；

（4）$f(x)=\sin^2 x$；

（5）$f(x)=\dfrac{1}{3-x}$；

（6）$f(x)=\dfrac{x}{1+x-2x^2}$；

（7）$f(x)=\ln(2-3x)$；

（8）$f(x)=\ln(1-3x+2x^2)$.

2. 利用已知展开式将下列函数展开为 $x-2$ 的幂级数：

（1）$f(x)=e^{x-1}$；

（2）$f(x)=\ln x$；

（3）$f(x)=\dfrac{1}{x}$；

（4）$f(x)=\dfrac{1}{x^2+3x+2}$.

本章小结

8.3　本章小结

无穷级数	理解 无穷级数收敛、发散以及收敛级数的和的概念 了解 无穷级数的基本性质及收敛的必要条件
数项级数	了解 几何级数与 p-级数的敛散性 掌握 正项级数敛散性判别法(比较判别法,比值判别法和根值判别法) 了解 交错级数的莱布尼兹定理 了解 任意项级数绝对收敛和条件收敛的概念 掌握 任意项级数敛散性判别法
幂级数	了解 幂级数和函数及其收敛域的概念 掌握 幂级数的收敛半径、收敛区间及收敛域 掌握 简单的幂级数的和函数求法 掌握 利用一些函数的麦克劳林展开式将一些函数展开成幂级数 了解 无穷级数在经济管理中的一些应用

数学通识：魏尔斯特拉斯函数与股价预测

　　法国物理学家、数学家安德烈·马里·安培（A. Ampère, 1775—1836）曾经对连续函数通常是可微的命题提出过一个证明．在 19 世纪前半页，人们（包括大数学家高斯）认为这一结论是正确的，当时的微积分教科书都将其作为一个标准的结果．

　　我们可以画出这样一幅连续的"锯齿"状图形，在图上平滑地从一个尖角上升到另一个尖角，然后下降到下一个尖角，接下来再上升到另一个尖角，如此延续下去．如果在一个区间内尖角越来越多，在该区间内就得到越来越多不可微的点．但是不管怎样，好像一定存在使函数图形从一个尖角平滑地上升或下降到另一个尖角的区间．也就是说，从几何图形来看，两个不可微的点之间必定存在使函数可微的区间．因此，魏尔斯特拉斯（K. Weierstrass, 1815—1897）构造出的处处连续但是无处可微的函数，令人们震惊．这个函数被大多数人视为难以想象的，它看起来是连续的，却是处处参差不齐的．它不仅推翻了安培的"定理"，而且由此可知仅凭几何直观得到的微积分中的某些结论有时是不可靠的．

　　魏尔斯特拉斯函数是这样一个函数：

$$f(x) = \sum_{n=0}^{\infty} b^n \cos(\pi a^n x)$$

其中，$a \geqslant 3$ 是一个奇数，$0 < b < 1$ 是一个常数且满足 $ab > 1 + 3\pi/2$．魏尔斯特拉斯函数是处处连续但处处不可微的函数．我们利用图像来直观地解释魏尔斯特拉斯函数．下图所示是"把顺滑的波按照一定规则，分别以 2 个（$n=2$）、3 个（$n=3$）、4 个（$n=4$）的形式合并出的图像"．右边的函数是无限合并的波，就是魏尔斯特拉斯函数．

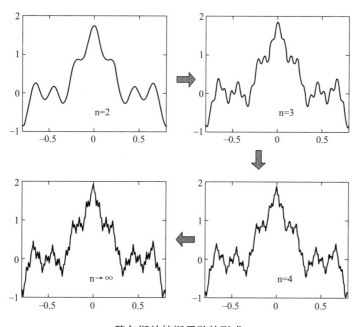

魏尔斯特拉斯函数的形成

可能有人认为，这种病态函数难道不是罕见的例子吗？事实是，在现实生活中这种例子一点也不罕见，如海岸线、股价变动图像等.

股价变动的图像，和魏尔斯特拉斯函数相似，其点的轨迹在任何时候都是锯齿状的（不可微）. 即可以证明在点的随机摆动轨迹中，几乎所有的点处都没有切线. 股价变动并不是可以用普通微分去预测的温顺之物. 在和概率现象纠缠不休的函数中，不可微函数会频繁出现.

1990—2020 年 NASDAQ 股票综合指数涨跌情况

但是否这就说明股价预测和微积分完全没有关系呢？并非如此. 这种概率模型叫作随机微分方程，使用某种微积分时是可以进行解析的. 虽然如此，但这和通常的微积分不同，是一门独特的数学，通常称为伊藤微分和伊藤积分（Ito integral）.

著名华人数学家、哈佛大学终身教授丘成桐曾表示："学点微积分，炒股可以炒得更好."意指微积分可以运用在统计、管理等方面，对学习研究股价、期权等金融衍生品大有裨益. 微积分是所有学问的基础，其在现实社会中的作用，就如同空气和水一样.

总复习题八

1. 判别下列级数的敛散性：

（1）$\displaystyle\sum_{n=1}^{\infty} (\sqrt{n^3+\sqrt{n}} - \sqrt{n^3-\sqrt{n}})$；

（2）$\displaystyle\sum_{n=2}^{\infty} \frac{1}{\ln^{10}n}$；

（3）$\displaystyle\sum_{n=1}^{\infty} 2^{-n+(-1)^n}$；

（4）$\displaystyle\sum_{n=1}^{\infty} \frac{(n+1)!}{n^{n+1}}$；

（5）$\displaystyle\sum_{n=1}^{\infty} \frac{x^n}{(1+x)(1+x^2)\cdots(1+x^n)}$，$x \in (0, +\infty)$；

（6）$\displaystyle\sum_{n=1}^{\infty} \int_0^{\frac{1}{n}} \frac{x}{1+x^3}\mathrm{d}x$；

（7）$\displaystyle\sum_{n=1}^{\infty} \left(\frac{a}{n} - \frac{b}{n+1}\right)$；

（8）$\displaystyle\sum_{n=1}^{\infty} \frac{a^n}{n^s}$，$a>0$，$s>0$.

2. 设正项级数 $\displaystyle\sum_{n=1}^{\infty} u_n$ 和 $\displaystyle\sum_{n=1}^{\infty} v_n$ 都收敛，证明级数 $\displaystyle\sum_{n=1}^{\infty} u_n v_n$ 和 $\displaystyle\sum_{n=1}^{\infty} (u_n+v_n)^2$ 都收敛.

3. 判别下列级数的敛散性，如果收敛，是绝对收敛还是条件收敛：

（1）$\displaystyle\sum_{n=1}^{\infty} (-1)^n \frac{1}{n^p}$；

（2）$\displaystyle\sum_{n=1}^{\infty} (-1)^{n-1} \frac{\sin n}{\pi^n}$；

（3）$\displaystyle\sum_{n=1}^{\infty} (-1)^{n-1} \ln(1+\frac{1}{\sqrt{n}})$；

（4）$\displaystyle\sum_{n=1}^{\infty} \sin(n\pi + \frac{2^n}{n!})$.

4. 设级数 $\displaystyle\sum_{n=1}^{\infty} (u_n-u_{n-1})$ 收敛，且 $\displaystyle\sum_{n=1}^{\infty} v_n$ 是收敛的正项级数，证明级数 $\displaystyle\sum_{n=1}^{\infty} u_n v_n$ 绝对收敛.

5. 求下列幂级数的收敛域：

（1）$\displaystyle\sum_{n=1}^{\infty} \frac{\ln n}{n} x^n$；

（2）$\displaystyle\sum_{n=1}^{\infty} (\sqrt{n+1}-\sqrt{n}) 2^n x^{2n}$；

（3）$\displaystyle\sum_{n=1}^{\infty} \frac{(x-2)^{2n}}{n 4^n}$；

（4）$\displaystyle\sum_{n=1}^{\infty} \left(\frac{\ln x}{3}\right)^n$.

6. 求下列幂级数的和函数：

（1）$\displaystyle\sum_{n=1}^{\infty} \frac{n+1}{n! \, 2^n} x^n$；

（2）$\displaystyle\sum_{n=1}^{\infty} \frac{n^2}{n!} x^n$；

（3）$\displaystyle\sum_{n=1}^{\infty} (-1)^{n-1} \frac{x^{2n+1}}{(2n)^2-1}$；

（4）$\displaystyle\sum_{n=1}^{\infty} n(x-1)^n$；

（5）$\displaystyle\sum_{n=1}^{\infty} \frac{1}{n2^n} x^{n-1}$.

7. 求幂级数 $\displaystyle\sum_{n=1}^{\infty} \frac{(-1)^{n-1}}{n} x^{2n-1}$ 的收敛域及和函数，并求级数 $\displaystyle\sum_{n=1}^{\infty} \frac{(-1)^{n-1}}{n3^n}$ 的值.

8. 求下列数项级数的值：

（1）$\displaystyle\sum_{n=1}^{\infty} \frac{1}{n2^n}$；

（2）$\displaystyle\sum_{n=0}^{\infty} (-1)^n \frac{1}{2n+1}$.

9. 将下列函数展开为 x 的幂级数:

(1) $f(x) = \dfrac{1}{\sqrt{1-x^2}}$;

(2) $f(x) = \ln(4-3x-x^2)$;

(3) $f(x) = x\arctan x$;

(4) $f(x) = \arctan\dfrac{1+x}{1-x}$;

(5) $f(x) = \displaystyle\int_0^x \cos^2 t \, \mathrm{d}t$;

(6) $f(x) = \dfrac{1}{(1-x)^2}$.

10. 将下列函数在指定点处展开为泰勒级数:

(1) $f(x) = \sin\dfrac{\pi}{2}x$, $x_0 = -2$;

(2) $f(x) = \dfrac{1}{x^2}$, $x_0 = 1$.

11. 利用函数的幂级数展开式, 求下列各数的近似值:

(1) $\ln 3$(误差不超过 0.0001);

(2) $\sqrt[9]{522}$(误差不超过 0.0001).

12. 利用被积函数的幂级数展开式, 求下列定积分的近似值:

(1) $\displaystyle\int_0^1 \dfrac{\sin x}{x}\mathrm{d}x$(误差不超过 0.0001);

(2) $\displaystyle\int_0^{\frac{1}{2}} \dfrac{1}{1+x^4}\mathrm{d}x$(误差不超过 0.0001).

第九章 微分方程

函数是客观事物的内部联系在数量方面的反映,利用函数关系又可以研究客观事物的变化规律.因此如何寻找函数关系具有重要意义.在大量的实际问题中,变量之间的函数关系往往不能直接建立,但是能够建立这些变量和它们的变化率的关系.

当自变量的变化可以认为是连续的或瞬时发生时,变化率可以用导数来表示,含有未知函数导数或微分的方程称微分方程.

本章主要介绍微分方程的一些基本概念,研究微分方程解的结构,以及常见微分方程的解法.

第一节 微分方程的基本概念

一、引例

【例1】 假设某人以本金 A_0 进行一项投资,投资的年利率为 r,按连续复利计息,求 t 年末的本利和.

解 设 t 年末的本利和为 $A(t)$,则 t 年末资金总额的变化率等于资金总额获取的利息,即

$$\frac{\mathrm{d}A(t)}{\mathrm{d}t} = rA(t),$$

解得

$$A(t) = C\mathrm{e}^{rt},$$

其中 C 为任意常数.

由 $A(t)\big|_{t=0} = A_0$,得 $C = A_0$,所以 t 年末的本利和

$$A(t) = A_0\mathrm{e}^{rt}.$$

这与第一章第五节中例6的结果一致.

【例2】 一质量为 m 的物体仅受重力的作用而下落,如果其初始位置和初始速度为0,试确定物体下落的距离 h 与时间 t 的函数关系.

解 设 t 时刻物体下落的距离为 $h = h(t)$,则由牛顿第二定律知

$$\frac{\mathrm{d}^2 h(t)}{\mathrm{d}t^2} = g,$$

上式两边积分,得

$$v = \frac{\mathrm{d}h(t)}{\mathrm{d}t} = gt + C_1,$$

再积分一次, 得

$$h(t) = \frac{1}{2}gt^2 + C_1 t + C_2,$$

其中 C_1, C_2 为任意常数.

将 $\frac{\mathrm{d}h(t)}{\mathrm{d}t}\Big|_{t=0} = 0$ 代入 $\frac{\mathrm{d}h(t)}{\mathrm{d}t} = gt + C_1$, 得 $C_1 = 0$, 将 $h(t)\big|_{t=0} = 0$ 代入 $h(t) = \frac{1}{2}gt^2 + C_1 t + C_2$, 得 $C_2 = 0$, 所以物体下落的距离 h 与时间 t 的函数关系为

$$h(t) = \frac{1}{2}gt^2.$$

这就是我们所熟悉的物理学中的自由落体运动公式.

二、微分方程的基本概念

9.1 微分方程的
基本概念

定义 9.1 含有自变量、未知函数及未知函数导数或微分的方程称为**微分方程**(differential equation).

这里讲的未知函数是一元函数, 这种微分方程称为常微分方程, 简称为微分方程.

定义 9.2 微分方程中出现的未知函数导数的最高阶数称为**微分方程的阶**(order of differential equation).

如上面例子中的 $\frac{\mathrm{d}A(t)}{\mathrm{d}t} = rA(t)$ 是一阶微分方程, $\frac{\mathrm{d}^2 h(t)}{\mathrm{d}t^2} = g$ 是二阶微分方程. 而方程 $\frac{\mathrm{d}^3 y}{\mathrm{d}x^3} + x\frac{\mathrm{d}^2 y}{\mathrm{d}x^2} + \frac{\mathrm{d}y}{\mathrm{d}x} - 2y = \mathrm{e}^{-x}$, $y^{(4)} - 4y'' + 6y' = 5$ 分别是三阶和四阶微分方程.

一般地, n 阶微分方程具有如下形式:

$$F\left(x, y, \frac{\mathrm{d}y}{\mathrm{d}x}, \frac{\mathrm{d}^2 y}{\mathrm{d}x^2}, \cdots, \frac{\mathrm{d}^n y}{\mathrm{d}x^n}\right) = 0,$$

或

$$F(x, y, y', y'', \cdots, y^{(n)}) = 0.$$

定义 9.3 如果 n 阶微分方程 $F(x, y, y', y'', \cdots, y^{(n)}) = 0$ 是 y 及 y', $\cdots$, $y^{(n)}$ 的一次方程, 则称之为**线性微分方程**(linear differential equation); 否则称为**非线性微分方程**(nonlinear differential equation).

n 阶线性微分方程的一般形式为

$$y^{(n)} + a_1(x)y^{(n-1)} + \cdots + a_{n-1}(x)y' + a_n(x)y = f(x),$$

其中 $a_1(x)$, $a_2(x)$, $\cdots$, $a_n(x)$, $f(x)$ 是已知函数, $a_1(x)$, $a_2(x)$, $\cdots$, $a_n(x)$ 称为微分方程的系数.

当 $a_1(x)$, $a_2(x)$, $\cdots$, $a_n(x)$ 为函数时, 上面方程称为变系数的微分方程;

当 $a_1(x)$, $a_2(x)$, $\cdots$, $a_n(x)$ 为常数时, 上面方程称为常系数的微分方程.

一阶线性微分方程的一般形式为

$$y' + a_1(x)y = f(x),$$

例如 $y'+x^3y=\sin x$ 和 $y'+\dfrac{2}{x}y=\mathrm{e}^x$ 为一阶线性微分方程.

二阶线性微分方程的一般形式为

$$y''+a_1(x)y'+a_2(x)y=f(x),$$

例如 $y''+4y=\sin 2x$ 和 $y''+xy'-2y=x\mathrm{e}^{-2x}$ 是二阶线性微分方程.

定义 9.4 满足微分方程的函数称为**微分方程的解**(solution of differential equation).

例如 $A(t)=C\mathrm{e}^{rt}$, $A(t)=A_0\mathrm{e}^{rt}$ 都是一阶微分方程 $\dfrac{\mathrm{d}A(t)}{\mathrm{d}t}=rA(t)$ 的解;$h(t)=\dfrac{1}{2}gt^2+C_1t+C_2$,

$h(t)=\dfrac{1}{2}gt^2$ 都是二阶微分方程 $\dfrac{\mathrm{d}^2h(t)}{\mathrm{d}t^2}=g$ 的解,其中 A_0 为常数;C, C_1, C_2 为任意常数.

定义 9.5 如果微分方程的解中所含独立任意常数的个数等于微分方程的阶数,则此解称为**微分方程的通解**(general solution of differential equation).

例如 $A(t)=C\mathrm{e}^{rt}$ 是一阶微分方程 $\dfrac{\mathrm{d}A(t)}{\mathrm{d}t}=rA(t)$ 的通解;而 $h(t)=\dfrac{1}{2}gt^2+C_1t+C_2$ 是二阶微分方程 $\dfrac{\mathrm{d}^2h(t)}{\mathrm{d}t^2}=g$ 的通解,其中 C, C_1, C_2 为任意常数.

定义 9.6 用来确定微分方程通解中任意常数的条件称为**定解条件**((definite condition)或**初始条件**(initial condition)).

定义 9.7 通解中的任意常数由初始条件确定的解称为**微分方程的特解**(particular solution of differential equation).

例如 $A(t)=A_0\mathrm{e}^{rt}$ 是一阶微分方程 $\dfrac{\mathrm{d}A(t)}{\mathrm{d}t}=rA(t)$ 满足初始条件 $A(t)\big|_{t=0}=A_0$ 的特解;而 $h(t)=\dfrac{1}{2}gt^2$ 是二阶微分方程 $\dfrac{\mathrm{d}^2h(t)}{\mathrm{d}t^2}=g$ 满足初始条件 $\dfrac{\mathrm{d}h(t)}{\mathrm{d}t}\bigg|_{t=0}=0$, $h(t)\big|_{t=0}=0$ 的特解.

定义 9.8 求微分方程满足初始条件的问题,称为**初值问题**(initial value problem).

如初值问题

$$\begin{cases}\dfrac{\mathrm{d}A(t)}{\mathrm{d}t}=rA(t),\\ A(0)=A_0,\end{cases} \text{与} \begin{cases}\dfrac{\mathrm{d}^2h(t)}{\mathrm{d}t^2}=g,\\ h(0)=0,\\ h'(0)=0.\end{cases}$$

定义 9.9 微分方程通解的图形称**积分曲线族**(integral curves),微分方程特解的图形称**积分曲线**(integral curve).

【例3】 验证函数 $y=x^2$, $y=Cx^2$, $y=Cx^2+x$(其中 C 为任意常数)是否为微分方程 $xy'-2y=0$ 的解,是通解还是特解?

解 将 $y=x^2$, $y'=2x$,代入方程 $xy'-2y=0$,得

$$\text{左边}=xy'-2y=2x^2-2x^2=0=\text{右边},$$

这是一个恒等式,且函数中不含任意常数,故 $y=x^2$ 为微分方程 $xy'-2y=0$ 的特解.

将 $y=Cx^2$, $y'=2Cx$,代入方程 $xy'-2y=0$,得

$$\text{左边}=xy'-2y=2Cx^2-2Cx^2=0=\text{右边},$$

这是一个恒等式，且函数中含任意常数的个数（1 个）等于方程的阶数（1 阶），故 $y=Cx^2$ 为微分方程 $xy'-2y=0$ 的通解.

将 $y=Cx^2+x$，$y'=2Cx+1$，代入方程 $xy'-2y=0$，得

$$左边=xy'-2y$$
$$=2Cx^2+x-2Cx^2-2x$$
$$=-x\neq 右边，$$

所以 $y=Cx^2+x$ 不是微分方程 $xy'-2y=0$ 的解.

【例 4】 求函数 $y=C_1e^{-x}+C_2e^{2x}$（其中 C_1，C_2 为任意常数）满足的二阶微分方程.

解 由于 $y'=-C_1e^{-x}+2C_2e^{2x}$，而

$$y''=C_1e^{-x}+4C_2e^{2x}，$$

从 y，y'，y'' 三式中消去 C_1，C_2 得二阶微分方程为

$$y''-y'-2y=0.$$

习题 9-1

1. 指出下列微分方程的阶数：

（1）$x(y')^3+yy'-x=0$； （2）$y''+(y')^3+xy-1=0$；

（3）$(x-2y)dx+(3y-x)dy=0$； （4）$xy'''-2y'+xy^4=0$.

2. 验证下列各题中的函数是否是所给微分方程的解，若是，指出是特解还是通解（其中 C，C_1，C_2，C_3 为任意常数）：

（1）$xy'=3y$，$y=Cx^3$；

（2）$\dfrac{dy}{dx}+y=x$，$y=e^{-x}+x-1$；

（3）$x^2dy-\sin ydx=0$，$y=\cos x+C$；

（4）$(x-2y)y'=2x-y$，$x^2-xy+y^2=C$；

（5）$y'+y^2-2y\sin x+\sin^2 x-\cos x=0$，$y=\sin x$；

（6）$y''-\dfrac{2}{x}y'+\dfrac{2}{x^2}y=0$，$y=C_1x+C_2x^2$；

（7）$y''-(r_1+r_2)y'+r_1r_2y=0$，$y=C_1e^{r_1x}+C_2e^{r_2x}$；

（8）$y'''-2y''-5y'+6y=0$，$y=C_1e^{-2x}+C_2e^x+C_3e^{3x}$.

第二节 一阶微分方程

一阶微分方程是微分方程中最基本的一类方程，在经济管理学科中也最为常见.

一阶微分方程的一般形式为：

$$F(x,y,y')=0.$$

下面我们介绍几种特殊类型的一阶微分方程及其解法.

一、可分离变量的微分方程

定义 9.10 形如

$$g(y)\mathrm{d}y = f(x)\mathrm{d}x$$

的一阶微分方程称为**可分离变量的微分方程**(differential equation with variables separable),其中 $f(x)$ 与 $g(y)$ 为连续函数.

对 $g(y)\mathrm{d}y = f(x)\mathrm{d}x$ 两边不定积分, 得

$$\int g(y)\mathrm{d}y = \int f(x)\mathrm{d}x.$$

设 $G(y)$, $F(x)$ 分别是 $g(y)$, $f(x)$ 的一个原函数, 那么微分方程 $g(y)\mathrm{d}y = f(x)\mathrm{d}x$ 的通解为

$$G(y) = F(x) + C,$$

其中 C 为任意常数.

这种将微分方程中的变量分离开来, 然后求解的方法称为**分离变量法**.

【例1】 求微分方程 $\dfrac{\mathrm{d}y}{\mathrm{d}x} = -\dfrac{x}{y}$ 的通解.

解 分离变量, 得

$$y\mathrm{d}y = -x\mathrm{d}x,$$

两边不定积分

$$\int y\mathrm{d}y = -\int x\mathrm{d}x,$$

得

$$\frac{1}{2}y^2 = -\frac{1}{2}x^2 + C_1,$$

其中 C_1 为任意常数, 令 $2C_1 = C$, 故通解为

$$x^2 + y^2 = C,$$

其中 C 为任意常数.

【例2】 求微分方程 $\dfrac{\mathrm{d}y}{\mathrm{d}x} = 2(x-1)(1+y^2)$ 的通解.

解 分离变量, 得

$$\frac{1}{1+y^2}\mathrm{d}y = 2(x-1)\mathrm{d}x,$$

两边不定积分

$$\int \frac{1}{1+y^2}\mathrm{d}y = 2\int(x-1)\mathrm{d}x,$$

得通解

$$\arctan y = (x-1)^2 + C,$$

或

$$y = \tan\left[(x-1)^2 + C\right],$$

其中 C 为任意常数.

【例3】 求微分方程 $\dfrac{\mathrm{d}y}{\mathrm{d}x} = \dfrac{x(1+y^2)}{y(1+x^2)}$ 的通解.

解 分离变量，得

$$\frac{y\mathrm{d}y}{1+y^2} = \frac{x\mathrm{d}x}{1+x^2},$$

两边不定积分

$$\int \frac{y}{1+y^2}\mathrm{d}y = \int \frac{x}{1+x^2}\mathrm{d}x,$$

得

$$\frac{1}{2}\ln(1+y^2) = \frac{1}{2}\ln(1+x^2) + \frac{1}{2}\ln C,$$

故通解为

$$1+y^2 = C(1+x^2),$$

其中 C 为任意正常数.

注 这里把积分常数 C 写成 $\dfrac{1}{2}\ln C$ 是为了便于化简.

【例4】 求微分方程 $\dfrac{\mathrm{d}y}{\mathrm{d}x} = 2xy$ 的通解.

解 当 $y \neq 0$ 时，分离变量，得

$$\frac{\mathrm{d}y}{y} = 2x\mathrm{d}x,$$

两边不定积分

$$\int \frac{\mathrm{d}y}{y} = \int 2x\mathrm{d}x,$$

即得通解

$$\ln|y| = x^2 + C_1,$$

从而

$$|y| = \mathrm{e}^{x^2+C_1} = \mathrm{e}^{C_1}\mathrm{e}^{x^2},$$

即

$$y = \pm\mathrm{e}^{C_1}\mathrm{e}^{x^2},$$

由于 C_1 的任意性，因此 $\pm\mathrm{e}^{C_1}$ 也是任意常数，把它记作 C，即 $y = C\mathrm{e}^{x^2}$.

当 $y=0$ 时，微分方程成立，即 $y=0$ 也是微分方程的解，而这个解恰好对应 $C=0$ 的情形，于是微分方程的通解为

$$y = C\mathrm{e}^{x^2},$$

其中 C 为任意常数.

【例 5】　解初值问题 $\begin{cases} \dfrac{\mathrm{d}y}{\mathrm{d}x} = \dfrac{y}{x}, \\ y\big|_{x=1} = 2. \end{cases}$

解　分离变量, 得

$$\frac{\mathrm{d}y}{y} = \frac{\mathrm{d}x}{x},$$

两边不定积分

$$\int \frac{\mathrm{d}y}{y} = \int \frac{\mathrm{d}x}{x},$$

得

$$\ln|y| = \ln|x| + \ln|C|,$$

其中 C 为任意常数, 即得通解

$$y = Cx.$$

将初值条件 $y\big|_{x=1} = 2$ 代入通解, 得 $C = 2$, 因此, 初值问题的解(满足初始条件的特解)为

$$y = 2x.$$

二、齐次微分方程

定义 9.11　形如

$$\frac{\mathrm{d}y}{\mathrm{d}x} = f\left(\frac{y}{x}\right)$$

的微分方程称为**齐次微分方程**, 简称**齐次方程**(homogeneous equation).

通过变量代换, 可将齐次方程 $\dfrac{\mathrm{d}y}{\mathrm{d}x} = f\left(\dfrac{y}{x}\right)$ 化为可分离变量的微分方程进行求解, 即令

$$u = \frac{y}{x},$$

由 $y = ux$, 可得 $\dfrac{\mathrm{d}y}{\mathrm{d}x} = u + x\dfrac{\mathrm{d}u}{\mathrm{d}x}$, 将其代入微分方程, 得

$$u + x\frac{\mathrm{d}u}{\mathrm{d}x} = f(u),$$

分离变量, 得

$$\frac{\mathrm{d}u}{f(u) - u} = \frac{\mathrm{d}x}{x},$$

两边不定积分

$$\int \frac{\mathrm{d}u}{f(u) - u} = \int \frac{\mathrm{d}x}{x},$$

得

$$\int \frac{\mathrm{d}u}{f(u) - u} = \ln|x| + C.$$

设 $\Phi(u)$ 为 $\dfrac{1}{f(u)-u}$ 的一个原函数, 则得通解

$$\Phi(u)=\ln|x|+C,$$

其中 C 为任意常数.

将 $u=\dfrac{y}{x}$ 代入上式, 即得到齐次方程的通解.

【例6】　求微分方程 $\dfrac{\mathrm{d}y}{\mathrm{d}x}=\dfrac{y}{x}+\tan\dfrac{y}{x}$ 的通解.

解　令 $u=\dfrac{y}{x}$, 则 $\dfrac{\mathrm{d}y}{\mathrm{d}x}=u+x\dfrac{\mathrm{d}u}{\mathrm{d}x}$, 于是原方程变为

$$u+x\frac{\mathrm{d}u}{\mathrm{d}x}=u+\tan u,$$

即

$$x\frac{\mathrm{d}u}{\mathrm{d}x}=\tan u,$$

分离变量, 得

$$\cot u\,\mathrm{d}u=\frac{\mathrm{d}x}{x},$$

两边不定积分

$$\int\cot u\,\mathrm{d}u=\int\frac{\mathrm{d}x}{x},$$

得

$$\ln|\sin x|=\ln|x|+\ln|C|,$$

即

$$\sin u=Cx,$$

将 $u=\dfrac{y}{x}$ 代入上式, 即得原方程的通解为

$$\sin\frac{y}{x}=Cx,$$

或

$$y=x\arcsin Cx,$$

其中 C 为任意常数.

【例7】　求微分方程 $\dfrac{\mathrm{d}y}{\mathrm{d}x}=\dfrac{y^2}{xy-x^2}$ 的通解.

解　该微分方程可化为

$$\frac{\mathrm{d}y}{\mathrm{d}x}=\frac{\left(\dfrac{y}{x}\right)^2}{\dfrac{y}{x}-1},$$

因此是齐次微分方程. 令 $u=\dfrac{y}{x}$, 则 $\dfrac{\mathrm{d}y}{\mathrm{d}x}=u+x\dfrac{\mathrm{d}u}{\mathrm{d}x}$, 于是原方程变为

$$u+x\frac{\mathrm{d}u}{\mathrm{d}x}=\frac{u^2}{u-1},$$

分离变量, 得

$$(u-1)\frac{\mathrm{d}u}{u}=\frac{\mathrm{d}x}{x},$$

两边不定积分

$$\int (u-1)\frac{\mathrm{d}u}{u}=\int \frac{\mathrm{d}x}{x},$$

得

$$u-\ln|u|=\ln|x|-\ln|C|,$$

即

$$|ux|=C\mathrm{e}^u,$$

将 $u=\dfrac{y}{x}$ 代入上式, 得原方程的通解为

$$y=C\mathrm{e}^{\frac{y}{x}}.$$

其中 C 为任意常数.

【例8】　求微分方程 $xy'+2\sqrt{xy}=y$ 满足 $y|_{x=-1}=-9$ 的解.

解　该微分方程可化为 $y'=2\sqrt{\dfrac{y}{x}}+\dfrac{y}{x}$, 因此是齐次微分方程.

令 $u=\dfrac{y}{x}$, 则 $\dfrac{\mathrm{d}y}{\mathrm{d}x}=u+x\dfrac{\mathrm{d}u}{\mathrm{d}x}$, 于是原方程变为

$$u+x\frac{\mathrm{d}u}{\mathrm{d}x}=2\sqrt{u}+u,$$

即

$$x\frac{\mathrm{d}u}{\mathrm{d}x}=2\sqrt{u},$$

分离变量, 得

$$\frac{\mathrm{d}u}{2\sqrt{u}}=\frac{\mathrm{d}x}{x},$$

两边不定积分

$$\int \frac{\mathrm{d}u}{2\sqrt{u}}=\int \frac{\mathrm{d}x}{x},$$

得

$$\sqrt{u}=\ln|x|+C,$$

即

$$u=(\ln|x|+C)^2,$$

将 $u=\dfrac{y}{x}$ 代入上式，即得原方程的通解为

$$y=x(\ln|x|+C)^2.$$

将 $y\big|_{x=-1}=-9$ 代入通解，得 $C=3$，所以方程 $xy'+2\sqrt{xy}=y$ 满足 $y\big|_{x=-1}=-9$ 的特解为

$$y=x(\ln|x|+3)^2.$$

三、一阶线性微分方程

定义 9.12　形如

$$\frac{\mathrm{d}y}{\mathrm{d}x}+P(x)y=Q(x)$$

的微分方程称为**一阶线性微分方程**，其中 $P(x)$ 和 $Q(x)$ 为已知的连续函数.

当 $Q(x)=0$ 时，$\dfrac{\mathrm{d}y}{\mathrm{d}x}+P(x)y=0$ 称为**一阶齐次线性微分方程**.

当 $Q(x)\neq0$ 时，$\dfrac{\mathrm{d}y}{\mathrm{d}x}+P(x)y=Q(x)$ 称为**一阶非齐次线性微分方程**.

方程 $\dfrac{\mathrm{d}y}{\mathrm{d}x}+P(x)y=0$ 称为对应于非齐次线性微分方程 $\dfrac{\mathrm{d}y}{\mathrm{d}x}+P(x)y=Q(x)$ 的齐次线性微分方程.

下面先讨论一阶齐次线性微分方程 $\dfrac{\mathrm{d}y}{\mathrm{d}x}+P(x)y=0$ 的通解.

方程 $\dfrac{\mathrm{d}y}{\mathrm{d}x}+P(x)y=0$ 是可分离变量的微分方程，分离变量，得

$$\frac{\mathrm{d}y}{y}=-P(x)\,\mathrm{d}x,$$

上式两边不定积分

$$\int\frac{\mathrm{d}y}{y}=-\int P(x)\,\mathrm{d}x,$$

得

$$\ln|y|=-\int P(x)\,\mathrm{d}x+\ln C_1,$$

即通解为

$$y=Ce^{-\int P(x)\,\mathrm{d}x},$$

其中 $C=\pm C_1$ 为任意常数(因为 $y=0$ 也是微分方程的解，所以 C 可为 0).

这就是一阶齐次线性微分方程 $\dfrac{\mathrm{d}y}{\mathrm{d}x}+P(x)y=0$ 的通解公式. $\int P(x)\,\mathrm{d}x$ 表示 $P(x)$ 的一个原函数.

下面我们用**常数变易法**来求一阶非齐次线性微分方程 $\dfrac{\mathrm{d}y}{\mathrm{d}x}+P(x)y=Q(x)$ 的通解.

将对应的齐次线性微分方程 $\dfrac{\mathrm{d}y}{\mathrm{d}x} + P(x)y = 0$ 的通解 $y = C\mathrm{e}^{-\int P(x)\mathrm{d}x}$ 中的常数 C 换为待定的函数 $C(x)$，设一阶非齐次线性微分方程 $\dfrac{\mathrm{d}y}{\mathrm{d}x} + P(x)y = Q(x)$ 具有如下形式的解：

$$y = C(x)\mathrm{e}^{-\int P(x)\mathrm{d}x},$$

求导得

$$y' = C'(x)\mathrm{e}^{-\int P(x)\mathrm{d}x} - C(x)P(x)\mathrm{e}^{-\int P(x)\mathrm{d}x},$$

将上述两式代入方程 $\dfrac{\mathrm{d}y}{\mathrm{d}x} + P(x)y = Q(x)$，并整理得

$$C'(x) = Q(x)\mathrm{e}^{\int P(x)\mathrm{d}x},$$

上式两边不定积分，得

$$C(x) = \int Q(x)\mathrm{e}^{\int P(x)\mathrm{d}x}\,\mathrm{d}x + C,$$

其中 C 为任意常数.

所以，一阶非齐次线性微分方程 $\dfrac{\mathrm{d}y}{\mathrm{d}x} + P(x)y = Q(x)$ 的通解为

$$y = \mathrm{e}^{-\int P(x)\mathrm{d}x}\left[\int Q(x)\mathrm{e}^{\int P(x)\mathrm{d}x}\,\mathrm{d}x + C\right].$$

上面通解可写成

$$y = C\mathrm{e}^{-\int P(x)\mathrm{d}x} + \mathrm{e}^{-\int P(x)\mathrm{d}x} \cdot \int Q(x)\mathrm{e}^{\int P(x)\mathrm{d}x}\,\mathrm{d}x.$$

上式右端第一项是对应齐次线性微分方程 $\dfrac{\mathrm{d}y}{\mathrm{d}x} + P(x)y = 0$ 的通解，第二项是非齐次线性微分方程 $\dfrac{\mathrm{d}y}{\mathrm{d}x} + P(x)y = Q(x)$ 的一个特解. 由此可见，一阶非齐次线性微分方程的通解等于对应的齐次线性微分方程的通解与非齐次线性微分方程的一个特解之和.

【例 9】 求微分方程 $\dfrac{\mathrm{d}y}{\mathrm{d}x} + 2xy = 2x\mathrm{e}^{-x^2}$ 的通解.

解 这是一阶非齐次线性微分方程，其中 $P(x) = 2x$，$Q(x) = 2x\mathrm{e}^{-x^2}$，由通解公式得

$$y = \mathrm{e}^{-\int P(x)\mathrm{d}x}\left[\int Q(x)\mathrm{e}^{\int P(x)\mathrm{d}x}\,\mathrm{d}x + C\right]$$

$$= \mathrm{e}^{-\int 2x\mathrm{d}x}\left(\int 2x\mathrm{e}^{-x^2}\mathrm{e}^{\int 2x\mathrm{d}x}\,\mathrm{d}x + C\right)$$

$$= \mathrm{e}^{-x^2}\left(\int 2x\mathrm{e}^{-x^2}\mathrm{e}^{x^2}\,\mathrm{d}x + C\right)$$

$$= \mathrm{e}^{-x^2}(x^2 + C),$$

故原方程的通解为

$$y = \mathrm{e}^{-x^2}(x^2 + C),$$

其中 C 为任意常数.

【**例 10**】　求微分方程 $y'+y=x$ 满足初始条件 $y|_{x=0}=1$ 的特解.

解　这是一阶非齐次线性微分方程，其中 $P(x)=1$，$Q(x)=x$，由通解公式得

$$y = e^{-\int P(x)\,dx}\left[\int Q(x)e^{\int P(x)\,dx}\,dx + C\right]$$

$$= e^{-\int dx}\left(\int xe^{\int dx}\,dx + C\right)$$

$$= e^{-x}\left(\int xe^{x}\,dx + C\right)$$

$$= e^{-x}(xe^{x} - e^{x} + C)$$

$$= x - 1 + Ce^{-x}.$$

将初始条件 $y|_{x=0}=1$ 代入通解，得 $C=2$.

于是此方程满足初始条件的特解为

$$y = x-1+2e^{-x}.$$

【**例 11**】　求微分方程 $y' = \dfrac{1}{x\cos y + \sin 2y}$ 的通解.

解　若将 y 看作是 x 的函数，则此方程不是线性微分方程，但若将 x 看作是 y 的函数，方程改写成

$$\frac{dx}{dy} - \cos y \cdot x = \sin 2y,$$

其中 $P(y)=-\cos y$，$Q(y)=\sin 2y$，它是关于 x 的一阶线性微分方程.

由通解公式得

$$x = e^{-\int P(y)\,dy}\left(\int Q(y)e^{\int P(y)\,dy}\,dy + C\right)$$

$$= e^{-\int(-\cos y)\,dy}\left[\int \sin 2y\, e^{\int(-\cos y)\,dy}\,dy + C\right]$$

$$= e^{\sin y}\left(\int 2\sin y\cos y \cdot e^{-\sin y}\,dy + C\right)$$

$$= e^{\sin y}\left[-2\int \sin y\, de^{-\sin y} + C\right]$$

$$= e^{\sin y}\left[-2(\sin y \cdot e^{-\sin y} + e^{-\sin y}) + C\right]$$

$$= -2\sin y - 2 + Ce^{\sin y},$$

故原方程的通解为

$$x = -2\sin y - 2 + Ce^{\sin y},$$

其中 C 为任意常数.

习题 9-2

1. 求下列可分离变量微分方程的通解或在给定初始条件下的特解：

（1）$\dfrac{dy}{dx} = 4xy^{2}$；

（2）$xy\mathrm{d}x+\sqrt{1-x^2}\,\mathrm{d}y=0$；

（3）$\dfrac{\mathrm{d}y}{\mathrm{d}x}=\mathrm{e}^{x-y}$；

（4）$y\ln x\mathrm{d}x-x\ln y\mathrm{d}y=0$；

（5）$\dfrac{\mathrm{d}y}{\mathrm{d}x}=\dfrac{6x^2}{2y-\sin y}$；

（6）$(x+2xy)\mathrm{d}x+(1+x^2)\mathrm{d}y=0$；

（7）$\dfrac{\mathrm{d}y}{\mathrm{d}x}=4x\sqrt{y}$，$y|_{x=1}=1$；

（8）$\dfrac{x}{1+y}\mathrm{d}x-\dfrac{y}{1+x}\mathrm{d}y=0$，$y|_{x=0}=1$.

2. 求下列齐次微分方程的通解或在给定初始条件下的特解：

（1）$\dfrac{\mathrm{d}y}{\mathrm{d}x}=\dfrac{y}{y-x}$；

（2）$x\dfrac{\mathrm{d}y}{\mathrm{d}x}=y\ln\dfrac{y}{x}$；

（3）$x^2y'=xy-y^2$；

（4）$xy^2\mathrm{d}y=(x^3+y^3)\mathrm{d}x$；

（5）$y'=\dfrac{y}{x}+\dfrac{x}{y}$，$y|_{x=1}=2$；

（6）$(y^2-3x^2)\mathrm{d}x+2xy\mathrm{d}y=0$，$y|_{x=1}=0$.

3. 求下列一阶线性微分方程的通解或在给定初始条件下的特解：

（1）$\dfrac{\mathrm{d}y}{\mathrm{d}x}+y=\mathrm{e}^{2x}$；

（2）$y'-\dfrac{y}{x+1}=(x+1)^4$；

（3）$xy'+y=3x^2+2x$；

（4）$(x^2+1)\dfrac{\mathrm{d}y}{\mathrm{d}x}+2xy=3x^2$；

（5）$xy'-2y=x^3\mathrm{e}^x$，$y|_{x=1}=0$；

（6）$y'+y\cos x=\sin x\cos x$，$y|_{x=0}=1$.

4. 设某曲线过原点，且它在点(x,y)处的斜率等于$2x+y$，求此曲线方程.

5. 设可导函数$f(x)$满足关系式$\displaystyle\int_0^x[2f(t)-1]\mathrm{d}t=f(x)-1$，求$f(x)$.

第三节　可降阶的二阶微分方程

二阶微分方程的一般形式可表示如下：

$$F(x,y,y',y'')=0.$$

有些二阶微分方程，可以通过适当的变量代换，把它化成一阶微分方程来求解，具有这种性质的方程称为**可降阶的微分方程**，相应的求解方法称为**降阶法**.

本节介绍三种容易用降阶法求解的二阶微分方程.

一、$y''=f(x)$ 型微分方程

形如

$$y''=f(x)$$

的微分方程，特点是它的右边是仅含有自变量 x 的函数 $f(x)$，这种方程的通解可以经过两次积分得到. 具体做法如下：

方程两边不定积分，得

$$y' = \int f(x)\,\mathrm{d}x + C_1,$$

上式两边再不定积分，得通解

$$y = \int \left[\int f(x)\,\mathrm{d}x \right] \mathrm{d}x + C_1 x + C_2,$$

其中 C_1，C_2 为任意常数.

【例1】 求微分方程 $y''=\mathrm{e}^{3x}+\sin x$ 的通解.

解 方程两边不定积分，得

$$y' = \int (\mathrm{e}^{3x}+\sin x)\,\mathrm{d}x = \frac{1}{3}\mathrm{e}^{3x}-\cos x+C_1,$$

上式两边再不定积分，得通解

$$y = \int \left(\frac{1}{3}\mathrm{e}^{3x}-\cos x+C_1 \right)\mathrm{d}x = \frac{1}{9}\mathrm{e}^{3x}-\sin x+C_1 x+C_2,$$

其中 C_1，C_2 为任意常数.

【例2】 求 $y''=x$ 的经过点 $(0,1)$，且在此点与直线 $y=2x+3$ 相切的积分曲线.

解 该几何问题可归结为如下的微分方程初值问题

$$\begin{cases} y''=x, \\ y\big|_{x=0}=1, \\ y'\big|_{x=0}=2. \end{cases}$$

方程 $y''=x$ 两边不定积分，得

$$y' = \frac{1}{2}x^2+C_1,$$

由条件 $y'\big|_{x=0}=2$，得 $C_1=2$，故

$$y' = \frac{1}{2}x^2+2.$$

上式两边再不定积分，得

$$y = \frac{1}{6}x^3+2x+C_2,$$

又由条件 $y|_{x=0}=1$，得 $C_2=1$，故所求曲线为

$$y=\frac{1}{6}x^3+2x+1.$$

二、$y''=f(x,y')$ 型微分方程

形如

$$y''=f(x,y')$$

的微分方程，特点是它的右边不显含未知函数 y. 可先求出 y'，再求出 y. 具体做法如下：

设 $y'=p$，则

$$y''=\frac{\mathrm{d}p}{\mathrm{d}x}=p',$$

代入原方程，得

$$p'=f(x,p),$$

这是一个关于 x,p 的一阶微分方程. 如果我们求得它的通解为

$$p=\varphi(x,C_1),$$

将 $y'=p$ 代入上式，又得到一个一阶微分方程

$$\frac{\mathrm{d}y}{\mathrm{d}x}=\varphi(x,C_1),$$

上式两边不定积分，得原方程的通解为

$$y=\int\varphi(x,C_1)\mathrm{d}x+C_2,$$

其中 C_1,C_2 为任意常数.

【例3】 求微分方程 $y''=\frac{1}{x}y'+xe^x$ 的通解.

解 方程不显含 y，令 $y'=p$，则 $y''=p'$，代入原方程，得

$$p'-\frac{1}{x}p=xe^x,$$

这是一个关于 p 的一阶线性非齐次微分方程. 由通解公式得

$$y'=p=e^{\int\frac{1}{x}\mathrm{d}x}\left(\int xe^x e^{-\int\frac{1}{x}\mathrm{d}x}\mathrm{d}x+C_1\right)$$

$$=x\left(\int e^x\mathrm{d}x+C_1\right)$$

$$=xe^x+C_1x,$$

上式两边再不定积分，得原方程的通解为

$$y=\int(xe^x+C_1x)\mathrm{d}x$$

$$=(x-1)e^x+\frac{1}{2}C_1x^2+C_2,$$

其中 C_1,C_2 为任意常数.

【例4】 求解初值问题 $\begin{cases} (1+x^2)y''=2xy', \\ y\big|_{x=0}=1, \\ y'\big|_{x=0}=3. \end{cases}$

解 方程 $(1+x^2)y''=2xy'$ 不显含 y，令 $y'=p$，则 $y''=p'$，代入方程得

$$(1+x^2)\frac{\mathrm{d}p}{\mathrm{d}x}=2xp,$$

这是一个可分离变量的微分方程. 分离变量，得

$$\frac{\mathrm{d}p}{p}=\frac{2x}{1+x^2}\mathrm{d}x,$$

上式两边不定积分

$$\int \frac{\mathrm{d}p}{p}=\int \frac{2x}{1+x^2}\mathrm{d}x,$$

得

$$\ln|p|=\ln(1+x^2)+\ln|C_1|,$$

即

$$y'=p=C_1(1+x^2),$$

由条件 $y'\big|_{x=0}=3$，得 $C_1=3$，故

$$y'=3(1+x^2).$$

上式两边再不定积分，得

$$y=x^3+3x+C_2,$$

又由条件 $y\big|_{x=0}=1$，得 $C_2=1$，故所求特解为

$$y=x^3+3x+1.$$

三、$y''=f(y,y')$ 型微分方程

形如

$$y''=f(y,y')$$

的微分方程，特点是它的右边不显含自变量 x. 可先求出 y'，再求出 y. 具体做法如下：

设 $y'=p$，则

$$y''=\frac{\mathrm{d}p}{\mathrm{d}x}=\frac{\mathrm{d}p}{\mathrm{d}y}\cdot\frac{\mathrm{d}y}{\mathrm{d}x}=p\frac{\mathrm{d}p}{\mathrm{d}y},$$

代入原方程，得

$$p\frac{\mathrm{d}p}{\mathrm{d}y}=f(y,p),$$

这是一个关于 y,p 的一阶微分方程. 如果我们求得它的通解为

$$p=\psi(y,C_1),$$

将 $y'=p$ 代入上式，又得到一个可分离变量的一阶微分方程

$$\frac{\mathrm{d}y}{\mathrm{d}x}=\psi(y,C_1),$$

对它分离变量并不定积分, 得原微分方程的通解为

$$\int \frac{\mathrm{d}y}{\psi(y, C_1)} = x + C_2,$$

其中 C_1, C_2 为任意常数.

【例 5】　求微分方程 $y'' + \dfrac{y'^2}{1-y} = 0$ 的通解.

解　方程不显含 x, 令 $y' = p$, 则 $y'' = p\dfrac{\mathrm{d}p}{\mathrm{d}y}$, 代入原方程, 得

$$p\frac{\mathrm{d}p}{\mathrm{d}y} + \frac{p^2}{1-y} = 0,$$

其中 $p = 0$ 是方程的特解, 即 $y = C(C \neq 1)$;

当 $p \neq 0$ 时, 有 $\dfrac{\mathrm{d}p}{\mathrm{d}y} + \dfrac{p}{1-y} = 0$, 分离变量, 得

$$\frac{\mathrm{d}p}{p} = \frac{1}{y-1}\mathrm{d}y,$$

上式两边不定积分

$$\int \frac{\mathrm{d}p}{p} = \int \frac{1}{y-1}\mathrm{d}y,$$

得

$$\ln|p| = \ln|y-1| + \ln|C_1|,$$

即

$$p = C_1(y-1),$$

也即

$$\frac{\mathrm{d}y}{\mathrm{d}x} = C_1(y-1),$$

上式分离变量并不定积分, 得原方程的通解为

$$\ln|y-1| = C_1 x + \ln|C_2|,$$

即

$$y = 1 + C_2 \mathrm{e}^{C_1 x^2},$$

其中 C_1, C_2 为任意常数.

注意　当 $C_1 = 0$ 时, 解 $y = 1 + C_2 \mathrm{e}^{C_1 x^2}$ 包含了解 $y = C(C \neq 1)$, 所以方程的通解为

$$y = 1 + C_2 \mathrm{e}^{C_1 x^2} (C_2 \neq 0).$$

习题 9-3

1. 求下列微分方程的通解:

(1) $\dfrac{\mathrm{d}^2 y}{\mathrm{d}x^2} = x^2$;

（2）$y''=x^2+\cos 3x$；

（3）$y''=y'+x$；

（4）$y''(e^x+1)+y'=0$；

（5）$yy''-(y')^2-y'=0$；

（6）$yy''-(y')^2=0$.

2. 求下列微分方程在给定初始条件下的特解：

（1）$(1+x^2)y''=2xy'$，$y\big|_{x=0}=1$，$y'\big|_{x=0}=3$；

（2）$x^2y''+xy'=1$，$y\big|_{x=1}=0$，$y'\big|_{x=1}=1$；

（3）$y''=3\sqrt{y}$，$y\big|_{x=0}=1$，$y'\big|_{x=0}=2$；

（4）$y''=e^{2y}$，$y\big|_{x=0}=0$，$y'\big|_{x=0}=1$.

第四节　二阶常系数线性微分方程

一、二阶线性微分方程解的结构

二阶线性微分方程的一般形式为

$$y''+P(x)y'+Q(x)y=f(x),\tag{9-1}$$

其中 $P(x)$，$Q(x)$ 为已知的连续函数，它所对应的齐次线性微分方程为

$$y''+P(x)y'+Q(x)y=0.\tag{9-2}$$

定理 9.1　如果 y_1，y_2 是方程（9-2）的两个解，则 y_1，y_2 的线性组合

$$y=C_1y_1+C_2y_2$$

也是方程（9-2）的解，其中 C_1，C_2 为任意常数.

证明　将 $y=C_1y_1+C_2y_2$ 代入 $y''+P(x)y'+Q(x)y=0$ 左端，得

$$(C_1y_1+C_2y_2)''+P(x)(C_1y_1+C_2y_2)'+Q(x)(C_1y_1+C_2y_2)$$
$$=C_1[y_1''+P(x)y_1'+Q(x)y_1]+C_2[y_2''+P(x)y_2'+Q(x)y_2],$$

因为 y_1 与 y_2 是方程（9-2）的解，因此

$$y_1''+P(x)y_1'+Q(x)y_1=0,\ y_2''+P(x)y_2'+Q(x)y_2=0,$$

所以

$$(C_1y_1+C_2y_2)''+P(x)(C_1y_1+C_2y_2)'+Q(x)(C_1y_1+C_2y_2)=0,$$

即 $y=C_1y_1+C_2y_2$ 也是方程（9-2）的解.

解 $y=C_1y_1+C_2y_2$ 从形式上看含有两个任意常数 C_1 与 C_2，但它不一定是方程（9-2）的通解. 例如，设 y_1 是方程（9-2）的一个解，则 $y_2=2y_1$ 也是方程（9-2）的一个解. 但 $y=C_1y_1+C_2y_2=C_1y_1+2C_2y_1=(C_1+2C_2)y_1=Cy_1$ 就不是方程（9-2）的通解. 那么在什么情况下 $y=C_1y_1+C_2y_2$ 才是方程（9-2）的通解呢？

定义 9.13　对于两个任意函数 y_1，y_2，若 $\dfrac{y_2}{y_1}$ 为常数，则称函数 y_1，y_2 **线性相关**（linear dependence），否则称为**线性无关**(linear independence).

定理 9.2 如果函数 y_1，y_2 是方程(9-2)的两个线性无关特解，则

$$y = C_1y_1 + C_2y_2$$

是方程(9-2)的通解，其中 C_1，C_2 为任意常数.

定理 9.2 表明，求解方程(9-2)的关键是设法找到方程(9-2)的两个线性无关解.

【例 1】 验证 $y = C_1\cos x + C_2\sin x$ 是二阶齐次线性方程 $y'' + y = 0$ 的通解.

解 容易验证 $y_1 = \cos x$，$y_2 = \sin x$ 是 $y'' + y = 0$ 的两个特解，又 $\dfrac{y_2}{y_1} = \dfrac{\sin x}{\cos x} = \tan x \neq$ 常数，所以它们线性无关.

因此 $y = C_1\cos x + C_2\sin x$ 是二阶齐次线性方程 $y'' + y = 0$ 的通解.

【例 2】 验证 $y = C_1x + C_2\mathrm{e}^x$ 是二阶齐次线性方程 $(x-1)y'' - xy' + y = 0$ 的通解.

解 容易验证 $y_1 = x$，$y_2 = \mathrm{e}^x$ 是 $(x-1)y'' - xy' + y = 0$ 的两个线性无关的特解，又 $\dfrac{y_2}{y_1} = \dfrac{\mathrm{e}^x}{x} \neq$ 常数，所以它们线性无关.

因此 $y = C_1x + C_2\mathrm{e}^x$ 是二阶齐次线性方程 $(x-1)y'' - xy' + y = 0$ 的通解.

在本章第二节中，我们注意到一阶非齐次线性微分方程的通解等于其对应的齐次方程的通解与它的一个特解之和. 实际上，不仅一阶非齐次线性微分方程的通解具有这样的结构，二阶及更高阶的非齐次线性微分方程的通解也具有这样的结构.

定理 9.3 设 y^* 是二阶非齐次线性微分方程(9-1)的一个特解，Y 是其对应的齐次线性微分方程(9-2)的通解，则

$$y = Y + y^*$$

是非齐次线性微分方程(9-1)的通解.

证明 把 $y = Y + y^*$ 代入方程(9-1)左端，得

$$(Y + y^*)'' + P(x)(Y + y^*)' + Q(x)(Y + y^*)$$
$$= [Y'' + P(x)Y' + Q(x)Y] + [(y^*)'' + P(x)(y^*)' + Q(x)y^*].$$

由于 Y 是齐次线性微分方程(9-2)的通解，所以 $Y'' + P(x)Y' + Q(x)Y = 0$，而 y^* 是非齐次线性微分方程(9-1)的一个特解，所以 $(y^*)'' + P(x)(y^*)' + Q(x)y^* = f(x)$. 因此，函数 $y = Y + y^*$ 使得非齐次线性微分方程(9-1)两端恒等，即解 $y = Y + y^*$ 是非齐次线性微分方程(9-1)的通解.

由定理 9.3 知，求解二阶非齐次线性微分方程的通解只需要求其对应齐次线性微分方程的两个线性无关解和非齐次自身的一个特解. 即：只要求出对应齐次方程的通解和该非齐次线性方程的一个特解，然后再将通解与特解相加而成.

【例 3】 验证 $y = C_1\cos x + C_2\sin x + x^2 - 2$ 是二阶非齐次线性方程 $y'' + y = x^2$ 的通解.

解 由例 1 知，$Y = C_1\cos x + C_2\sin x$ 是 $y'' + y = x^2$ 对应齐次方程 $y'' + y = 0$ 的通解. 容易验证，$y^* = x^2 - 2$ 是 $y'' + y = x^2$ 的一个特解.

因此 $y = C_1\cos x + C_2\sin x + x^2 - 2$ 是二阶非齐次线性方程 $y'' + y = x^2$ 的通解.

定理 9.4 设非齐次线性微分方程右端 $f(x)$ 是几个函数之和，如

$$y'' + P(x)y' + Q(x)y = f_1(x) + f_2(x),$$

而 y_1^* 与 y_2^* 分别是方程

$$y''+P(x)y'+Q(x)y=f_1(x)$$

与

$$y''+P(x)y'+Q(x)y=f_2(x)$$

的特解, 那么 $y_1^*+y_2^*$ 就是方程 $y''+P(x)y'+Q(x)y=f_1(x)+f_2(x)$ 的特解.

二、二阶常系数线性微分方程

二阶常系数非齐次线性微分方程的一般形式为

$$y''+py'+qy=f(x),\tag{9-3}$$

其中 p, q 是实常数, $f(x)$ 是已知函数. 对应于方程(9-3)的二阶常系数齐次线性微分方程为

$$y''+py'+qy=0.\tag{9-4}$$

下面对微分方程(9-3)、方程(9-4)的解法分别进行讨论.

1. 二阶常系数齐次线性微分方程

由定理 9.2 可知, 要求齐次线性微分方程(9-4)的通解, 可先求它的两个线性无关的特解 y_1, y_2, 这样 $y=C_1y_1+C_2y_2$ 就是齐次线性微分方程(9-4)的通解.

由于微分方程(9-4)的左端是 y'', y' 与 y 的线性和, 且系数为常数, 而当 r 为常数时, 指数函数 e^{rx} 和它的各阶导数都只差一个常数因子, 因此, 设齐次线性微分方程(9-4)的解为 $y=e^{rx}$, 将它代入方程(9-4)得

$$e^{rx}(r^2+pr+q)=0,$$

因为 $e^{rx}\neq 0$, 所以

$$r^2+pr+q=0,\tag{9-5}$$

由此可见, 只要 r 满足代数方程(9-5), 函数 $y=e^{rx}$ 就是微分方程(9-4)的解. 我们把代数方程(9-5)称为二阶常系数齐次线性微分方程(9-4)的**特征方程**(characteristic equation). 把特征方程(9-5)的根称为**特征根**(characteristic root).

特征方程(9-5)是一个二次代数方程, 其中 r^2, r 的系数及常数项恰好依次是微分方程(9-4)中 y'', y' 及 y 的系数.

特征方程(9-5)的两个根 r_1, r_2 可以用公式

$$r_{1,2}=\frac{-p\pm\sqrt{p^2-4q}}{2}$$

求出. 它们有三种不同的情形, 分别对应微分方程(9-4)的通解的三种不同情况:

（1）相异实根

当 $\Delta=p^2-4q>0$ 时, 有两个不相等的实根

$$r_1=\frac{-p+\sqrt{p^2-4q}}{2},\ r_2=\frac{-p-\sqrt{p^2-4q}}{2},$$

$r_1\neq r_2$, 这时, 得到微分方程(9-4)的两个特解 $y_1=e^{r_1x}$, $y_2=e^{r_2x}$, 且 $\dfrac{y_2}{y_1}=e^{(r_2-r_1)x}$ 不为常数,

所以微分方程(9-4)的通解为

$$y = C_1 e^{r_1 x} + C_2 e^{r_2 x},$$

其中 C_1，C_2 为任意常数.

（2）相同实根

当 $\Delta = p^2 - 4q = 0$ 时，有两个相等的实根

$$r_1 = r_2 = \frac{-p}{2},$$

这时，得到微分方程(9-4)的一个特解 $y_1 = e^{r_1 x}$.

为了得出微分方程(9-4)的通解，我们还需求出另一个特解 y_2，并且要求与 $y_1 = e^{r_1 x}$ 线性无关.

设 $\dfrac{y_2}{y_1} = u(x)$，即 $y_2 = e^{r_1 x} u(x)$. 下面来求 $u(x)$，将 y_2 代入微分方程(9-4)，并消去 $e^{r_1 x}$，同时合并同类项，得

$$u'' + (2r_1 + p) u' + (r_1^2 + p r_1 + q) u = 0.$$

由于 r_1 是特征方程(9-5)的二重根，因此 $r_1^2 + p r_1 + q = 0$，且 $2r_1 + p = 0$，故得

$$u'' = 0.$$

由此 $u(x)$ 为线性函数，所以不妨选取 $u(x) = x$，这样得到微分方程(9-4)的另一个特解 $y_2 = x e^{r_1 x}$，且 $\dfrac{y_2}{y_1} = x$ 不是常数，所以微分方程(9-4)的通解为

$$y = C_1 e^{r_1 x} + C_2 x e^{r_1 x} = (C_1 + C_2 x) e^{r_1 x},$$

其中 C_1，C_2 为任意常数.

（3）共轭复根

当 $\Delta = p^2 - 4q < 0$ 时，有一对共轭复根

$$r_1 = \frac{-p + \mathrm{i}\sqrt{4q - p^2}}{2} = \alpha + \mathrm{i}\beta, \quad r_2 = \frac{-p - \mathrm{i}\sqrt{4q - p^2}}{2} = \alpha - \mathrm{i}\beta,$$

其中 $\alpha = -\dfrac{p}{2}$，$\beta = \dfrac{\sqrt{4q - p^2}}{2}$.

这时，可以验证微分方程(9-4)有两个线性无关的特解：

$$y_1 = e^{\alpha x} \cos\beta x, \quad y_2 = e^{\alpha x} \sin\beta x,$$

所以微分方程(9-4)的通解为

$$y = e^{\alpha x} (C_1 \cos\beta x + C_2 \sin\beta x),$$

其中 C_1，C_2 为任意常数.

综上所述，求解二阶常系数齐次线性微分方程(9-4)的问题就归结为求其对应的特征方程(9-5)的特征根的问题. 步骤如下：

第一步　写出微分方程 $y'' + p y' + q y = 0$ 的特征方程 $r^2 + p r + q = 0$；

第二步　求出特征方程的两个根 r_1，r_2；

第三步　根据特征方程的两个根的不同情形，按照下表写出常系数齐次线性微分方程

(9-4)的通解.

特征方程 $r^2+pr+q=0$ 的根 r_1，r_2	微分方程 $y''+py'+qy=0$ 的通解
两个不等的实根 $r_1 \neq r_2$	$y=C_1 e^{r_1 x}+C_2 e^{r_2 x}$
两个相等的实根 $r_1=r_2$	$y=(C_1+C_2 x)e^{r_1 x}$
一对共轭复根 $r_{1,2}=\alpha \pm i\beta$	$y=e^{\alpha x}(C_1 \cos\beta x+C_2 \sin\beta x)$

【例 4】　求方程 $y''-3y'-10y=0$ 的通解.

解　所给微分方程的特征方程为

$$r^2-3r-10=0,$$

它有两个相异实根 $r_1=-2$，$r_2=5$，因此，原方程的通解为

$$y=C_1 e^{-2x}+C_2 e^{5x},$$

其中 C_1，C_2 为任意常数.

【例 5】　求方程 $\dfrac{d^2 s}{dt^2}+2\dfrac{ds}{dt}+s=0$ 满足初始条件 $s|_{t=0}=4$，$\dfrac{ds}{dt}\Big|_{t=0}=-2$ 的特解.

解　所给微分方程的特征方程为

$$r^2+2r+1=0,$$

它有两个相等实根 $r_1=r_2=-1$，因此，原方程的通解为

$$s=(C_1+C_2 t)e^{-t},$$

由初始条件 $s|_{t=0}=4$，得 $C_1=4$，从而

$$s=(4+C_2 t)e^{-t},$$

上式两边对 t 求导，得

$$s'=-(4+C_2 t)e^{-t}+C_2 e^{-t},$$

由初始条件 $\dfrac{ds}{dt}\Big|_{t=0}=-2$，得 $C_2=2$，所以，原方程满足初始条件的特解为

$$s=(4+2t)e^{-t}.$$

【例 6】　求方程 $y''-2y'+5y=0$ 的通解.

解　所给微分方程的特征方程为

$$r^2-2r+5=0,$$

它有一对共轭复根 $r_{1,2}=1\pm2i$，因此，原方程的通解为

$$y=e^x(C_1 \cos2x+C_2 \sin2x),$$

其中 C_1，C_2 为任意常数.

2. 二阶常系数非齐次线性微分方程

由定理 9.3 可知，求非齐次线性微分方程 $y''+py'+qy=f(x)$ 的通解，归结为求它对应的齐次微分方程(9-4)的通解 Y 与其一个特解 y^* 之和，即 $y=Y+y^*$. 前面已经讲述了对应齐次微分方程(9-4)的通解 Y 的求法，下面我们不加证明地介绍对两种常见形式的 $f(x)$，用待定系数法求非齐次线性微分方程的一个特解 y^*.

（1）当 $f(x)=P_n(x)e^{\lambda x}$ 时，其中 λ 是常数，$P_n(x)$ 是 x 的 n 次多项式，即方程为

$$y''+py'+qy=P_n(x)\,\mathrm{e}^{\lambda x}.$$

当 $f(x)=P_n(x)$ 时，$\lambda=0$。

我们知道，多项式函数 $P_n(x)$ 与指数函数 $\mathrm{e}^{\lambda x}$ 乘积的导数仍然是同一类型的函数，因此，设 $y^*=Q(x)\,\mathrm{e}^{\lambda x}$，其中 $Q(x)$ 是某个多项式，将其代入方程 $y''+py'+qy=P_n(x)\,\mathrm{e}^{\lambda x}$，并消去 $\mathrm{e}^{\lambda x}$，得

$$Q''(x)+(2\lambda+p)Q'(x)+(\lambda^2+p\lambda+q)Q(x)=P_n(x). \tag{9-6}$$

① 如果 λ 不是特征方程 $r^2+pr+q=0$ 的根，即 $\lambda^2+p\lambda+q\neq0$，由于 $P_n(x)$ 是一个 n 次多项式，要使（9-6）的两端恒等，则 $Q(x)$ 为一个 n 次待定多项式，令

$$Q(x)=Q_n(x),$$

其中 $Q_n(x)=b_0x^n+b_1x^{n-1}+\cdots+b_{n-1}x+b_n$ 为 n 次待定多项式。把 $y^*=Q_n(x)\,\mathrm{e}^{\lambda x}$ 代入原方程，用比较法，即比较等式两端 x 同次幂的系数，使其相等，就得到含有 b_0，b_1，$\cdots$，b_n 作为未知数的 $n+1$ 个方程的联立方程组。从而可以定出这些 $b_i(i=0,1,\cdots,n)$，得到所求的特解

$$y^*=Q_n(x)\,\mathrm{e}^{\lambda x}.$$

② 如果 λ 是特征方程 $r^2+pr+q=0$ 的单根，即 $\lambda^2+p\lambda+q=0$，但 $2\lambda+p\neq0$，要使方程（9-6）的两端恒等，即

$$Q''(x)+(2\lambda+p)Q'(x)=P_n(x),$$

可知，$Q'(x)$ 是 n 次多项式，则 $Q(x)$ 是 $n+1$ 次多项式，令

$$Q(x)=xQ_n(x),$$

代入原方程，用比较法来确定 $Q_n(x)$ 的系数 $b_i(i=0,1,\cdots,n)$，得到所求的特解

$$y^*=xQ_n(x)\,\mathrm{e}^{\lambda x}.$$

③ 如果 λ 是特征方程 $r^2+pr+q=0$ 的重根，即 $\lambda^2+p\lambda+q=0$，且 $2\lambda+p=0$，要使方程（9-6）的两端恒等，即

$$Q''(x)=P_n(x),$$

可知，$Q''(x)$ 是 n 次多项式，则 $Q(x)$ 是 $n+2$ 次多项式，令

$$Q(x)=x^2Q_n(x),$$

代入原方程，用比较法来确定 $Q_n(x)$ 中的系数 $b_i(i=0,1,\cdots,n)$，得到所求的特解

$$y^*=x^2Q_n(x)\,\mathrm{e}^{\lambda x}.$$

综上所述，我们有如下结论：

对于二阶常系数非齐次线性微分方程 $y''+py'+qy=P_n(x)\,\mathrm{e}^{\lambda x}$ 的特解，可设为

$$y^*=x^sQ_n(x)\,\mathrm{e}^{\lambda x},$$

其中 $Q_n(x)$ 是与已知多项式 $P_n(x)$ 同次（n 次）的待定多项式，按 λ 为非特征根、特征单根、特征重根，s 分别取为 0，1，2。

【例7】 求微分方程 $y''-2y'-3y=3x+1$ 的一个特解。

解 所给微分方程是二阶常系数非齐次线性微分方程，且函数 $f(x)$ 是 $P_n(x)\,\mathrm{e}^{\lambda x}$ 型（其中 $P_n(x)=3x+1$，$\lambda=0$）。

该微分方程所对应的齐次微分方程为 $y''-2y'-3y=0$，其特征方程为 $r^2-2r-3=0$，有两个实根 $r_1=-1$，$r_2=3$。

由于这里 $P_n(x)=3x+1$ 为一次多项式, 且 $\lambda=0$ 不是特征根, 故设原方程的特解为
$$y^*=Ax+B,$$
其中 A, B 为待定系数, 把它代入原方程, 得
$$-3Ax-2A-3B=3x+1,$$
比较上式两端 x 同次幂的系数, 得
$$\begin{cases}-3A=3,\\-2A-3B=1,\end{cases}$$
由此, 求得 $A=-1$, $B=\dfrac{1}{3}$, 于是, 原方程的一个特解为
$$y^*=-x+\frac{1}{3}.$$

【例 8】 求微分方程 $y''-5y'+6y=xe^{2x}$ 的通解.

解 所给微分方程是二阶常系数非齐次线性微分方程, 且 $f(x)$ 为 $P_n(x)e^{\lambda x}$ 型(其中 $P_n(x)=x$, $\lambda=2$).

该微分方程对应的齐次微分方程为 $y''-5y'+6y=0$, 其特征方程为 $r^2-5r+6=0$, 有两个实根 $r_1=2$, $r_2=3$. 于是, 所给微分方程对应的齐次微分方程的通解为
$$Y=C_1e^{2x}+C_2e^{3x},$$
其中 C_1, C_2 为任意常数.

由于这里 $P_n(x)=x$ 为一次多项式, 且 $\lambda=2$ 是特征单根, 故设原方程的特解
$$y^*=x(Ax+B)e^{2x},$$
其中 A, B 为待定系数, 把它代入原方程, 得
$$2A+[2\times2+(-5)](2Ax+B)=x,$$
即
$$-2Ax+(2A-B)=x,$$
比较上式两端 x 同次幂的系数, 得
$$\begin{cases}-2A=1,\\2A-B=0,\end{cases}$$
由此, 求得 $A=-\dfrac{1}{2}$, $B=-1$, 于是, 原方程的一个特解为
$$y^*=-\left(\frac{1}{2}x^2+x\right)e^{2x},$$
从而, 原方程的通解为
$$y=Y+y^*=C_1e^{2x}+C_2e^{3x}-\frac{1}{2}(x^2+2x)e^{2x},$$
其中 C_1, C_2 为任意常数.

【例 9】 求微分方程 $y''+6y'+9y=xe^{-3x}$ 满足初始条件 $y|_{x=0}=0$, $y'|_{x=0}=1$ 的特解.

解 所给微分方程是二阶常系数非齐次线性微分方程, 且 $f(x)$ 为 $P_n(x)e^{\lambda x}$ 型(其中 $P_n(x)=x$, $\lambda=-3$).

该微分方程对应的齐次微分方程为 $y''+6y'+9y=0$, 其特征方程为 $r^2+6r+9=0$, 有两个

相等的实根 $r_1 = r_2 = -3$. 于是, 所给微分方程对应的齐次微分方程的通解为

$$Y = (C_1 + C_2 x) e^{-3x},$$

其中 C_1, C_2 为任意常数.

由于这里 $P_n(x) = x$ 为一次多项式, 且 $\lambda = -3$ 是特征重根, 故设原方程的特解 $y^* = x^2(Ax+B) e^{-3x}$, 其中 A, B 为待定系数, 把它代入原方程, 得

$$6Ax + 2B = x,$$

比较上式两端 x 同次幂的系数, 得

$$\begin{cases} 6A = 1, \\ 2B = 0, \end{cases}$$

由此, 求得 $A = \dfrac{1}{6}$, $B = 0$, 于是, 原方程的一个特解为

$$y^* = \frac{1}{6} x^3 e^{-3x},$$

从而, 原方程的通解为

$$y = Y + y^* = (C_1 + C_2 x) e^{-3x} + \frac{1}{6} x^3 e^{-3x}$$

$$= \left(C_1 + C_2 x + \frac{1}{6} x^3 \right) e^{-3x},$$

其中 C_1, C_2 为任意常数.

将 $y|_{x=0} = 0$ 代入通解, 得 $C_1 = 0$.

对 $y = \left(C_2 x + \dfrac{1}{6} x^3 \right) e^{-3x}$ 求导, 得

$$y' = \left(C_2 + \frac{1}{2} C_2 x^2 \right) e^{-3x} + \left(C_2 x + \frac{1}{6} x^3 \right) (-3) e^{-3x},$$

将 $y'|_{x=0} = 1$ 代入上式, 得 $C_2 = 1$, 所以, 原方程满足初始条件 $y|_{x=0} = 0$, $y'|_{x=0} = 1$ 的特解为

$$y = \left(x + \frac{1}{6} x^3 \right) e^{-3x}.$$

（2）当 $f(x) = e^{\lambda x} [R_m(x) \cos\omega x + P_n(x) \sin\omega x]$ 时, 其中 λ, ω 是常数, $R_m(x)$, $P_n(x)$ 分别是 x 的 m 次, n 次多项式, 其中有一个可为零, 有如下结论:

对于二阶常系数非齐次线性微分方程 $y'' + py' + qy = e^{\lambda x} [R_m(x) \cos\omega x + P_n(x) \sin\omega x]$ 的特解, 可设为

$$y^* = x^s e^{\lambda x} [H_l(x) \cos\omega x + Q_l(x) \sin\omega x],$$

其中 $H_l(x)$, $Q_l(x)$ 是待定的 l 次多项式, $l = \max\{m, n\}$, 按 $\lambda + i\omega$（或 $\lambda - i\omega$）为非特征根、特征根, s 分别取为 0, 1.

【例 10】　求微分方程 $y'' + y = x\cos 2x$ 的一个特解.

解　所给微分方程是二阶常系数非齐次线性方程, 且 $f(x)$ 属于 $e^{\lambda x} [R_m(x) \cos\omega x + P_n(x) \sin\omega x]$ 型（其中 $R_m(x) = x$, $P_n(x) = 0$, $\lambda = 0$, $\omega = 2$）.

该微分方程对应的齐次微分方程为 $y'' + y = 0$, 其特征方程为 $r^2 + 1 = 0$, 有一对共轭复根

$r_{1,2} = \pm i$.

由于这里最高次多项式 $R_m(x) = x$ 是一次多项式，且 $\lambda + i\omega = 2i$ 不是特征根，所以 $H_l(x)$，$Q_l(x)$ 为一次待定多项式，故设原方程的特解为

$$y^* = (ax+b)\cos 2x + (cx+d)\sin 2x,$$

其中 a，b，c，d 为待定系数，把它代入原方程，得

$$(-3ax-3b+4c)\cos 2x - (3cx+3d+4a)\sin 2x = x\cos 2x,$$

比较上式两端同类的 x 同次幂系数，得

$$\begin{cases} -3a = 1, \\ -3b+4c = 0, \\ -3c = 0, \\ -3d-4a = 0, \end{cases}$$

由此，求得 $a = -\dfrac{1}{3}$，$b = 0$，$c = 0$，$d = \dfrac{4}{9}$，于是，原方程的一个特解为

$$y^* = -\frac{1}{3}x\cos 2x + \frac{4}{9}\sin 2x.$$

【例 11】　写出方程 $y'' - 2y' + 5y = (x^2+x-1)e^x \sin 2x$ 的特解形式.

解　所给微分方程是二阶常系数非齐次线性方程，且 $f(x)$ 属于 $e^{\lambda x}[R_m(x)\cos\omega x + P_n(x)\sin\omega x]$ 型(其中 $R_m(x) = 0$，$P_n(x) = x^2+x-1$，$\lambda = 1$，$\omega = 2$).

该微分方程对应的齐次微分方程为 $y'' - 2y' + 5y = 0$，其特征方程为 $r^2 - 2r + 5 = 0$，有两个共轭复根 $r_{1,2} = 1 \pm 2i$.

由于这里最高次多项式 $P_n(x) = x^2+x-1$ 是二次多项式，且 $\lambda + i\omega = 1+2i$ 是特征根，所以 $H_l(x)$，$Q_l(x)$ 为二次待定多项式，故设原方程的特解为

$$y^* = x[(Ax^2+Bx+C)\cos 2x + (Dx^2+Ex+F)\sin 2x]e^x,$$

其中 A，B，C，D，E，F 为待定系数.

【例 12】　求方程 $y'' + 4y' = x + e^x$ 的一个特解.

解　可求得 $y'' + 4y' = x$ 的一个特解为 $y_1^* = \dfrac{1}{8}x^2 - \dfrac{1}{16}x$，而 $y'' + 4y' = e^x$ 的一个特解为 $y_2^* = \dfrac{1}{5}e^x$，那么根据定理 9.4，原方程的一个特解为

$$y^* = y_1^* + y_2^* = \frac{1}{8}x^2 - \frac{1}{16}x + \frac{1}{5}e^x.$$

习题 9-4

1. 求下列微分方程的通解：

（1）$y'' - 4y' + 3y = 0$；

（2）$y'' - 6y' + 9y = 0$；

（3）$y'' + 2y' = 0$；

（4）$y''+9y=0$；

（5）$y''-6y'+13y=0$.

2. 求下列微分方程在给定初始条件下的特解：

（1）$y''+2y'-3y=0$，$y(0)=6$，$y'(0)=10$；

（2）$4y''+4y'+y=0$，$y(0)=4$，$y'(0)=1$；

（3）$y''+4y'+29y=0$，$y(0)=0$，$y'(0)=15$.

3. 求下列微分方程的通解：

（1）$y''-6y'+13y=14$；

（2）$y''-2y'-3y=2x+1$；

（3）$y''-y'-2y=\mathrm{e}^{2x}$；

（4）$y''-6y'+9y=5(x+1)\mathrm{e}^{3x}$；

（5）$y''+4y=8\sin2x$.

4. 求下列微分方程在给定初始条件下的特解：

（1）$y''-4y'+3y=1$，$y(0)=\dfrac{1}{3}$，$y'(0)=0$；

（2）$y''-5y'+6y=2\mathrm{e}^{x}$，$y(0)=1$，$y'(0)=1$；

（3）$y''-y=4x\mathrm{e}^{x}$，$y(0)=0$，$y'(0)=1$.

第五节　微分方程的经济应用

在经济管理学中，经常要涉及有关经济量的变化、增长、速率、边际等内容，根据"变化率＝输入率－输出率"模式，可将描述经济量变化形式的 y'、y 和 t 之间建立关系式，建立瞬时变化率的表达式，然后根据所给条件，确定解曲线. 因此，对"变化率"的假设与推导，是建立常微分方程的关键. 下面我们以一些例子说明常微分方程建立的基本步骤，并介绍微分方程在经济分析中的应用.

【例1】　（价格与需求量关系的模型）设某商品的需求量 Q（千克）对价格 P（元）的弹性为 $-P\ln2$，若该商品的最大需求量为 1000 千克（即当 $P=0$ 时，$Q=1000$），

（1）求需求量 Q 与价格 P 的函数关系；

（2）求当价格 $P=2$（元）时，市场对该商品的需求量；

（3）求当价格 $P\to+\infty$ 时，需求量 Q 的变化趋势.

解　（1）由题设条件，得　　　$\dfrac{P}{Q}\cdot\dfrac{\mathrm{d}Q}{\mathrm{d}P}=-P\ln2$，即

$$\frac{\mathrm{d}Q}{\mathrm{d}P}=-Q\ln2,$$

这是可分离变量的微分方程，分离变量，得

$$\frac{\mathrm{d}Q}{Q}=-\ln2\cdot\mathrm{d}P,$$

两边不定积分

$$\int \frac{\mathrm{d}Q}{Q} = -\int \ln 2 \cdot \mathrm{d}P,$$

得通解为

$$Q = C\mathrm{e}^{-P\ln 2}(\text{其中 } C \text{ 为任意常数}).$$

由 $Q\Big|_{P=0} = 1000$，得 $C = 1000$，故特解为

$$Q = 1000 \cdot 2^{-P},$$

上式即为需求量 Q 与价格 P 的函数关系.

（2）当 $P = 2$（元）时，$Q = 250$（千克）.

（3）当 $P \to +\infty$ 时，$Q \to 0$，即随着价格无限增大，需求量将趋于零.

【例2】（价格调整模型）设某商品的需求函数与供给函数分别为 $Q_d = a-bP$，$Q_s = -c+dP$，其中 a，b，c，d 均为正常数，假设商品价格 P 为时间 t 的函数，已知初始价格 $P(0) = P_0$，且在任一时刻 t，价格 $P(t)$ 的变化率总与这一时刻的超额需求 $Q_d - Q_s$ 成正比，比例系数为 k（$k>0$ 且为常数）.

（1）求供需相等时的价格 P_e（均衡价格）；

（2）求价格 $P(t)$ 的表达式；

（3）分析价格 $P(t)$ 随时间 t 的变化情况.

解　（1）由 $Q_d = Q_s$，得均衡价格 $P_e = \dfrac{a+c}{b+d}$.

（2）由题意可知

$$\frac{\mathrm{d}P}{\mathrm{d}t} = k(Q_d - Q_s)(k>0),$$

即

$$\frac{\mathrm{d}P}{\mathrm{d}t} + k(b+d)P = k(a+c),$$

这是一阶线性微分方程，根据通解公式，得通解为

$$P(t) = C\mathrm{e}^{-k(b+d)t} + \frac{a+c}{b+d}.$$

由 $P(0) = P_0$，得 $C = P_0 - \dfrac{a+c}{b+d} = P_0 - P_e$，故特解为

$$P(t) = (P_0 - P_e)\mathrm{e}^{-k(b+d)t} + P_e,$$

上式即为价格 $P(t)$ 的表达式.

（3）由于 $P_0 - P_e$ 为常数，$k(b+d)>0$，故当 $t \to +\infty$ 时，$(P_0 - P_e)\mathrm{e}^{-k(b+d)t} \to 0$，从而 $P(t) \to P_e$（均衡价格）.

1°若 $P_0 = P_e$，则 $P(t) = P_e$，即价格为常数，市场无需调节就能达到平衡；

2°若 $P_0 > P_e$，因为 $(P_0 - P_e)\mathrm{e}^{-k(b+d)t}$ 总是大于零且趋于零，故 $P(t)$ 总大于 P_e 而趋于 P_e；

3°若 $P_0 < P_e$，则 $P(t)$ 总小于 P_e 而趋于 P_e.

其中 $(P_0 - P_e)e^{-k(b+d)t}$ 为均衡偏差.

【例3】 （预测可再生资源产量的模型）设某河道实行封水养鱼，现有鱼类 10 万尾，如果在每一时刻 t 鱼类数量的变化率与当时鱼类数量成正比，假设一个月时，这河道的鱼类为 20 万尾，若规定，该河道的鱼类达到 40 万尾时才能捕鱼，问至少多少个月后才能捕鱼.

解 若时间 t 以月为单位，假设任一时刻 t 鱼类的数量为 $P(t)$ 万尾，由题意可知

$$\frac{\mathrm{d}P}{\mathrm{d}t} = kP, \ k \ 为比例系数,$$

且 $P\big|_{t=0} = 10$，$P\big|_{t=1} = 20$.

这是可分离变量的微分方程，分离变量，得

$$\frac{\mathrm{d}P}{P} = k\mathrm{d}t,$$

两边积分

$$\int \frac{\mathrm{d}P}{P} = \int k\mathrm{d}t,$$

得通解为

$$P = Ce^{kt}（C \ 为任意常数）.$$

将 $P\big|_{t=0} = 10$ 代入通解，得 $C = 10$，故

$$P = 10e^{kt},$$

再将 $P\big|_{t=1} = 20$ 代入上式，得 $k = \ln 2$，于是

$$P = 10 \cdot 2^t,$$

要使 $P = 40$，则 $t = 2$，故至少 2 个月后才能捕鱼.

【例4】 （新产品的推广模型）设某产品的销售量 $x(t)$ 是时间 t 的可导函数，如果产品的销售量对时间的增长速率 $\dfrac{\mathrm{d}x}{\mathrm{d}t}$ 与销售量 $x(t)$ 和销售量接近于饱和水平的程度 $N - x(t)$ 之积成正比，比例系数为 k（N 为饱和水平）.

（1）求销售量 $x(t)$；

（2）分析何时产品最为畅销.

解 （1）由题意可知

$$\frac{\mathrm{d}x}{\mathrm{d}t} = kx(N-x) \ (k>0),$$

这是可分离变量的微分方程，分离变量，得

$$\frac{\mathrm{d}x}{x(N-x)} = k\mathrm{d}t,$$

两边积分

$$\int \frac{\mathrm{d}x}{x(N-x)} = \int k\mathrm{d}t,$$

9.2 微分方程的
经济应用——新产
品的推广模型

得通解为

$$\frac{x}{N-x} = Ce^{kNt} (C \text{ 为任意常数}),$$

即

$$x(t) = \frac{N}{1+Ce^{-kNt}}.$$

（2）由于

$$\frac{\mathrm{d}x}{\mathrm{d}t} = \frac{CN^2 k e^{-kNt}}{(1+Ce^{-kNt})^2},$$

$$\frac{\mathrm{d}^2 x}{\mathrm{d}t^2} = \frac{Ck^2 N^3 e^{-kNt}(Ce^{-kNt}-1)}{(1+Ce^{-kNt})^3}.$$

当 $Ce^{-kNt^*}-1=0$, 即 $x(t^*)=\dfrac{N}{2}$ 时, $\dfrac{\mathrm{d}^2 x}{\mathrm{d}t^2}=0$; 当 $x(t^*)>\dfrac{N}{2}$ 时, $\dfrac{\mathrm{d}^2 x}{\mathrm{d}t^2}<0$; 当 $x(t^*)<\dfrac{N}{2}$ 时, $\dfrac{\mathrm{d}^2 x}{\mathrm{d}t^2}>0$. 即当销售量达到最大需求量 N 的一半时, 产品最为畅销, 当销售量不足 N 的一半时, 销售速度不断增大, 当销售量超过 N 的一半时, 销售速度逐渐减少.

例 4 为斯蒂克(Logistic)模型. 在经济学中, 常常遇到这样的模型.

习题 9-5

1. 已知某商品的需求量 Q 对价格 P 的弹性为 $\dfrac{EQ}{EP}=-P(\ln P+1)$, 且当 $P=1$ 时, 需求量 $Q=1$, 求商品对价格的需求函数.

2. 设某商品的消费量 G 随收入 I 的变化满足方程

$$\frac{\mathrm{d}G}{\mathrm{d}I} = G+ke^I,$$

其中 k 为常数, 且当 $I=0$ 时, $G=G_0$, 求消费量 G 与收入 I 的关系式.

3. 已知生产某产品 x 个单位的边际成本与平均成本之差为 $\dfrac{x}{a}-\dfrac{a}{x}$, 且当产量的数值等于 a 时, 相应的总成本为 $2a$, 求总成本 C 与产量 x 的函数关系式.

4. 某商品的需求函数与供给函数分别为 $Q_d=42-4P-4P'+P''$, $Q_s=-6+8P$, 初始条件为 $P(0)=6$, $P'(0)=4$, 若在每一时刻市场供求平衡, 求价格函数 $P(t)$.

本章小结

9.3 本章小结

微分方程的概念	了解 微分方程的阶、解、通解、特解和初始条件等基本概念
	了解 线性微分方程解的结构定理
微分方程的求解	掌握 变量可分离方程的求解方法
	掌握 一阶线性微分方程的求解方法
	会解 齐次微分方程的求解方法
	理解 可降阶高阶微分方程的求解方法
	掌握 二阶常系数线性微分方程的求解方法
微分方程的应用	了解 建立简单的微分方程模型
	了解 一些简单的经济管理方面的应用问题

数学通识：常微分方程与海王星的发现

常微分方程是 17 世纪与微积分同时诞生的一门理论性极强且应用广泛的数学学科. 随着微积分的建立，微分方程理论也发展起来. 牛顿（I. Newton，1643—1727）和莱布尼兹（G. W. Leibniz，1646—1716）建立的微积分是不严格的，在解决实际问题的前提下，18 世纪的数学家们一方面努力探索微积分严格化的途径，另一方面在应用上大胆前进，大大地扩展了微积分的应用领域. 尤其是微积分与力学的有机结合，极大地拓展了微积分的应用范围.

有关常微分方程最早的著作出现在数学家们彼此的通信中. 而且通信中所提到的解法可能仅仅是对某个特例的说明，所以现在很难确切地说是谁首先得到某些概念或结论. 1676 年，莱布尼兹在给牛顿的信中第一次提出"微分方程"这个数学名词.

海王星的发现可以看作微分方程诞生及使用的一个重要标志. 在这个事件中，正是由于先对微分方程的求解才让人们找到海王星这颗行星，这个事件也可以看作理论指导实践的一个经典案例.

1781 年发现天王星后，人们注意到它所在的位置总是和万有引力定律计算出来的结果不符，于是有人怀疑万有引力定律的正确性，但也有人认为这可能是受另外一颗尚未发现的行星吸引所致，当时虽有不少人相信后一种假设，但缺乏去寻找这颗未知行星的办法和勇气. 23 岁的英国剑桥大学的学生亚当斯（J. Adams，1819—1892）承担了这项任务，他利用引力定律和对天王星的观测资料建立起微分方程来求解和推算这颗未知行星的轨道. 1843 年 10 月 21 日，他把计算结果寄给格林威治天文台台长艾利，但艾利不相信"小人物"的成果，对其置之不理. 两年后，法国青年勒威耶（U. Le Verrier，1811—1877）也开始从事这项研究，1846 年 9 月 18 日，他把计算结果告诉了柏林天文台助理员卡勒（Galle J. Gott-fried，1812—1910），23 日晚，卡勒果然在勒威耶预言的位置发现了海王星. 这是迄今唯一利用数学预测而非有计划的观测发现的行星. 天文学家正是利用了天王星轨道的摄动推测出了海王星的存在与可能的位置.

海王星的发现是人类智慧的结晶，也是微分方程巨大作用的体现，展示了数学演绎法的强大威力.

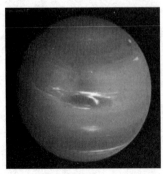
海王星

勒威耶

海王星（卫星上看）

总复习题九

1. 求下列微分方程的通解或在给定初始条件下的特解：

（1）$(x+1)\dfrac{\mathrm{d}y}{\mathrm{d}x}+1=2\mathrm{e}^{-y}$；

（2）$xy\mathrm{d}x+(1+y^2)\sqrt{1+x^2}\,\mathrm{d}y=0$，$y\big|_{x=0}=1$；

（3）$y(x^2-xy+y^2)+x(x^2+xy+y^2)y'=0$；

（4）$xy'=y+\sqrt{y^2-x^2}$，$y\big|_{x=1}=1$；

（5）$y\ln y\mathrm{d}x+(x-\ln y)\mathrm{d}y=0$，$y\big|_{x=0}=\mathrm{e}$；

（6）$(1+y)\mathrm{d}x+(x+y^2+y^3)\mathrm{d}y=0$；

（7）$xy''=y'\ln\dfrac{y'}{x}$；

（8）$y''=\dfrac{1}{\sqrt{y}}$，$y\big|_{x=0}=1$，$y'\big|_{x=0}=2$.

2. 已知曲线经过点$(1，1)$，它的切线在纵轴上的截距等于切点的横坐标，求此曲线方程.

3. 设某工厂维修设备的费用s与维修期间隔的长度t的关系满足

$$\dfrac{\mathrm{d}s}{\mathrm{d}t}-\dfrac{b-1}{t}s=-\dfrac{ab}{t^2}，$$

其中a，b为常数，已知$s\big|_{t=t_0}=s_0$，求$s(t)$的关系式，并计算最佳维修期间隔.

4. 求下列微分方程的通解或在给定初始条件下的特解：

（1）$y''-9y'+20y=\mathrm{e}^{3x}+x+2$；

（2）$y''-2y'+y=x\mathrm{e}^x-\mathrm{e}^x$，$y(0)=1$，$y'(0)=0$；

（3）$y''+2y'+y=\cos x$，$y(0)=0$，$y'(0)=\dfrac{3}{2}$.

5. 设函数$f(x)$满足关系式$f(x)=\mathrm{e}^x-\displaystyle\int_0^x(x-t)f(t)\mathrm{d}t$，求$f(x)$.

6. 已知$f(0)=1$及$f'(x)=1+\displaystyle\int_0^x[\,6\sin^2t-f(t)\,]\mathrm{d}t$，求$f(x)$.

第十章 差分方程

在一些实际问题中，特别是在经济活动中所遇到的许多经济变量是离散或间断地变化而不是连续或瞬时地变化时，变化率可以用差分来表示，差分方程就适合表示这些离散变化之间的关系.

本章主要介绍差分与差分方程的一些基本概念，研究差分方程的解的结构，以及一些简单差分方程的解法.

第一节 差分与差分方程的概念

一、差分的概念

1. 差分的定义

设函数 $y=f(x)$ 中 y 只对 x 在非负整数值上有定义，在自变量 x 依次取遍非负整数时，即

$$x=0,\ 1,\ \cdots,\ x,\ x+1,\ \cdots,$$

相应的函数值为

$$f(0),\ f(1),\ \cdots,\ f(x),\ f(x+1),\ \cdots,$$

或简记为

$$y_0,\ y_1,\ \cdots,\ y_x,\ y_{x+1},\ \cdots.$$

定义 10.1 当自变量从 x 变到 $x+1$ 时，函数 $y=y(x)$ 的改变量

$$y(x+1)-y(x),\ x=0,\ 1,\ 2,\ \cdots$$

称为函数 $y(x)$ 的**一阶差分**（first order difference），记为 Δy_x，即

$$\Delta y_x = y_{x+1}-y_x.$$

【例1】 设 $y_x=C$（C 为常数），求 Δy_x.

解 因为 $\Delta y_x = y_{x+1}-y_x = C-C=0$，所以常数的差分为零.

【例2】 设 $y_x=a^x$（$a>0,\ a\neq 1$），求 Δy_x.

解 因为 $\Delta y_x = y_{x+1}-y_x = a^{x+1}-a^x = a^x(a-1)$，所以指数函数的差分等于指数函数乘上一个常数.

【例3】 设 $y_x=\sin ax$，求 Δy_x.

解 $\Delta y_x = y_{x+1}-y_x = \sin a(x+1)-\sin ax$

$$=2\cos a\left(x+\frac{1}{2}\right)\sin\frac{1}{2}a.$$

10.1 差分的概念

【例 4】　设 $y_x = x^2$，求 Δy_x.

解　$\Delta y_x = y_{x+1} - y_x = (x+1)^2 - x^2 = 2x+1$.

【例 5】　设 $y_x = x^\mu$（μ 为常数），求 Δy_x.

解　$\Delta y_x = y_{x+1} - y_x = (x+1)^\mu - x^\mu = x^\mu \left[\left(1 + \dfrac{1}{x} \right)^\mu - 1 \right]$.

在例 5 中，若 $\mu = n$（n 为正整数），当 $n=1$ 时，$y_x = x$，则 $\Delta y_x = 1$，当 $n=2$ 时，$y_x = x^2$，则 $\Delta y_x = 2x+1$.

一般地，若 $y = x^n$，则 $\Delta y_x = (x+1)^n - x^n = \displaystyle\sum_{k=1}^{n} C_n^k x^{n-k}$.

2. 一阶差分的性质

根据一阶差分的定义，容易得到下述差分的性质：

（1）$\Delta(C) = 0$（C 为常数）；

（2）$\Delta(C y_x) = C \Delta y_x$（$C$ 为常数）；

（3）$\Delta(a y_x \pm b z_x) = a \Delta y_x \pm b \Delta z_x$（$a$，$b$ 为常数）；

（4）$\Delta(y_x \cdot z_x) = y_{x+1} \Delta z_x + z_x \Delta y_x = y_x \Delta z_x + z_{x+1} \Delta y_x$；

（5）$\Delta \left(\dfrac{y_x}{z_x} \right) = \dfrac{z_x \Delta y_x - y_x \Delta z_x}{z_x z_{x+1}} = \dfrac{z_{x+1} \Delta y_x - y_{x+1} \Delta z_x}{z_x z_{x+1}}$，$z_x \neq 0$.

3. 高阶差分的定义

定义 10.2　当自变量从 x 变到 $x+1$ 时，一阶差分的差分

$$\Delta(\Delta y_x) = \Delta(y_{x+1} - y_x) = \Delta y_{x+1} - \Delta y_x$$
$$= (y_{x+2} - y_{x+1}) - (y_{x+1} - y_x)$$
$$= y_{x+2} - 2 y_{x+1} + y_x,$$

称为函数 $y(x)$ 的**二阶差分**（second order difference），记为 $\Delta^2 y_x$，即

$$\Delta^2 y_x = y_{x+2} - 2 y_{x+1} + y_x.$$

同样，二阶差分的差分称为函数 $y(x)$ 的**三阶差分**（third order difference），记为 $\Delta^3 y_x$，即

$$\Delta^3 y_x = y_{x+3} - 3 y_{x+2} + 3 y_{x+1} - y_x.$$

依次类推，可得函数 $y(x)$ 的 n 阶差分为

$$\Delta^n y_x = \Delta(\Delta^{n-1} y_x).$$

【例 6】　设 $y_x = e^{3x}$，求 $\Delta^2 y_x$.

解　$\Delta y_x = y_{x+1} - y_x = e^{3(x+1)} - e^{3x} = e^{3x}(e^3 - 1)$，

$\Delta^2 y_x = \Delta(\Delta y_x) = \Delta[e^{3x}(e^3 - 1)]$

$= (e^3 - 1) \Delta(e^{3x}) = (e^3 - 1)^2 e^{3x}$.

【例 7】　设 $y_x = x^2$，求 $\Delta^2 y_x$，$\Delta^3 y_x$.

解　$\Delta y_x = y_{x+1} - y_x = (x+1)^2 - x^2 = 2x+1$，

$\Delta^2 y_x = \Delta(\Delta y_x) = \Delta(2x+1) = [2(x+1)+1] - (2x+1) = 2$，

$\Delta^3 y_x = \Delta(\Delta^2 y_x) = \Delta(2) = 2 - 2 = 0$.

二、差分方程的概念

定义 10.3　含有未知函数差分或表示未知函数几个时期值的方程称为**差分方程**(difference equation)，其一般形式为

$$F(x,\ y_x,\ \Delta y_x,\ \Delta^2 y_x,\ \cdots,\ \Delta^n y_x) = 0,$$

或

$$G(x,\ y_x,\ y_{x+1},\ y_{x+2},\ \cdots,\ y_{x+n}) = 0,$$

或

$$H(x,\ y_x,\ y_{x-1},\ \cdots,\ y_{x-n}) = 0\,(\text{其中 } x \geqslant n).$$

由差分的定义及性质可知，差分方程的不同形式之间可以互相转换，故上述三种不同的表达形式是等价的。

例如，差分方程

$$\Delta^2 y_x + 4\Delta y_x + 7y_x = 3^x,$$

$$y_{x+2} + 2y_{x+1} + 4y_x = 3^x,$$

$$y_x + 2y_{x-1} + 4y_{x-2} = 3^{x-2}$$

为同一方程的三种不同表达式。

定义 10.4　差分方程中未知函数最大下标与最小下标的差数称为差分方程的**阶**。

例如，$y_{x+5} - 4y_{x+3} + 3y_{x+2} - 2 = 0$ 是一个三阶差分方程。

差分方程 $\Delta^3 y_x + y_x + 1 = 0$ 是一个二阶差分方程。

虽然形式上含有三阶差分 $\Delta^3 y_x$，但因为

$$\Delta^3 y_x + y_x + 1 = (y_{x+3} - 3y_{x+2} + 3y_{x+1} - y_x) + y_x + 1$$
$$= y_{x+3} - 3y_{x+2} + 3y_{x+1} + 1,$$

所以原方程等价于下面的二阶差分方程

$$y_{x+3} - 3y_{x+2} + 3y_{x+1} + 1 = 0.$$

定义 10.5　满足差分方程的函数，称为差分方程的**解**。

定义 10.6　所含独立的任意常数的个数等于差分方程的阶数的解，称为差分方程的**通解**。

定义 10.7　差分方程附加的定解条件，称为差分方程的**初始条件**。通解中的任意常数由初始条件确定后的解称为差分方程的**特解**。

【例 8】　验证函数 $y_x = C_1 + C_2(-1)^x$ 是二阶差分方程 $y_{x+2} - y_x = 0$ 的解，并求当 $y_0 = 2$，$y_1 = 5$ 时的特解。

解　由于

$$y_{x+2} - y_x = C_1 + C_2(-1)^{x+2} - [C_1 + C_2(-1)^x]$$
$$= C_2[(-1)^{x+2} - (-1)^x] = 0,$$

因此 $y_x = C_1 + C_2(-1)^x$ 是解。

将 $x = 0$，$y = 2$；$x = 1$，$y = 5$ 代入 $y_x = C_1 + C_2(-1)^x$，得 $\begin{cases} C_1 + C_2 = 2, \\ C_1 - C_2 = 5, \end{cases}$

解得 $C_1 = \dfrac{7}{2}$，$C_2 = -\dfrac{3}{2}$，所以 $y_x = \dfrac{7}{2} - \dfrac{3}{2}(-1)^x$ 是满足 $y_0 = 2$，$y_1 = 5$ 的特解。

三、常系数线性差分方程解的结构

定义 10.8　如果未知函数及未知函数的各阶差分都是一次的, 则称该方程为**线性差分方程**.

n 阶线性差分方程的一般形式为

$$y_{x+n}+a_1(x)y_{x+n-1}+\cdots+a_{n-1}(x)y_{x+1}+a_n(x)y_x=f(x),$$

其中 $a_1(x)$, $\cdots$, $a_n(x)$, $f(x)$ 为已知函数.

若 $f(x)=0$, 称为 n 阶齐次线性差分方程.

若 $f(x)\neq0$, 称为 n 阶非齐次线性差分方程.

若 $a_i(x)(i=1, 2, \cdots, n)$ 均为常数, 则该方程称为常系数线性差分方程.

n 阶常系数线性差分方程的一般形式为

$$y_{x+n}+a_1y_{x+n-1}+\cdots+a_{n-1}y_{x+1}+a_ny_x=f(x),\tag{10-1}$$

其中 $a_i(i=1, 2, \cdots, n)$ 为常数, 且 $a_n\neq0$.

当 $f(x)=0$ 时, 称

$$y_{x+n}+a_1y_{x+n-1}+\cdots+a_{n-1}y_{x+1}+a_ny_x=0\tag{10-2}$$

为方程(10-1)所对应的 n 阶常系数齐次线性差分方程.

n 阶常系数线性差分方程的解具有以下性质:

定理 10.1　若函数 $y_x^{(1)}$, $y_x^{(2)}$, $\cdots$, $y_x^{(k)}$ 均是齐次线性差分方程(10-2)的解, 则这 k 个函数的线性组合

$$y_x=C_1y_x^{(1)}+C_2y_x^{(2)}+\cdots+C_ky_x^{(k)}$$

也是齐次差分方程(10-2)的解, 其中 C_1, C_2, $\cdots$, C_k 为任意常数.

定理 10.2　若函数 $y_x^{(1)}$, $y_x^{(2)}$, $\cdots$, $y_x^{(n)}$ 均是齐次线性差分方程(10-2)的 n 个线性无关的特解, 则它们的线性组合

$$y_x=C_1y_x^{(1)}+C_2y_x^{(2)}+\cdots+C_ky_x^{(k)}$$

是齐次差分方程(10-2)的通解, 其中 C_1, C_2, $\cdots$, C_k 为任意常数.

定理 10.3　若 y_x^* 是非齐次线性差分方程(10-1)的一个特解, Y_x 是其对应的齐次线性差分方程(10-2)的通解, 则非齐次线性差分方程(10-1)的通解为

$$y_x=Y_x+y_x^*.$$

定理 10.4　若函数 y_{x1}^* 和 y_{x2}^* 分别是非齐次线性差分方程

$$y_{x+n}+a_1y_{x+n-1}+\cdots+a_{n-1}y_{x+1}+a_ny_x=f_1(x),$$
$$y_{x+n}+a_1y_{x+n-1}+\cdots+a_{n-1}y_{x+1}+a_ny_x=f_2(x)$$

的特解, 则 $y_x^*=y_{x1}^*+y_{x2}^*$ 就是方程

$$y_{x+n}+a_1y_{x+n-1}+\cdots+a_{n-1}y_{x+1}+a_ny_x=f_1(x)+f_2(x)$$

的特解.

【例9】　验证 $y_x = C_1(-3)^x + C_2 2^x (C_1, C_2$ 为任意常数)是二阶差分方程

$$y_{x+2} + y_{x+1} - 6y_x = 0$$

的通解.

解　$y_{x+2} = C_1(-3)^{x+2} + C_2 2^{x+2} = 9C_1(-3)^x + 4C_2 2^x,$

$y_{x+1} = C_1(-3)^{x+1} + C_2 2^{x+1} = -3C_1(-3)^x + 2C_2 2^x,$

将 y_x, y_{x+1}, y_{x+2} 代入方程左端, 得

$$[9C_1(-3)^x + 4C_2 2^x] + [-3C_1(-3)^x + 2C_2 2^x] - 6[C_1(-3)^x + C_2 2^x] = 0,$$

所以 $y_x = C_1(-3)^x + C_2 2^x$ 是方程 $y_{x+2} + y_{x+1} - 6y_x = 0$ 的解, 又 $y_x = C_1(-3)^x + C_2 2^x$ 中有 C_1, C_2 两个任意常数, 所以是方程的通解.

习题 10-1

1. 求下列函数的一阶与二阶差分:

(1) $y_x = C$;

(2) $y_x = 1 - 2x^2$;

(3) $y_x = e^{3x}$;

(4) $y_x = \ln x$;

(5) $y_x = x^2(2x-1)$;

(6) $y_x = x \cdot 2^x$.

2. 确定下列差分方程的阶, 并指出方程是齐次还是非齐次:

(1) $y_{x-2} - y_{x-4} = y_{x+2}$;

(2) $2\Delta y_x = y_x + x$;

(3) $y_{x+3} - y_{x+2} + (y_{x+1} + y_x)^2 = 1$;

(4) $\Delta^2 y_x + \Delta y_x = y_{x+2} - 2y_{x+1} + y_x$.

3. 已知 $y_x = e^x$ 是方程 $y_{x+1} - ay_x = e^x$ 的一个解, 求 a.

第二节　一阶常系数线性差分方程

一阶常系数线性差分方程的一般形式为

$$y_{x+1} - py_x = f(x),$$

其中 $p \neq 0$ 且为常数, $f(x)$ 为已知函数. 若 $f(x) \neq 0$, 方程 $y_{x+1} - py_x = f(x)$ 称为**一阶常系数非齐次线性差分方程**; 若 $f(x) = 0$, 则方程

$$y_{x+1} - py_x = 0$$

称为方程 $y_{x+1} - py_x = f(x)$ 所对应的**一阶常系数齐次线性差分方程**.

　　由前一节的讨论可以看出, 关于差分方程及其解的概念与微分方程十分相似. 微分与差分都是描述变量变化的状态, 只是微分方程描述的是连续变化过程, 差分方程描述的是离散变化过程. 因此, 差分方程与微分方程在方程结构、解的结构和求解方法上都有很多相似之处.

　　下面我们介绍一阶常系数线性差分方程的解法.

一、一阶常系数齐次线性差分方程

1. 迭代法

设 y_0 已知,把方程 $y_{x+1}-py_x=0$ 改写成 $y_{x+1}=py_x$,则依次可推出:

$$y_1=py_0,$$

$$y_2=py_1=p^2y_0,$$

$$y_3=py_2=p^3y_0,$$

$$\cdots$$

$$y_x=py_{x-1}=p^xy_0,\ x=0,\ 1,\ 2,\ \cdots.$$

显然

$$y_x=p^xy_0$$

是方程 $y_{x+1}-py_x=0$ 的一个特解.

若记 $y_0=C$,则齐次方程 $y_{x+1}-py_x=0$ 的通解为

$$y_x=Cp^x,$$

其中 C 为任意常数.

由此可见,一阶常系数齐次线性差分方程的通解是指数函数型.

2. 特征根法

由于方程 $y_{x+1}-py_x=0$ 中 p 是常数,且指数函数的差分仍为指数函数,因此,设 $y_x=r^x$ 是方程 $y_{x+1}-py_x=0$ 的解,代入得

$$r^{x+1}-pr^x=0,$$

即

$$r-p=0.$$

上述方程称为齐次方程 $y_{x+1}-py_x=0$ 的**特征方程**,其根 $r=p$ 称为**特征根**. 于是 $y_x=p^x$ 是方程 $y_{x+1}-py_x=0$ 的一个特解,因而 $y_x=Cp^x$(C 为任意常数)是齐次方程 $y_{x+1}-py_x=0$ 的通解.

【例 1】 求差分方程 $y_{x+1}-3y_x=0$ 的通解.

解 所给差分方程的特征方程为 $r-3=0$,其特征根为 $r=3$,于是,原方程的通解为

$$y_x=C3^x,$$

其中 C 为任意常数.

【例 2】 求差分方程 $3y_x-2y_{x-1}=0$ 满足初始条件 $y_0=5$ 的特解.

解 原方程改写为

$$3y_{x+1}-2y_x=0,$$

其特征方程为 $3r-2=0$,特征根为 $r=\dfrac{2}{3}$,于是,原方程的通解为

$$y_x=C\left(\frac{2}{3}\right)^x,$$

其中 C 为任意常数.

把初始条件 $y_0 = 5$ 代入通解，得 $C = 5$，因此，原方程满足初始条件 $y_0 = 5$ 的特解为

$$y_x = 5\left(\frac{2}{3}\right)^x.$$

二、一阶常系数非齐次线性差分方程

由定理 10.3 知，一阶非齐次线性差分方程的通解等于它对应齐次线性差分方程的通解 Y_x 与其一个特解 y_x^* 之和。由于对应齐次线性差分方程的通解 Y_x 的求法已经解决，下面讨论非齐次线性差分方程的特解 y_x^* 的求法。

当方程右端 $f(x)$ 是特殊形式函数 $P_n(x)b^x$ 时，用待定系数法求其特解 y_x^* 较为方便。

若 $f(x) = P_n(x)b^x$，其中 $P_n(x)$ 是 x 的 n 次多项式，即方程为

$$y_{x+1} - py_x = P_n(x)b^x.$$

当 $f(x) = P_n(x)$ 时，即 $b = 1$。

我们知道，多项式函数 $P_n(x)$ 与指数函数 b^x 乘积的差分仍是同类型的函数，因此，设 $y_x^* = Q(x)b^x$，其中 $Q(x)$ 是某个多项式，将其代入方程 $y_{x+1} - py_x = P_n(x)b^x$，并消去 b^x，得

$$bQ(x+1) - pQ(x) = P_n(x),$$

即

$$b\Delta Q_x + (b-p)Q_x = P_n(x).$$

① 如果 b 不是特征方程 $r - p = 0$ 的根，即 $b - p \neq 0$，由于 $P_n(x)$ 是一个 n 次多项式，要使方程 $b\Delta Q_x + (b-p)Q_x = P_n(x)$ 两端恒等，则 $Q(x)$ 为一个 n 次待定多项式，令

$$Q(x) = Q_n(x),$$

其中 $Q_n(x) = b_0 x^n + b_1 x^{n-1} + \cdots + b_{n-1}x + b_n$ 为 n 次待定多项式。把 $y_x^* = Q_n(x)b^x$ 代入原方程，比较等式两端 x 同次幂的系数，使其相等，就得到含有 b_0，b_1，$\cdots$，b_{n-1}，b_n 作为未知数的 $n+1$ 个方程的联立方程组。从而可以定出这些 $b_i(i = 0, 1, \cdots, n)$，得到所求的特解为

$$y_x^* = Q_n(x)b^x.$$

② 如果 b 是特征方程 $r - p = 0$ 的根，即 $b - p = 0$，要使方程 $b\Delta Q_x + (b-p)Q_x = P_n(x)$ 的两端恒等，即 $b\Delta Q_x = P_n(x)$，可知，ΔQ_x 是 n 次多项式，则 $Q(x)$ 是 $n+1$ 次多项式，令

$$Q(x) = xQ_n(x),$$

代入原方程，用比较法来确定 $Q_n(x)$ 的系数 $b_i(i = 0, 1, \cdots, n)$，得到所求的特解为

$$y_x^* = xQ_n(x)b^x.$$

综上所述，一阶常系数非齐次线性差分方程 $y_{x+1} - py_x = P_n(x)b^x$ 的特解，可设为

$$y_x^* = x^s Q_n(x)b^x,$$

其中 $Q_n(x)$ 是与已知多项式 $P_n(x)$ 同次（n 次）的待定多项式，按 b 为非特征根、特征根，s 分别取为 0，1。

【例 3】 求差分方程 $3y_{x+1} - y_x = 4$ 的通解。

解 原方程对应的齐次差分方程为

$$3y_{x+1} - y_x = 0,$$

其特征方程为 $3r-1=0$，特征根为 $r=\dfrac{1}{3}$，于是，对应的齐次差分方程的通解为

$$Y_x=C\left(\dfrac{1}{3}\right)^x,$$

其中 C 为任意常数.

由于，这里 $P_n(x)=4$ 为零次多项式，且 $b=1$ 不是特征根，故设原方程的一个特解为

$$y_x^*=A,$$

将它代入原方程，得 $A=2$，于是，原方程的一个特解为

$$y_x^*=2,$$

所以，原方程的通解为

$$y_x=Y_x+y_x^*=C\left(\dfrac{1}{3}\right)^x+2,$$

其中 C 为任意常数.

【例4】　求差分方程 $3\Delta y_x+5y_x=x$ 的通解.

解　原方程即为 $3y_{x+1}+2y_x=x$，其对应的齐次差分方程为

$$3y_{x+1}+2y_x=0,$$

特征方程 $3r+2=0$，特征根为 $r=-\dfrac{2}{3}$，于是，对应的齐次差分方程的通解为

$$Y_x=C\left(-\dfrac{2}{3}\right)^x,$$

其中 C 为任意常数.

由于，这里 $P_n(x)=x$ 为一次多项式，且 $b=1$ 不是特征根，故设原方程的一个特解为

$$y_x^*=Ax+B,$$

将它代入方程 $3y_{x+1}+2y_x=x$，得

$$3\left[A(x+1)+B\right]+2(Ax+B)=x,$$

即

$$5Ax+(3A+5B)=x,$$

比较上式两边同次幂的系数，得

$$\begin{cases}5A=1,\\3A+5B=0,\end{cases}$$

解之得 $A=\dfrac{1}{5}$，$B=-\dfrac{3}{25}$，于是，原方程的一个特解为

$$y_x^*=\dfrac{1}{5}x-\dfrac{3}{25},$$

所以，原方程的通解为

$$y_x=Y_x+y_x^*=C\left(-\dfrac{2}{3}\right)^x+\dfrac{1}{5}x-\dfrac{3}{25},$$

其中 C 为任意常数.

【例5】 求差分方程 $y_{x+1}-y_x=3x^2-5x$ 的通解.

解 原方程对应的齐次差分方程为

$$y_{x+1}-y_x=0,$$

其特征方程为 $r-1=0$，特征根为 $r=1$，于是，对应的齐次差分方程的通解为

$$Y_x=C,$$

其中 C 为任意常数.

由于这里 $P_n(x)=3x^2-5x$ 为二次多项式，且 $b=1$ 是特征根，故设原方程的特解为

$$y_x^*=x(b_0x^2+b_1x+b_2),$$

将它代入原方程，得

$$(x+1)\left[b_0(x+1)^2+b_1(x+1)+b_2\right]-x(b_0x^2+b_1x+b_2)=3x^2-5x,$$

即

$$3b_0x^2+(3b_0+2b_1)x+(b_0+b_1+b_2)=3x^2-5x,$$

比较上式两边同次幂的系数，得

$$\begin{cases} 3b_0=3, \\ 3b_0+2b_1=-5, \\ b_0+b_1+b_2=0, \end{cases}$$

解之得 $b_0=1$，$b_1=-4$，$b_2=3$，于是原方程的一个特解为

$$y_x^*=x(x^2-4x+3)=x^3-4x^2+3x,$$

所以原方程的通解为

$$y_x=Y_x+y_x^*=C+x^3-4x^2+3x,$$

其中 C 为任意常数.

【例6】 求差分方程 $y_{x+1}-2y_x=2\cdot5^x$ 的通解及满足初始条件 $y_0=1$ 的特解.

解 原方程对应的齐次差分方程为

$$y_{x+1}-2y_x=0,$$

其特征方程为 $r-2=0$，特征根为 $r=2$，于是，对应的齐次差分方程的通解为

$$Y_x=C\cdot2^x,$$

其中 C 为任意常数.

由于这里 $P_n(x)=2$ 为零次多项式，且 $b=5$ 不是特征根，故设原方程的特解为

$$y_x^*=A\cdot5^x,$$

代入原方程，得

$$A\cdot5^{x+1}-2A\cdot5^x=2\cdot5^x,$$

消去 5^x，得 $A=\dfrac{2}{3}$，于是原方程的一个特解为

$$y_x^*=\frac{2}{3}\cdot5^x,$$

所以原方程的通解为

$$y_x=Y_x+y_x^*=C\cdot2^x+\frac{2}{3}\cdot5^x,$$

其中 C 为任意常数.

把初始条件 $y_0=1$ 代入通解, 得 $C=\dfrac{1}{3}$, 所以原差分方程满足初始条件的特解为

$$y_x=\frac{1}{3}\cdot 2^x+\frac{2}{3}\cdot 5^x.$$

习题 10-2

1. 求下列一阶常系数齐次线性差分方程的通解:

(1) $2y_{x+1}-3y_x=0$;　　　　　　　　(2) $y_x+y_{x-1}=0$;

(3) $\Delta y_{x+1}=0$.

2. 求下列一阶常系数齐次线性差分方程在给定初始条件下的特解:

(1) $2y_{x+1}+5y_x=0$, $y_0=3$;

(2) $\Delta y_x=0$, $y_0=2$.

3. 求下列一阶常系数非齐次线性差分方程的通解:

(1) $4y_{x+1}+2y_x=1$;　　　　　　　　(2) $\Delta y_x=3$;

(3) $y_{x+1}+4y_x=2x^2+x+1$;　　　　(4) $y_{x+1}-y_x=x\cdot 2^x$;

(5) $\Delta y_x+5y_x=x\cdot(-4)^x$;　　　(6) $\Delta^2 y_x-\Delta y_x-2y_x=x$.

4. 求下列一阶常系数非齐次线性差分方程在给定初始条件下的特解:

(1) $y_x+4y_{x-1}=10$, $y_0=8$;

(2) $y_{x+1}+y_x=2^x$, $y_0=2$;

(3) $\Delta y_x-4y_x=3$, $y_0=\dfrac{1}{4}$;

(4) $y_x+y_{x-1}=(x-1)\cdot 2^{x-1}$, $y_0=0$;

(5) $y_{x+1}-y_x=x$, $y_0=2$.

第三节　二阶常系数线性差分方程

二阶常数系数线性差分方程的一般形式为:

$$y_{x+2}+py_{x+1}+qy_x=f(x),$$

其中 $f(x)$ 为已知函数, p, q 为常数, $q\neq 0$, 且 y_x 为未知函数.

若 $f(x)\neq 0$, 则方程称为**二阶常系数非齐次线性差分方程**;

若 $f(x)=0$, 则方程

$$y_{x+2}+py_{x+1}+qy_x=0,$$

称为非齐次方程 $y_{x+2}+py_{x+1}+qy_x=f(x)$ 对应的**二阶常系数齐次线性差分方程**.

下面介绍二阶常系数差分方程的解法.

一、二阶常系数齐次线性差分方程

对于二阶常系数齐次线性差分方程

$$y_{x+2}+py_{x+1}+qy_x=0,\qquad\qquad(10-3)$$

根据通解结构定理，要求它的通解，需找到其两个线性无关的特解.

与二阶常系数齐次线性微分方程的解法类似，考虑到方程(10-3)的系数均为常数，于是，只要找到一类函数，使得 y_{x+2}，y_{x+1} 均为 y_x 的常数倍即可解决方程(10-3)的特解的问题.

我们知道，一阶常系数齐次线性差分方程的通解是指数函数型，所以二阶常系数齐次线性差分方程的通解也是指数函数型.

设 $y_x=r^x$ 为方程 $y_{x+2}+py_{x+1}+qy_x=0$ 的特解，代入方程，得

$$r^{x+2}+pr^{x+1}+qr^x=0,$$

即

$$r^2+pr+q=0,$$

称上式为 $y_{x+2}+py_{x+1}+qy_x=0$ 的**特征方程**，其根

$$r_{1,2}=\frac{-p\pm\sqrt{p^2-4q}}{2},$$

称为**特征根**.

与二阶常系数齐次线性微分方程相似，根据特征根的三种不同情况，可以分别确定 $y_{x+2}+py_{x+1}+qy_x=0$ 的通解.

（1）相异实根

当 $\Delta=p^2-4q>0$ 时，有

$$r_1=\frac{-p+\sqrt{p^2-4q}}{2},\ r_2=\frac{-p-\sqrt{p^2-4q}}{2},$$

这时，得到差分方程(10-3)的两个线性无关的特解 $y_{x1}=r_1^x$，$y_{x2}=r_2^x$，所以差分方程(10-3)的通解为

$$y_x=C_1r_1^x+C_2r_2^x,$$

其中 C_1，C_2 为任意常数.

（2）相同实根

当 $\Delta=p^2-4q=0$ 时，有两个相等的实根

$$r_1=r_2=\frac{-p}{2},$$

这时，得到差分方程(10-3)的一个特解 $y_{x1}=r_1^x$，可以验证 $y_{x2}=xr_1^x$ 是差分方程(10-3)另一个与 y_{x1} 线性无关的特解，所以差分方程(10-3)的通解为

$$y_x=C_1r_1{}^x+C_2xr_1{}^x=(C_1+C_2x)\left(-\frac{p}{2}\right)^x,$$

其中 C_1，C_2 为任意常数.

（3）共轭复根

当 $\Delta = p^2 - 4q < 0$ 时，有

$$r_1 = \frac{-p + i\sqrt{4q - p^2}}{2} = \alpha + i\beta, \quad r_2 = \frac{-p - i\sqrt{4q - p^2}}{2} = \alpha - i\beta,$$

其中 $\alpha = -\dfrac{p}{2}$，$\beta = \dfrac{\sqrt{4q - p^2}}{2}$，

这时，可以验证差分方程（10-3）有两个线性无关的特解：

$$y_1 = \lambda^x \cos\theta x, \quad y_2 = \lambda^x \sin\theta x,$$

其中 $\lambda = \sqrt{\alpha^2 + \beta^2}$，$\tan\theta = \dfrac{\beta}{\alpha} = -\dfrac{\sqrt{4q - p^2}}{p}$，$\theta \in (0, \pi)$，所以差分方程（10-3）的通解为

$$y_x = \lambda^x (C_1 \cos\theta x + C_2 \sin\theta x),$$

其中 C_1，C_2 为任意常数.

综上所述，求解二阶常系数齐次线性差分方程（10-3）的问题就归结为求其对应的特征方程的特征根的问题. 步骤如下：

第一步 写出差分方程 $y_{x+2} + py_{x+1} + qy_x = 0$ 的特征方程 $r^2 + pr + q = 0$；

第二步 求出特征方程的两个根 r_1, r_2；

第三步 根据特征方程的两个根的不同情形，按照下表写出常系数齐次线性差分方程（10-3）的通解.

特征方程 $r^2 + pr + q = 0$ 的根 r_1，r_2	差分方程 $y_{x+2} + py_{x+1} + qy_x = 0$ 的通解
两个不等的实根 $r_1 \neq r_2$	$y_x = C_1 r_1{}^x + C_2 r_2{}^x$
两个相等的实根 $r_1 = r_2$	$y_x = (C_1 + C_2 x) r_1^x$
一对共轭复根 $r_{1,2} = \alpha \pm i\beta$	$y_x = \lambda^x (C_1 \cos\theta x + C_2 \sin\theta x)$，其中 $\lambda = \sqrt{\alpha^2 + \beta^2}$，$\tan\theta = \dfrac{\beta}{\alpha}$，$\theta \in (0, \pi)$

【例1】 求差分方程 $y_{x+2} - y_{x+1} - 6y_x = 0$ 的通解.

解 所给差分方程的特征方程为

$$r^2 - r - 6 = 0,$$

它有两个相异实根为

$$r_1 = -2, \ r_2 = 3,$$

因此，原方程的通解为

$$y_x = C_1(-2)^x + C_2 3^x,$$

其中 C_1，C_2 为任意常数.

【例2】 求差分方程 $y_{x+2} + 2y_{x+1} + y_x = 0$ 满足初始条件 $y_0 = 2$，$y_1 = 4$ 的特解.

解 所给差分方程的特征方程为

$$r^2 + 2r + 1 = 0,$$

它有两个相等的实根为

$$r_1 = r_2 = -1,$$

因此, 原方程的通解为

$$y_x = (C_1 + C_2 x)(-1)^x,$$

其中 C_1, C_2 为任意常数.

把初始条件 $y_0 = 2$, $y_1 = 4$ 代入通解, 得

$$C_1 = 2, \quad C_2 = -6,$$

所以, 原方程满足初始条件的特解为

$$y_x = (2 - 6x)(-1)^x.$$

【例 3】 求差分方程 $y_{x+2} - 2y_{x+1} + 4y_x = 0$ 的通解.

解 所给差分方程的特征方程为

$$r^2 - 2r + 4 = 0,$$

它有一对共轭复根为

$$r_{1,2} = 1 \pm \sqrt{3}\,\mathrm{i}, \quad \alpha = 1, \quad \beta = \sqrt{3},$$

于是, $\lambda = \sqrt{\alpha^2 + \beta^2} = 2$, $\theta = \arctan \dfrac{\beta}{\alpha} = \arctan \sqrt{3} = \dfrac{\pi}{3}$, 因此, 原方程的通解为

$$y_x = 2^x \left(C_1 \cos \frac{\pi}{3} x + C_2 \sin \frac{\pi}{3} x \right),$$

其中 C_1, C_2 为任意常数.

二、二阶常系数非齐次线性差分方程

根据定理 10.3 可知, 二阶常系数非齐次线性差分方程的通解等于它对应齐次线性差分方程的通解 Y_x 与它的一个特解 y_x^* 之和, 由于对应齐次线性差分方程的通解 Y_x 的求法已经解决. 下面讨论非齐次线性差分方程的特解 y_x^* 的求法.

当方程右端 $f(x)$ 是特殊形式函数 $P_n(x)b^x$ 时, 用待定系数法求其特解 y_x^* 较为方便.

若 $f(x) = P_n(x)b^x$, 其中 $P_n(x)$ 是 x 的 n 次已知多项式, 则方程为

$$y_{x+2} + py_{x+1} + qy_x = P_n(x)b^x. \tag{10-4}$$

当 $f(x) = P_n(x)$ 时, $b = 1$.

我们知道, 多项式函数 $P_n(x)$ 与指数函数 b^x 乘积的差分仍是同类型的函数, 因此, 设 $y_x^* = Q(x)b^x$, 其中 $Q(x)$ 是某个多项式, 将其代入方程(10-4), 并消去 b^x, 得

$$b^2 Q(x+2) + pbQ(x+1) + qQ(x) = P_n(x),$$

即

$$b^2 \Delta^2 Q_x + b(p+2b)\Delta Q_x + (b^2 + pb + q)Q_x = P_n(x), \tag{10-5}$$

① 如果 b 不是特征方程 $r^2 + pr + q = 0$ 的根, 即 $b^2 + pb + q \neq 0$. 由于 $P_n(x)$ 是一个 n 次多项式, 要使方程(10-5)两端恒等, 则 $Q(x)$ 为一个 n 次待定多项式, 令

$$Q(x) = Q_n(x),$$

其中 $Q_n(x) = b_0 x^n + b_1 x^{n-1} + \cdots + b_{n-1} x + b_n$ 为 n 次待定多项式. 把 $y_x^* = Q_n(x)b^x$ 代入原方程(10-4), 比较等式两端 x 同次幂的系数, 就得到含有 b_0, b_1, $\cdots$, b_{n-1}, b_n 作为未知数的 $n+1$

个方程的联立方程组. 从而可以定出这些 $b_i(i=0, 1, \cdots, n)$, 得到所求的特解为

$$y_x^* = Q_n(x)b^x.$$

② 如果 b 是特征方程 $r^2+pr+q=0$ 的单根, 即 $b^2+pb+q=0$, 但 $2b+p \neq 0$, 要使 (10-5) 的两端恒等, 即

$$b^2\Delta^2 Q_x + b(p+2b)\Delta Q_x = P_n(x),$$

可知, ΔQ_x 是 n 次多项式, 则 $Q(x)$ 是 $n+1$ 次多项式, 令

$$Q(x) = xQ_n(x),$$

代入原方程 (10-4), 用比较法来确定 $Q_n(x)$ 的系数 $b_i(i=0, 1, \cdots, n)$, 得到所求的特解为

$$y_x^* = xQ_n(x)b^x.$$

③ 如果 b 是特征方程 $r^2+pr+q=0$ 的重根, 即 $b^2+pb+q=0$, 且 $2b+p=0$, 要使方程 (10-5) 的两端恒等, 即

$$b^2\Delta^2 Q_x = P_n(x),$$

可知, $\Delta^2 Q_x$ 是 n 次多项式, 则 $Q(x)$ 是 $n+2$ 次多项式. 令

$$Q(x) = x^2 Q_n(x),$$

代入原方程 (10-4), 用比较法来确定 $Q_n(x)$ 中的系数 $b_i(i=0, 1, \cdots, n)$, 得到所求的特解为

$$y_x^* = x^2 Q_n(x)b^x.$$

综上所述, 二阶常系数非齐次线性差分方程 $y_{x+2}+py_{x+1}+qy_x = P_n(x)b^x$ 的特解可设为

$$y_x^* = x^s Q_n(x)b^x,$$

其中 $Q_n(x)$ 是与已知多项式 $P_n(x)$ 同次 (n 次) 的待定多项式, 按 b 为非特征根、特征单根、特征重根, s 分别取为 0, 1, 2.

【例 4】　求差分方程 $y_{x+2}-8y_{x+1}-9y_x = 24$ 的通解.

解　原方程对应的齐次差分方程为

$$y_{x+2}-8y_{x+1}-9y_x = 0,$$

其特征方程为 $r^2-8r-9=0$, 它有两个相异的实根 $r_1=-1$, $r_2=9$, 于是, 对应齐次差分方程的通解为

$$Y_x = C_1(-1)^x + C_2 9^x,$$

其中 C_1, C_2 为任意常数.

由于这里 $P_n(x) = 24$ 是零次多项式, 且 $b=1$ 不是特征根, 故设原方程的一个特解为

$$y_x^* = A,$$

代入原方程, 得 $A = -\dfrac{3}{2}$, 于是, 原方程的一个特解为

$$y_x^* = -\frac{3}{2},$$

所以原方程的通解为

$$y_x = Y_x + y_x^* = C_1(-1)^x + C_2 9^x - \frac{3}{2},$$

其中 C_1, C_2 为任意常数.

【例 5】　求差分方程 $y_{x+2}+y_{x+1}-2y_x=x$ 的通解.

解　原方程对应的齐次差分方程为

$$y_{x+2}+y_{x+1}-2y_x=0,$$

其特征方程为 $r^2+r-2=0$，它有两个相异的实根 $r_1=-2$，$r_2=1$，于是，对应齐次差分方程的通解为

$$Y_x=C_1(-2)^x+C_2,$$

其中 C_1，C_2 为任意常数.

由于这里 $P_n(x)=x$ 是一次多项式，且 $b=1$ 是特征单根，故设原方程的一个特解为

$$y_x^*=x(Ax+B)=Ax^2+Bx,$$

代入原方程，得

$$A(x+2)^2+B(x+2)+A(x+1)^2+B(x+1)-2(Ax^2+Bx)=x,$$

即

$$6Ax+(5A+3B)=x,$$

比较上式两边同次幂的系数，有

$$\begin{cases}6A=1,\\5A+3B=0,\end{cases}$$

解得 $A=\dfrac{1}{6}$，$B=-\dfrac{5}{18}$，于是原方程的一个特解为

$$y_x^*=\frac{1}{6}x^2-\frac{5}{18}x,$$

所以原方程的通解为

$$y_x=Y_x+y_x^*=C_1(-2)^x+C_2+\frac{1}{6}x^2-\frac{5}{18}x,$$

其中 C_1，C_2 为任意常数.

【例 6】　写出差分方程 $9y_{x+2}+3y_{x+1}-6y_x=\left(\dfrac{2}{3}\right)^x(8x^2+1)$ 的特解形式.

解　原方程对应的齐次差分方程为

$$9y_{x+2}+3y_{x+1}-6y_x=0,$$

其特征方程为 $3r^2+r-2=0$，它有两个相异的实根 $r_1=\dfrac{2}{3}$，$r_2=-1$，由于这里 $P_n(x)=8x^2+1$ 是二次多项式，且 $b=\dfrac{2}{3}$ 是特征单根，故设原方程的一个特解形式为

$$y_x^*=x\left(\frac{2}{3}\right)^x(Ax^2+Bx+C),$$

其中 A，B，C 为待定系数.

【例 7】　求差分方程 $y_{x+2}-10y_{x+1}+25y_x=5^x$ 的通解.

解　原方程对应的齐次差分方程为

$$y_{x+2}-10y_{x+1}+25y_x=0,$$

其特征方程为 $r^2-10r+25=0$，它有两个相同的实根 $r_1=r_2=5$，于是，对应齐次差分方程的通

解为

$$Y_x = (C_1 + C_2 x) \cdot 5^x,$$

其中 C_1, C_2 为任意常数.

由于这里 $P_n(x) = 1$ 是零次多项式, 且 $b = 5$ 是特征重根, 故设原方程的一个特解为

$$y_x^* = x^2 A 5^x = A x^2 5^x,$$

代入原方程, 即

$$A(x+2)^2 5^{x+2} - 10A(x+1)^2 5^{x+1} + 25A x^2 5^x = 5^x,$$

消去 5^x, 得 $25A(x+2)^2 - 50A(x+1)^2 + 25A x^2 = 1$, 即得 $A = \dfrac{1}{50}$, 于是, 原方程的一个特解为

$$y_x^* = \frac{1}{50} x^2 5^x,$$

所以原方程的通解为

$$y_x = Y_x + y_x^* = (C_1 + C_2 x) \cdot 5^x + \frac{1}{50} x^2 5^x,$$

其中 C_1, C_2 为任意常数.

习题 10-3

1. 求下列二阶常系数齐次线性差分方程的通解:

（1）$y_{x+2} + y_{x+1} - 2y_x = 0$;   （2）$y_{x+2} - 5y_{x+1} - 6y_x = 0$;

（3）$y_{x+2} + 10y_{x+1} + 25y_x = 0$;   （4）$y_{x+2} - 8y_{x+1} + 16y_x = 0$;

（5）$y_{x+2} + 9y_x = 0$;   （6）$y_{x+2} - 4y_{x+1} + 16y_x = 0$.

2. 求下列二阶常系数齐次线性差分方程在给定初始条件下的特解:

（1）$y_{x+2} + y_{x+1} - 6y_x = 0$, $y_0 = 1$, $y_1 = -8$;

（2）$y_{x+2} + 6y_{x+1} + 9y_x = 0$, $y_0 = 1$, $y_1 = -3$.

3. 写出下列二阶非齐次线性差分方程的特解形式:

（1）$y_{x+2} - 2y_{x+1} + 2y_x = (5x+2)3^x$;

（2）$\Delta^2 y_x - y_{x+1} - 5y_x = x^2 4^x$.

4. 求下列二阶常系数非齐次线性差分方程的通解:

（1）$4y_{x+2} - 4y_{x+1} + y_x = 8$;   （2）$y_{x+2} + 4y_{x+1} - 5y_x = 6$;

（3）$y_{x+2} + 3y_{x+1} + 2y_x = 6x^2 + 4x + 20$;   （4）$y_{x+2} + 3y_{x+1} - 4y_x = x$;

（5）$y_{x+2} - y_{x+1} - 6y_x = (2x+1) \cdot 3^x$;   （6）$\Delta^2 y_x + \Delta y_x - 2y_x = (3x+1) \cdot 2^x$.

5. 求下列二阶常系数非齐次线性差分方程在给定初始条件下的特解:

（1）$4y_{x+2} + 12y_{x+1} - 7y_x = 36$, $y_0 = 6$, $y_1 = 3$;

（2）$4y_{x+2} + y_x = 20$, $y_0 = 5$, $y_1 = 6$;

（3）$y_{x+2} + y_{x+1} - 2y_x = x$, $y_0 = 3$, $y_1 = -\dfrac{1}{9}$;

（4）$\Delta^2 y_x = 4$, $y_0 = 3$, $y_1 = 8$.

第四节　差分方程的经济应用

用与微分方程完全类似的方法，可以建立经济学的差分方程的模型，下面举例说明它的应用.

【例 1】　(存款模型)设 S_t 是 t 年末存款总额，年利率为 r，且初始存款为 S_0，按年复利计息，求 t 年末的本利和.

解　由题意可知

$$S_{t+1} = (1+r)S_t,$$

即

$$S_{t+1} - (1+r)S_t = 0,$$

这是一个一阶常系数齐次线性差分方程，其特征方程为

$$\lambda - (1+r) = 0,$$

特征根为

$$\lambda = 1+r,$$

于是，齐次差分方程的通解为

$$S_t = C(1+r)^t,$$

将初始条件代入，得

$$C = S_0,$$

故 t 年末的本利和为

$$S_t = S_0(1+r)^t.$$

这就是一笔本金 S_0 存入银行后，年利率为 r，按年复利计息，t 年末的本利和.

【例 2】　(教育经费筹措模型)设某家庭从现在着手，每月从工资中拿出一部分资金存入银行，用于投资子女的教育，并计划 20 年后开始从投资账户中每月支取 1000 元，直到 10 年后子女大学毕业并用完全部资金，要实现这个投资目标，20 年内共要筹措多少资金？每月要在银行存入多少钱？假设投资的月利率为 0.5%.

解　设第 n 个月投资账户资金为 y_n，每月存入资金为 b 元，于是，20 年后，关于 y_n 的差分方程模型为

$$y_{n+1} = 1.005y_n - 1000,$$

且 $y_{120} = 0$，$y_0 = x$，这是一个一阶常系数非齐次线性差分方程，解此方程，得通解

$$y_n = C \cdot 1.005^n + 200000,$$

将 $y_{120} = 0$，$y_0 = x$，代入得

$$x = 200000 - \frac{200000}{1.005^{120}} = 90073.45.$$

从现在到 20 年内，y_n 满足差分方程

$$y_{n+1} = 1.005y_n + b,$$

且 $y_0 = 0$，$y_{240} = 90073.45$，解此方程，得通解

$$y_n = C \cdot 1.005^n - 200b,$$

将 $y_0 = 0$，$y_{240} = 90073.45$，代入得

$$b = 194.95.$$

即要达到投资目标，20 年内共要筹措资金 90073.45 元，平均每月要存入银行 194.95 元钱.

【例 3】 （储蓄模型）设 Y_t 为 t 期国民收入，S_t 为 t 期储蓄，I_t 为 t 期投资，它们之间有如下关系式

$$\begin{cases} S_t = \alpha Y_t, \\ I_t = \beta(Y_t - Y_{t-1}), \\ S_t = I_t, \end{cases}$$

其中 $\alpha > 0$，$\beta > 0$，设基期的国民收入 Y_0 为已知，试求 Y_t，S_t，I_t 与 t 的函数关系.

解 由上述三个方程，得差分方程

$$\alpha Y_t = \beta(Y_t - Y_{t-1}),$$

因而

$$Y_t = \frac{\beta}{\beta - \alpha} Y_{t-1},$$

解得

$$Y_t = \left(\frac{\beta}{\beta - \alpha}\right)^t Y_0,$$

$$I_t = S_t = \alpha \left(\frac{\beta}{\beta - \alpha}\right)^t Y_0.$$

假定 $Y_0 > 0$，其解序列的特性取决于常数 $\dfrac{\beta}{\beta - \alpha}$ 的值. 因为 $\dfrac{\beta}{\beta - \alpha} > 1$，又 $Y_0 > 0$，所以序列 $\{Y_t\}$ 是单调递增的，发散于 $+\infty$. 又因为 $\alpha > 0$，所以序列 $\{I_t\}$ 和 $\{S_t\}$ 也都是单调递增的，且发散于 $+\infty$，故在这个模型的变量 (Y_t, S_t, I_t) 中没有一个有平衡值.

【例 4】 （萨谬尔森乘数加速数模型）设 y_t 为 t 期国民收入，C_t 为 t 期消费，I_t 为 t 期投资，G 为政府财政支出总额（各期相同），它们之间有如下关系式

$$\begin{cases} y_t = C_t + I_t + G, \\ C_t = \alpha y_{t-1}, \\ I_t = \beta(C_t - C_{t-1}), \end{cases}$$

其中 $0 < \alpha < 1$，常数 α 为边际消费倾向，$\beta > 0$，常数 β 为加速数，设起始期的国民收入 y_0 为已知，试求 y_t 与 t 的函数关系.

解 将第二、第三个方程代入第一个方程，得

$$y_t = \alpha y_{t-1} + \beta(\alpha y_{t-1} - \alpha y_{t-2}) + G,$$

即

$$y_t - \alpha(1+\beta) y_{t-1} + \alpha\beta y_{t-2} = G,$$

改成标准形式为

$$y_{t+2} - \alpha(1+\beta) y_{t+1} + \alpha\beta y_t = G,$$

这是一个二阶常系数非齐次线性差分方程.

10.2 差分方程的
经济应用——
加速数模型

（1）先求对应的齐次差分方程的通解 Y_t，原方程对应的齐次差分方程为

$$y_{t+2} - \alpha(1+\beta)y_{t+1} + \alpha\beta y_t = 0,$$

其特征方程为

$$r^2 - \alpha(1+\beta)r + \alpha\beta = 0,$$

特征方程的判别式为

$$\Delta = \alpha^2(1+\beta)^2 - 4\alpha\beta.$$

（a）若 $\Delta > 0$，则特征方程有两个不相等的实根

$$r_1 = \frac{1}{2}\left[\alpha(1+\beta) + \sqrt{\Delta}\right],$$

$$r_2 = \frac{1}{2}\left[\alpha(1+\beta) - \sqrt{\Delta}\right],$$

于是

$$Y_t = C_1 r_1^t + C_2 r_2^t;$$

（b）若 $\Delta = 0$，则特征方程有两个相等的实根

$$r = \frac{1}{2}\alpha(1+\beta),$$

于是

$$Y_t = (C_1 + C_2 t) \cdot r^t;$$

（c）若 $\Delta < 0$，则特征方程有一对共轭复根

$$r_1 = \frac{1}{2}\left[\alpha(1+\beta) + i\sqrt{-\Delta}\right],$$

$$r_2 = \frac{1}{2}\left[\alpha(1+\beta) - i\sqrt{-\Delta}\right],$$

于是

$$Y_t = \lambda^t(C_1\cos\theta t + C_2\sin\theta t),$$

其中 $\lambda = \sqrt{\alpha\beta}$，$\theta = \arctan\dfrac{\sqrt{-\Delta}}{\alpha(1+\beta)} \in (0, \pi)$.

（2）再求原方程的一个特解 y_t^*，对于非齐次差分方程

$$y_{t+2} - \alpha(1+\beta)y_{t+1} + \alpha\beta y_t = G,$$

由于这里 $P_n(x) = G$ 是零次多项式，且 $b = 1$ 不是特征根，故令特解 $y_t^* = A$，代入原来方程，得

$$A = \frac{G}{1-\alpha},$$

从而

$$y_t^* = \frac{G}{1-\alpha}.$$

（3）原方程的通解为

$$y_t = Y_t + y_t^*$$

$$= \begin{cases} C_1 r_1^t + C_2 r_2^t + \dfrac{G}{1-\alpha}, & \Delta > 0, \\[2mm] (C_1 + C_2 t) r^t + \dfrac{G}{1-\alpha}, & \Delta = 0, \\[2mm] \lambda^t (C_1 \cos\theta t + C_2 \sin\theta t) + \dfrac{G}{1-\alpha}, & \Delta < 0. \end{cases}$$

这说明，随着 α，β 取值的不同，国民收入 y_t 随时间的变化而呈现出不同的规律.

习题 10-4

1. 某企业现有资产 500 万元，以后每年比上一年净增资产 20%，但该企业每年要抽出 80 万元资金捐献给福利事业，问：t（t 为正整数）年末该企业有资产多少万元？

2. 在农业生产中，种植先于产出及产品售出一个适当的时期，t 时期该产品的价格 P_t 决定着生产者在下一时期愿意提供给市场的产量 S_{t+1}，P_t 还决定着本期该产品的需求量 D_t，因此有：$D_t = a - bP_t$，$S_t = -c + dP_{t-1}$（a，b，c，$d > 0$，且均为常数）. 求价格随时间变动的规律.

本章小结

10.3　本章小结

差分方程的概念	了解 差分的概念与性质
	了解 差分方程的阶、解、通解、特解和初始条件等基本概念
	了解 线性差分方程解的结构定理
差分方程的求解	掌握 一阶常系数线性差分方程的求解方法
	掌握 二阶常系数线性差分方程的求解方法
差分方程的应用	了解 建立简单的差分方程模型
	了解 一些简单的经济管理方面的应用问题

数学通识：凯恩斯型差分模型

差分方程是针对要解决的目标，引入系统或过程中的离散变量，根据实际背景的规律、性质、平衡关系，建立离散变量所满足的平衡关系等式，从而建立差分方程.

连续变量可以用离散变量来近似和逼近，从而差分方程模型可以近似某个微分方程模型. 差分方程模型有着非常广泛的实际背景. 在经济金融保险领域、生物种群的数量结构规律分析、疾病和病虫害的控制与防治、遗传规律的研究等许多方面都有着非常重要的作用.

| 约翰·梅纳德·凯恩斯 | 保罗·萨缪尔森 | 约翰·希克斯 |

1970 年诺贝尔经济学奖获得者萨缪尔森（P. A. Samuelson，1915—2009）对凯恩斯（J. M. Keynes，1883—1946）宏观经济模型做了三点改进：一是将总消费、总投资中的公共消费、公共投资区分出来，作为新的经济总量，即政府（购买）支出，引入均衡条件；二是将消费函数改为动态的，即现期个人消费是上期国民收入的函数，而不是现期收入的函数；三是增加了投资函数，假定现期投资是上期到现期的消费增量的函数，即投资由消费增加的需要来决定. 建立了如下差分方程模型：

$$\begin{cases} Y_t = C_t + I_t + G_t \\ C_t = a + bY_{t-1}, a \geq 0, 0 < b < 1 \\ I_t = q + k(C_t - C_{t-1}), k > 0 \end{cases}$$

其中，Y_t 为 t 期国民收入（即国民生产总值或国内生产总值），C_t 为 t 期个人消费总额，I_t 为 t 期个人投资总额，G_t 为 t 期政府购买支出；a，b，q，k 为正的常数，b 为边际消费倾向，k 为投资加速数，表明消费量增加时投资将相应增加.

1972 年诺贝尔经济学奖获得者希克斯（John R. Hicks，1904—1989）为了研究国民收入的周期波动建立了一个与萨缪尔森乘法加速模型类似的宏观经济差分模型：

$$\begin{cases} Y_t = C_t + I_t + G_t \\ C_t = a + bY_{t-1} \\ I_t = q + k(Y_{t-1} - Y_{t-2}) \end{cases}.$$

经济学家史密斯(Smyth)在希克斯模型的基础上, 引入货币政策因素, 得到"经济增长与货币政策综合差分模型". 在一定条件下, 我们可以将上述这些模型转化成高阶差分方程进行求解. 并对其稳定性进行分析, 得到的结果可以引导我们的经济活动, 并对政府制定相应的经济政策提供理论支持.

总复习题十

1. 证明下列等式：

（1）$\Delta(u_x v_x) = u_{x+1}\Delta v_x + v_x\Delta u_x = u_x\Delta v_x + v_{x+1}\Delta u$；

（2）$\Delta\left(\dfrac{u_x}{v_x}\right) = \dfrac{v_x\Delta u_x - u_x\Delta v_x}{v_x v_{x+1}} = \dfrac{v_{x+1}\Delta u_x - u_{x+1}\Delta v_x}{v_x v_{x+1}}$.

2. 求下列差分方程的通解：

（1）$y_{x+1} - y_x = x\cdot 2^x + 1$；

（2）$9y_{x+2} + 3y_{x+1} - 6y_x = (4x^2 - 10x + 6)\cdot\left(\dfrac{1}{3}\right)^x$.

3. 求下列差分方程在给定初始条件下的特解：

（1）$y_{x+1} + 4y_x = 2x^2 + x - 1$，$y_0 = 1$；

（2）$y_{x+2} - y_{x+1} - 6y_x = 3^x(2x+1)$，$y_0 = 2$，$y_1 = -\dfrac{1}{25}$.

4. 设某产品在时期 t 的价格、总供给与总需求分别为 P_t，S_t 与 D_t，并设对于 $t = 0$，1，2，$\cdots$有①$S_t = 2P_t + 1$；②$D_t = -4P_{t-1} + 5$；③$S_t = D_t$.

（1）求证：由①②③可推出差分方程 $P_{t+1} + 2P_t = 2$；

（2）已知 P_0 时，求上述方程的解.

习题答案

第 六 章

习题 6-1

1. $P(2, 5, -4)$关于xOy平面的对称点$(2, 5, 4)$，关于yOz平面的对称点$(-2, 5, -4)$，关于xOz平面的对称点$(2, -5, -4)$；关于x轴的对称点$(2, -5, 4)$，关于y轴的对称点$(-2, -5, 4)$，关于z轴的对称点$(-2, -5, -4)$；关于原点的对称点$(-2, -5, 4)$.

2. $P(4, -3, 5)$到xOy平面的距离为5，到yOz平面的距离为4，到xOz平面的距离为3；$P(4, -3, 5)$到x轴的距离为$\sqrt{34}$，到y轴的距离为$\sqrt{41}$，到z轴的距离为5；$P(4, -3, 5)$到原点的距离为$5\sqrt{2}$.

3. $(1)z=-5$或$z=7$；$(2)x=2$.

4. 3.

5. 略.

6. $x^2+y^2+z^2=9$.

7. $(1)(x+1)^2+(y+3)^2+(z-2)^2=9$；$(2)(x-3)^2+(y+1)^2+(z-1)^2=21$；

   $(3)x^2+y^2+z^2-2x-5y-6z=0$.

8. (1)球心为$(1, -2, 3)$，半径$R=\sqrt{14}$；(2)球心为$(0, 2, -1)$，半径$R=\sqrt{5}$.

9. $(1)y+5=0$；$(2)x+3y=0$；$(3)x+2y+2z-2=0$.

10. (1)平面平行于xOz平面，图略；(2)平面平行于x轴，图略；

    (3)平面平行于z轴，图略；(4)平面通过y轴，图略.

11. (1)在xOy平面上的投影曲线方程为$\begin{cases} x^2+y^2-x-2=0, \\ z=0, \end{cases}$

    在yOz平面上的投影曲线方程为$\begin{cases} y^2+z^2-3z=0, \\ x=0, \end{cases}$

    在xOz平面上的投影曲线方程为$\begin{cases} z-x-1=0, \\ y=0. \end{cases}$

    (2)在xOy平面上的投影曲线方程为$\begin{cases} y-x=0, \\ z=0, \end{cases}$

    在yOz平面上的投影曲线方程为$\begin{cases} z-2y^2=0, \\ x=0, \end{cases}$

    在xOz平面上的投影曲线方程为$\begin{cases} z-2x^2=0, \\ y=0. \end{cases}$

12. (1)椭圆抛物面，图略；(2)椭球面，图略；

（3）圆锥面，图略；（4）开口向下的旋转抛物面，图略.

习题 6-2

1.（1）$\{(x, y)\mid x\geqslant 0, -\infty <y<+\infty\}$，图略.

  （2）$\{(x, y)\mid |x|\leqslant 1, |y|\geqslant 1\}$，图略.

  （3）$\{(x, y)\mid x+y+3>0\}$，图略.

  （4）$\{(x, y)\mid x^2+y^2\neq 1\}$，图略.

  （5）$\{(x, y)\mid y\leqslant x\}$，图略.

  （6）$\{(x, y)\mid x^2+y^2\leqslant 9, y<x^2\}$，图略.

2. $3\mathrm{e}^{-1}$，1.

3. $t^2 f(x, y)$.

4. $f(x, y)=\dfrac{y}{x^2-2y}$.

5. $f(x, y)=\dfrac{x^2(1-y)}{1+y}$.

6.（1）3；（2）0；（3）$\dfrac{1}{4}$；（4）2.

7. 连续.

习题 6-3

1. $f'_x(x, 1)=1, f'_x(1, 2)=\dfrac{3}{2}$.

2.（1）$z'_x=3x^2y-y^3, z'_y=x^3-3xy^2$；

  （2）$z'_x=\dfrac{3x^2}{y}; z'_y=-\dfrac{x^3}{y^2}$；

  （3）$z'_x=y^x\ln y, z'_y=xy^{x-1}$；

  （4）$z'_x=3(x-5y)^2, z'_y=-15(x-5y)^2$；

  （5）$z'_x=\dfrac{x}{\sqrt{x^2+y^2}}, z'_y=\dfrac{y}{\sqrt{x^2+y^2}}$；

  （6）$z'_x=\dfrac{1}{2x\sqrt{\ln(xy)}}, z'_y=\dfrac{1}{2y\sqrt{\ln(xy)}}$；

  （7）$z'_x=\dfrac{1}{2\sqrt{x}}\sin\dfrac{y}{x}-\dfrac{y\sqrt{x}}{x^2}\cos\dfrac{y}{x}, z'_y=\dfrac{\sqrt{x}}{x}\cos\dfrac{y}{x}$；

  （8）$z'_x=y[\cos(xy)-\sin(2xy)], z'_y=x[\cos(xy)-\sin(2xy)]$；

  （9）$z'_x=\mathrm{e}^{3x+2y}[3\sin(x-y)+\cos(x-y)], z'_y=\mathrm{e}^{3x+2y}[2\sin(x-y)-\cos(x-y)]$；

  （10）$z'_x=y^2(1+xy)^{y-1}, z'_y=(1+xy)^y\left[\ln(1+xy)+\dfrac{xy}{1+xy}\right]$.

3.（1）$z'_x(1, -1)=\dfrac{1}{2}, z'_y(1, -1)=\dfrac{1}{2}$；（2）$z'_x(1, 0)=1, z'_y(1, 0)=\dfrac{1}{2}$.

4. 略.

5. （1）$z''_{xx}=12x^2-8y^2$，$z''_{yy}=12y^2-8x^2$，$z''_{xy}=-16xy=z''_{yx}$；

（2）$z''_{xx}=\dfrac{-1}{(x+3y)^2}$，$z''_{yy}=\dfrac{-9}{(x+3y)^2}$，$z''_{xy}=\dfrac{-3}{(x+3y)^2}=z''_{yx}$；

（3）$z''_{xx}=-9\sin(3x-2y)$，$z''_{yy}=-4\sin(3x-2y)$，$z''_{xy}=6\sin(3x-2y)=z''_{yx}$；

（4）$z''_{xx}=0$，$z''_{yy}=4x\mathrm{e}^{2y}$，$z''_{xy}=2\mathrm{e}^{2y}=z''_{yx}$；

（5）$z''_{xx}=2\cos(x+y)-x\sin(x+y)$，$z''_{yy}=-x\sin(x+y)$，$z''_{xy}=\cos(x+y)-x\sin(x+y)=z''_{yx}$；

（6）$z''_{xx}=\dfrac{1}{x}$，$z''_{yy}=-\dfrac{x}{y^2}$，$z''_{xy}=\dfrac{1}{y}=z''_{yx}$；

（7）$z''_{xx}=y(y-1)x^{y-2}$，$z''_{yy}=x^y(\ln x)^2$，$z''_{xy}=x^{y-1}(1+y\ln x)=z''_{yx}$；

（8）$z''_{xx}=\dfrac{2xy}{(x^2+y^2)^2}$，$z''_{yy}=\dfrac{-2xy}{(x^2+y^2)^2}$，$z''_{xy}=\dfrac{y^2-x^2}{(x^2+y^2)^2}=z''_{yx}$.

6. $\dfrac{\partial^3 z}{\partial x^2 \partial y}=-\dfrac{1}{x^2}$，$\dfrac{\partial^3 z}{\partial x \partial y^2}=0$.

7. 略.

8. （1）$C'_x=3x^2\ln(y+10)$，$C'_y=\dfrac{x^3}{y+10}$；

（2）$C'_x=5x^4-2y$，$C'_y=10y-2x$.

9. $\dfrac{\partial Q_1}{\partial P_1}=-2$，$\dfrac{\partial Q_1}{\partial P_2}=-1$，$\dfrac{\partial Q_2}{\partial P_1}=-1$，$\dfrac{\partial Q_2}{\partial P_2}=-2$，这两种商品是互补商品.

10. $E_{11}=-\alpha$，$E_{12}=-\beta$，$E_{1y}=\gamma$.

习题 6-4

1. $\Delta z=-0.472$，$\mathrm{d}z=-0.4$.

2. （1）$\mathrm{d}z=2x\mathrm{d}x-2\mathrm{d}y$；（2）$\mathrm{d}z=\left(y+\dfrac{2x}{y}\right)\mathrm{d}x+\left(x-\dfrac{x^2}{y^2}\right)\mathrm{d}y$；

（3）$\mathrm{d}z=\dfrac{1}{y}\mathrm{e}^{\frac{x}{y}}\left(\mathrm{d}x-\dfrac{x}{y}\mathrm{d}y\right)$；（4）$\mathrm{d}z=2\mathrm{e}^{x^2+y^2}(x\mathrm{d}x+y\mathrm{d}y)$；

（5）$\mathrm{d}z=\dfrac{y\mathrm{d}x+x\mathrm{d}y}{1+x^2y^2}$；（6）$\mathrm{d}z=\dfrac{2}{3x^2-2y}(3x\mathrm{d}x-\mathrm{d}y)$；

（7）$\mathrm{d}z=[\sin(x-2y)+x\cos(x-2y)]\mathrm{d}x-2x\cos(x-2y)\mathrm{d}y$；

（8）$\mathrm{d}z=yx^{y-1}\mathrm{d}x+x^y\ln x\mathrm{d}y$；

（9）$\mathrm{d}z=2y^{2x}\ln y\mathrm{d}x+2xy^{2x-1}\mathrm{d}y$；

（10）$\mathrm{d}u=zy^{xz}\ln y\mathrm{d}x+\dfrac{xz}{y}y^{xz}\mathrm{d}y+xy^{xz}\ln y\mathrm{d}z$.

3. $\mathrm{d}z\Big|_{(1,2)}=\dfrac{1}{3}\mathrm{d}x+\dfrac{2}{3}\mathrm{d}y$.

习题 6-5

1. （1）$\dfrac{\mathrm{d}z}{\mathrm{d}x}=\mathrm{e}^{\sin x-2x^3}(\cos x-6x^2)$；

（2）$\dfrac{\mathrm{d}z}{\mathrm{d}t}=\dfrac{2-3t^2}{\sqrt{1-(2t-t^3)^2}}$;

（3）$\dfrac{\mathrm{d}z}{\mathrm{d}x}=\dfrac{2x^2-2x-1}{2(2x-1)^2}$;

（4）$\dfrac{\mathrm{d}z}{\mathrm{d}t}=\left(3-\dfrac{2}{t^3}-\dfrac{1}{2\sqrt{t}}\right)\sec^2\left(3t+\dfrac{1}{t^2}-\sqrt{t}\right)$;

（5）$\dfrac{\partial z}{\partial x}=4x$，$\dfrac{\partial z}{\partial y}=4y$;

（6）$\dfrac{\partial z}{\partial x}=\dfrac{2x}{y^2}\ln(3x-y)+\dfrac{3x^2}{(3x-y)y^2}$，$\dfrac{\partial z}{\partial y}=\dfrac{-2x^2}{y^3}\ln(3x-y)-\dfrac{x^2}{(3x-y)y^2}$;

（7）$\dfrac{\partial z}{\partial x}=xe^{x^3-y^4}(2+3x^3+3xy^2)$，$\dfrac{\partial z}{\partial y}=ye^{x^3-y^4}(2-4y^2x^2-4y^4)$;

（8）$\dfrac{\partial z}{\partial x}=y^2\cos x\cos y(-2x\sin x+\cos x)$，$\dfrac{\partial z}{\partial y}=xy\cos^2 x(2\cos y-y\sin y)$.

2. 略.

3. 略.

4. （1）$\dfrac{\partial z}{\partial x}=yf_1'+f_2'$，$\dfrac{\partial z}{\partial y}=xf_1'-f_2'$，$\mathrm{d}z=(yf_1'+f_2')\mathrm{d}x+(xf_1'-f_2')\mathrm{d}y$;

（2）$\dfrac{\partial u}{\partial x}=\dfrac{1}{y}f_1'$，$\dfrac{\partial u}{\partial y}=-\dfrac{x}{y^2}f_1'+\dfrac{1}{z}f_2'$，$\dfrac{\partial u}{\partial z}=-\dfrac{y}{z^2}f_2'$，$\mathrm{d}u=\dfrac{1}{y}f_1'\mathrm{d}x+\left(-\dfrac{x}{y^2}f_1'+\dfrac{1}{z}f_2'\right)\mathrm{d}y-\dfrac{y}{z^2}f_2'\mathrm{d}z$.

（3）$\dfrac{\partial u}{\partial x}=f_1'+yf_2'+yzf_3'$，$\dfrac{\partial u}{\partial y}=xf_2'+xzf_3'$，$\dfrac{\partial u}{\partial z}=xyf_3'$，$\mathrm{d}u=(f_1'+yf_2'+yzf_3')\mathrm{d}x+(xf_2'+xzf_3')\mathrm{d}y+xyf_3'\mathrm{d}z$.

5. （1）$\dfrac{\mathrm{d}y}{\mathrm{d}x}=\dfrac{y^2-e^x}{\cos y-2xy}$; （2）$\dfrac{\mathrm{d}y}{\mathrm{d}x}=\dfrac{y-xy^2}{x+x^2y}$;

（3）$\dfrac{\mathrm{d}y}{\mathrm{d}x}=\dfrac{e^y}{1-xe^y}$; （4）$\dfrac{\mathrm{d}y}{\mathrm{d}x}=\dfrac{\sin(x-y)-2}{\sin(x-y)-1}$;

（5）$\dfrac{\mathrm{d}y}{\mathrm{d}x}=\dfrac{y-x}{y+x}$; （6）$\dfrac{\mathrm{d}y}{\mathrm{d}x}=\dfrac{y^2-xy\ln y}{x^2-xy\ln x}$.

6. 1.

7. （1）$\dfrac{\partial z}{\partial x}=\dfrac{1}{e^z-1}$，$\dfrac{\partial z}{\partial y}=\dfrac{1}{e^z-1}$;

（2）$\dfrac{\partial z}{\partial x}=\dfrac{x}{2-z}$，$\dfrac{\partial z}{\partial y}=\dfrac{y}{2-z}$;

（3）$\dfrac{\partial z}{\partial x}=\dfrac{-z^2}{3xz-2y}$，$\dfrac{\partial z}{\partial y}=\dfrac{z}{3xz-2y}$;

（4）$\dfrac{\partial z}{\partial x}=-\dfrac{e^x z+yz}{e^x+xy+z}$，$\dfrac{\partial z}{\partial y}=-\dfrac{xz}{e^x+xy+z}$;

（5）$\dfrac{\partial z}{\partial x}=\dfrac{2x+2}{2y+e^z}$，$\dfrac{\partial z}{\partial y}=\dfrac{2y-2z}{2y+e^z}$;

（6）$\dfrac{\partial z}{\partial x}=\dfrac{yz-\sqrt{xyz}}{\sqrt{xyz}-xy}$，$\dfrac{\partial z}{\partial y}=\dfrac{xz-2\sqrt{xyz}}{\sqrt{xyz}-xy}$.

8. （1）$dy = \dfrac{y}{e^y - x} dx$；

（2）$dy = \dfrac{y - 2x\cos(x^2 + y)}{\cos(x^2 + y) - x} dx$；

（3）$dz = \dfrac{2}{e^z}(x dx + y dy)$；

（4）$dz = \dfrac{1}{xy - 2z}[(2x - yz) dx + (2y - xz) dy]$；

（5）$dz = \dfrac{1}{e^z - x}(z dx - dy)$；

（6）$dz = \dfrac{1}{2 - 2z}(dx + 2y dy)$；

（7）$dz = \dfrac{2}{e^z - 2z}(x dx + y dy)$；

（8）$dz = -\dfrac{1}{1 + 2e^{2z}}(dx + 3y^2 dy)$.

9. c.

10. 略.

习题 6-6

1. （1）极小值为 $f(0, 0) = -4$；

（2）极大值为 $f(2, -2) = 8$；

（3）极小值为 $f(0, 3) = -8$；

（4）极小值为 $f(-6, -3) = -9$；

（5）极小值为 $f(1, 1) = -1$，（其中 $(0, 0)$ 非极值点）；

（6）极大值为 $f(0, 0) = 0$，（其中 $(2, 2)$ 非极值点）；

（7）极大值为 $f(-1, 1) = -9$，（其中 $\left(-\dfrac{1}{2}, \dfrac{1}{4}\right)$ 非极值点）；

（8）极大值为 $f(3, 2) = 36$，（其中 $(0, 0)$，$(0, 4)$，$(6, 0)$，$(6, 4)$ 非极值点）.

2. 极大值为 $f\left(\dfrac{1}{2}, \dfrac{1}{2}\right) = \dfrac{1}{4}$.

3. $x = 120$ 件，$y = 80$ 件；最大利润为 620 千元.

4. $x = 3$，$y = 4$，最小成本为 36.

5. 长 6 米（正面），宽 10 米，所用材料费最少，为 120 元.

6. A 原料 100 吨，B 原料 25 吨，最大产量 1250 吨.

总复习题六

1. $(0, 1, -2)$.

2. $D = \left\{(x, y) \mid x > y, \ x^2 + y^2 \geqslant 4, \ \dfrac{x^2}{4} + \dfrac{y^2}{9} < 1\right\}$.

3. （1）$z'_x = y\cos x(\sin x)^{y-1}$，$z'_y = (\sin x)^y \ln(\sin x)$，

$\mathrm{d}z=\left[\,y\cos x(\sin x)^{y-1}\,\right]\mathrm{d}x+(\sin x)^{y}\ln(\sin x)\mathrm{d}y;$

$(2)\ z'_{x}=f+xf'_{1}+xyf'_{2},\quad z'_{y}=xf'_{1}+x^{2}f'_{2},$

$\mathrm{d}z=(f+xf'_{1}+xyf'_{2})\mathrm{d}x+(xf'_{1}+x^{2}f'_{2})\mathrm{d}y;$

$(3)\ z'_{x}=\cos xf'_{1}+y^{2}f'_{2},\quad z'_{y}=2xyf'_{2},$

$\mathrm{d}z=(\cos xf'_{1}+y^{2}f'_{2})\mathrm{d}x+2xyf'_{2}\mathrm{d}y;$

$(4)\ z'_{x}=(2x^{2}y^{3})^{x^{2}+y^{2}}\left[\,2x\ln(2x^{2}y^{3})+\dfrac{2x^{2}+2y^{2}}{x}\,\right],$

$z'_{y}=(2x^{2}y^{3})^{x^{2}+y^{2}}\left[\,2y\ln(2x^{2}y^{3})+\dfrac{3x^{2}+3y^{2}}{y}\,\right],$

$\mathrm{d}z=(2x^{2}y^{3})^{x^{2}+y^{2}}\left[\,2x\ln(2x^{2}y^{3})+\dfrac{2x^{2}+2y^{2}}{x}\,\right]\mathrm{d}x+(2x^{2}y^{3})^{x^{2}+y^{2}}\left[\,2y\ln(2x^{2}y^{3})+\dfrac{3x^{2}+3y^{2}}{y}\,\right]\mathrm{d}y;$

$(5)\ z'_{x}=yf(xy),\quad z'_{y}=xf(xy),$

$\mathrm{d}z=yf(xy)\mathrm{d}x+xf(xy)\mathrm{d}y.$

4. 略.

5. $(1)\ z''_{xx}=8\cos(4x+6y),\ z''_{yy}=18\cos(4x+6y),\ z''_{xy}=12\cos(4x+6y)=z''_{yx};$

$(2)\ z''_{xx}=-\dfrac{x}{\sqrt{(x^{2}+y^{2})^{3}}},$

$z''_{yy}=\dfrac{1}{x\sqrt{x^{2}+y^{2}}+x^{2}+y^{2}}-\dfrac{y^{2}(x+2\sqrt{x^{2}+y^{2}})}{(x+\sqrt{x^{2}+y^{2}})^{2}\sqrt{(x^{2}+y^{2})^{3}}},$

$z''_{xy}=-\dfrac{y}{\sqrt{(x^{2}+y^{2})^{3}}}=z''_{yx}.$

6. $(1)\ \dfrac{\partial^{2}z}{\partial x^{2}}=4f''_{11}+\dfrac{4}{y}f''_{12}+\dfrac{1}{y^{2}}f''_{22},\quad \dfrac{\partial^{2}z}{\partial y^{2}}=\dfrac{2x}{y^{3}}f'_{2}+\dfrac{x^{2}}{y^{4}}f''_{22},$

$\dfrac{\partial^{2}z}{\partial x\partial y}=-\dfrac{1}{y^{2}}f'_{2}-\dfrac{2x}{y^{2}}f''_{12}-\dfrac{x}{y^{3}}f''_{22}=\dfrac{\partial^{2}z}{\partial y\partial x};$

$(2)\ \dfrac{\partial^{2}z}{\partial x^{2}}=(\ln y)^{2}f''_{11}-2\ln yf''_{12}+f''_{22},\quad \dfrac{\partial^{2}z}{\partial y^{2}}=-\dfrac{x}{y^{2}}f'_{1}+\dfrac{x^{2}}{y^{2}}f''_{11}+\dfrac{2x}{y}f''_{12}+f''_{22},$

$\dfrac{\partial^{2}z}{\partial x\partial y}=\dfrac{1}{y}f'_{1}+\dfrac{x\ln y}{y}f''_{11}+\left(\ln y-\dfrac{x}{y}\right)f''_{12}-f''_{22}=\dfrac{\partial^{2}z}{\partial y\partial x};$

$(3)\ \dfrac{\partial^{2}z}{\partial x^{2}}=-\sin xf'_{1}+4\mathrm{e}^{2x-y}f'_{3}+\cos x(\cos xf''_{11}+4\mathrm{e}^{2x-y}f''_{13})+4\mathrm{e}^{4x-2y}f''_{33},$

$\dfrac{\partial^{2}z}{\partial y^{2}}=-\cos yf'_{2}+\mathrm{e}^{2x-y}f'_{3}+\sin^{2}yf''_{22}+2\sin y\mathrm{e}^{2x-y}f''_{23}+\mathrm{e}^{4x-2y}f''_{33},$

$\dfrac{\partial^{2}z}{\partial x\partial y}=-2\mathrm{e}^{2x-y}f'_{3}-\cos x\sin yf''_{12}-\cos x\mathrm{e}^{2x-y}f''_{13}-2\sin y\mathrm{e}^{2x-y}f''_{23}-2\mathrm{e}^{4x-2y}f''_{33}=\dfrac{\partial^{2}z}{\partial y\partial x}.$

7. x.

8. $\dfrac{\partial^{2}z}{\partial x^{2}}=-\dfrac{z^{2}}{(x+z)^{3}},\quad \dfrac{\partial^{2}z}{\partial y^{2}}=-\dfrac{x^{2}z^{2}}{y^{2}(x+z)^{3}}.$

9. $\dfrac{\partial^{2}z}{\partial x\partial y}=-\dfrac{z}{xy(z-1)^{3}}.$

10. (1) 极小值为 $f\left(\dfrac{1}{2}, -1\right) = -\dfrac{e}{2}$；

   (2) $f\left(\dfrac{a}{3}, \dfrac{a}{3}\right) = \dfrac{a^3}{27}$，当 $a>0$ 时为极大值，当 $a<0$ 时为极小值，（其中 $(0, 0)$ 非极值点）；

   (3) 极大值为 $f(a, b) = a^2 b^2$，（其中 $(2a, 0)$，$(0, 0)$，$(0, 2b)$，$(2a, 2b)$ 非极值点）.

11. (1) 当 $Q_1 = 4$，$Q_2 = 5$，$P_1 = 10$，$P_2 = 7$ 时有最大利润 $L = 52$.

   (2) 当 $P_1 = P_2 = 8$，$Q_1 = 5$，$Q_2 = 4$ 时有最大利润 $L = 49$，

   显然，实行价格差别策略时总利润要大些.

12. (1) 此时需要用 0.75 万元做电台广告，1.25 万元做报纸广告；

   (2) 此时需要将 1.5 万元广告费全部用于报纸广告.

13. 内接长方体的长、宽、高分别为 $\dfrac{4}{\sqrt{3}}$，$\dfrac{6}{\sqrt{3}}$，$\dfrac{10}{\sqrt{3}}$ 时，有最大体积 $V = \dfrac{240}{3\sqrt{3}} = \dfrac{80\sqrt{3}}{3}$.

14. 最长距离 $d_1 = \sqrt{9 + 5\sqrt{3}}$，最短距离 $d_2 = \sqrt{9 - 5\sqrt{3}}$.

第 七 章

习题 7-1

1. 略.

2. (1) $I_1 > I_2$；(2) $I_1 > I_2$；(3) $I_1 < I_2$；(4) $I_1 < I_2$.

3. (1) $0 \le I \le 2$；(2) $2 \le I \le 8$；(3) $36\pi \le I \le 52\pi$；(4) $\dfrac{100}{51} \le I \le 2$.

习题 7-2

1. (1) $\displaystyle\iint\limits_D f(x, y)\,\mathrm{d}\sigma = \int_a^b \mathrm{d}x \int_c^d f(x, y)\,\mathrm{d}y$

$\qquad\qquad\qquad = \displaystyle\int_c^d \mathrm{d}y \int_a^b f(x, y)\,\mathrm{d}x$；

   (2) $\displaystyle\iint\limits_D f(x, y)\,\mathrm{d}\sigma = \int_0^1 \mathrm{d}x \int_{x^2}^x f(x, y)\,\mathrm{d}y$

$\qquad\qquad\qquad = \displaystyle\int_0^1 \mathrm{d}y \int_y^{\sqrt{y}} f(x, y)\,\mathrm{d}x$；

   (3) $\displaystyle\iint\limits_D f(x, y)\,\mathrm{d}\sigma = \int_0^2 \mathrm{d}x \int_0^{x^2} f(x, y)\,\mathrm{d}y$

$\qquad\qquad\qquad = \displaystyle\int_0^4 \mathrm{d}y \int_{\sqrt{y}}^2 f(x, y)\,\mathrm{d}x$；

   (4) $\displaystyle\iint\limits_D f(x, y)\,\mathrm{d}\sigma = \int_1^e \mathrm{d}x \int_0^{\ln x} f(x, y)\,\mathrm{d}y$

$\qquad\qquad\qquad = \displaystyle\int_0^1 \mathrm{d}y \int_{e^y}^e f(x, y)\,\mathrm{d}x$；

   (5) $\displaystyle\iint\limits_D f(x, y)\,\mathrm{d}\sigma = \int_0^2 \mathrm{d}x \int_{-x}^x f(x, y)\,\mathrm{d}y$

$\qquad\qquad\qquad = \displaystyle\int_{-2}^0 \mathrm{d}y \int_{-y}^2 f(x, y)\,\mathrm{d}x + \int_0^2 \mathrm{d}y \int_y^2 f(x, y)\,\mathrm{d}x$；

$(6) \iint\limits_{D} f(x, y)\mathrm{d}\sigma = \int_0^1 \mathrm{d}x\int_0^x f(x, y)\mathrm{d}y + \int_1^2 \mathrm{d}x\int_0^{2-x} f(x, y)\mathrm{d}y$

$\qquad\qquad\qquad = \int_0^1 \mathrm{d}y\int_y^{2-y} f(x, y)\mathrm{d}x.$

2. $(1)\ \dfrac{1}{2}$; $(2)(\mathrm{e} - 1)^2$; $(3)\ \dfrac{8}{3}$; $(4)1$; $(5)\ \dfrac{1}{\mathrm{e}}$;

$\quad (6)2$; $(7)\ \dfrac{20}{3}$; $(8)\ \dfrac{1}{12}$; $(9)\ \dfrac{9}{4}$; $(10)1 - \cos 1.$

3. $(1)\int_0^1 \mathrm{d}x\int_x^1 f(x, y)\mathrm{d}y$; $\qquad\qquad (2)\int_{-1}^1 \mathrm{d}x\int_0^{\sqrt{1-x^2}} f(x, y)\mathrm{d}y$;

$\quad (3)\int_{\frac{1}{2}}^1 \mathrm{d}x\int_1^{2x} f(x, y)\mathrm{d}y + \int_1^2 \mathrm{d}x\int_x^2 f(x, y)\mathrm{d}y$; $\quad (4)\int_0^1 \mathrm{d}y\int_{\sqrt{y}}^{3\sqrt{y}} f(x, y)\mathrm{d}x$;

$\quad (5)\int_0^1 \mathrm{d}y\int_{\mathrm{e}^y}^{\mathrm{e}} f(x, y)\mathrm{d}x$; $\qquad\qquad (6)\int_0^1 \mathrm{d}y\int_y^{2-y} f(x, y)\mathrm{d}x.$

4. $(1)\int_{-\frac{\pi}{2}}^{\frac{\pi}{2}} \mathrm{d}\theta\int_0^1 f(r\cos\theta,\ r\sin\theta)r\mathrm{d}r$;

$\quad (2)\int_0^{\pi} \mathrm{d}\theta\int_0^{2\sin\theta} f(r\cos\theta,\ r\sin\theta)r\mathrm{d}r$;

$\quad (3)\int_0^{2\pi} \mathrm{d}\theta\int_2^3 f(r\cos\theta,\ r\sin\theta)r\mathrm{d}r.$

5. $(1)\ \dfrac{3\pi}{4}$; $(2)\ \dfrac{\pi}{18}.$

6. $(1)\pi(\mathrm{e}^4 - 1)$; $(2)\ \dfrac{8}{3}$; $(3)\ \dfrac{3\pi^2}{64}$; $(4)\ \dfrac{7\pi}{12}$; $(5)\ \dfrac{\pi}{4}(2\ln 2 - 1).$

7. $(1)\ \dfrac{6}{55}$; $(2)\ \dfrac{19}{6}$; $(3)\ \dfrac{2\pi}{3}$; $(4) - 6\pi^2.$

8. $(1)\ \dfrac{1}{12}$; $(2)6\pi$; $(3)\ \dfrac{3\pi}{2}.$

总复习题七

1. $(1)5\pi$; $(2)\ \dfrac{\pi}{2} - 1$; $(3)\ \dfrac{1}{3}\left(\pi - \dfrac{4}{3}\right)$; $(4)3\pi.$

2. $(1)\int_{-2}^0 \mathrm{d}y\int_{2y+4}^{4-y^2} f(x, y)\mathrm{d}x$;

$\quad (2)\int_0^1 \mathrm{d}y\int_{2-y}^{1+\sqrt{1-y^2}} f(x, y)\mathrm{d}x$;

$\quad (3)\int_0^1 \mathrm{d}x\int_0^{x^2} f(x, y)\mathrm{d}y + \int_1^2 \mathrm{d}x\int_0^{\sqrt{2x-x^2}} f(x, y)\mathrm{d}y$;

$\quad (4)\int_0^2 \mathrm{d}x\int_{\frac{x}{2}}^{3-x} f(x, y)\mathrm{d}y$

3. $\dfrac{\pi^2}{32}.$

4. $\dfrac{49}{20}.$

第 八 章

习题 8-1

1.（1）收敛，$\dfrac{1}{2}$；（2）收敛，$\sin 1$；（3）发散；（4）发散.

2.（1）收敛；（2）发散；（3）发散；（4）发散；（5）收敛；（6）发散；（7）收敛；（8）发散.

3.（1）$\displaystyle\sum_{n=1}^{\infty}\dfrac{5}{10^{n}}$，$\dfrac{5}{9}$；（2）$\displaystyle\sum_{n=1}^{\infty}\dfrac{41}{100^{n}}$，$\dfrac{41}{99}$；（3）$\displaystyle\sum_{n=1}^{\infty}\dfrac{307}{1000^{n}}$，$\dfrac{307}{999}$.

4. 5000 万元.

习题 8-2

1.（1）发散；（2）发散；（3）收敛；（4）发散；

（5）发散；（6）发散；（7）收敛；（8）收敛；

（9）收敛；（10）收敛.

2.（1）收敛；（2）收敛；（3）收敛；（4）发散.

3.（1）收敛；（2）发散；（3）收敛；（4）收敛.

4.（1）收敛；（2）收敛；（3）收敛；（4）收敛.

5. 略.

习题 8-3

1.（1）收敛；（2）发散.

2.（1）绝对收敛；（2）绝对收敛；（3）发散；（4）绝对收敛；

（5）绝对收敛；（6）绝对收敛；（7）绝对收敛；（8）绝对收敛；

（9）条件收敛；（10）条件收敛；（11）条件收敛；（12）绝对收敛.

3. 略.

4. 略.

习题 8-4

1.（1）$(-1,1)$；（2）$[-1,1)$；（3）$[-2,2]$；（4）$(-\infty,+\infty)$；

（5）$(-\sqrt{2},\sqrt{2})$；（6）$[-1,1]$；（7）$\left(-\dfrac{7}{2},-\dfrac{5}{2}\right)$；（8）$[0,1)$.

2.（1）$S(x)=\ln 2-\ln(2+x)$，$x\in(-2,2]$；

（2）$S(x)=\dfrac{9}{(3-x)^{2}}$，$x\in(-3,3)$；

（3）$S(x)=\dfrac{2x}{(1-x^{2})^{2}}$，$x\in(-1,1)$；

（4）$S(x)=-\dfrac{1}{4}\ln(1-x^{4})$，$x\in(-1,1)$；

（5）$S(x)=\dfrac{x}{(1-x)^{2}}$，$x\in(-1,1)$；

$(6)S(x) = \dfrac{2x}{(1-x)^3}, x \in (-1, 1).$

习题 8-5

1. $(1) \displaystyle\sum_{n=0}^{\infty} \dfrac{(-1)^n}{n!}x^{n+3}, x \in (-\infty, +\infty);$

$(2) \displaystyle\sum_{n=0}^{\infty} \dfrac{1}{n!}x^{2n+1}, x \in (-\infty, +\infty);$

$(3) \displaystyle\sum_{n=0}^{\infty} \dfrac{(-1)^n}{3^{2n+1}(2n+1)!}x^{2n+1}, x \in (-\infty, +\infty);$

$(4) \displaystyle\sum_{n=1}^{\infty} \dfrac{(-1)^{n-1}2^{2n-1}}{(2n)!}x^{2n}, x \in (-\infty, +\infty);$

$(5) \displaystyle\sum_{n=0}^{\infty} \dfrac{1}{3^{n+1}}x^n, x \in (-3, 3);$

$(6) \displaystyle\sum_{n=0}^{\infty} \dfrac{1-(-1)^n \cdot 2^n}{3}x^n, x \in \left(-\dfrac{1}{2}, \dfrac{1}{2}\right);$

$(7)\ln2 - \displaystyle\sum_{n=0}^{\infty} \dfrac{3^{n+1}}{2^{n+1}(n+1)}x^{n+1}, x \in \left[-\dfrac{2}{3}, \dfrac{2}{3}\right);$

$(8) - \displaystyle\sum_{n=0}^{\infty} \dfrac{1+2^{n+1}}{n+1}x^{n+1}, x \in \left[-\dfrac{1}{2}, \dfrac{1}{2}\right).$

2. $(1)\mathrm{e} \displaystyle\sum_{n=0}^{\infty} \dfrac{1}{n!}(x-2)^n, x \in (-\infty, +\infty);$

$(2)\ln2 + \displaystyle\sum_{n=0}^{\infty} \dfrac{(-1)^n}{2^{n+1}(n+1)}(x-2)^{n+1}, x \in (0, 4];$

$(3) \displaystyle\sum_{n=0}^{\infty} \dfrac{(-1)^n}{2^{n+1}}(x-2)^n, x \in (0, 4);$

$(4) \displaystyle\sum_{n=0}^{\infty} (-1)^n \left(\dfrac{1}{3^{n+1}} - \dfrac{1}{4^{n+1}}\right)(x-2)^{n+1}, x \in (-1, 5).$

总复习题八

1. (1) 发散；(2) 发散；(3) 收敛；(4) 收敛；(5) 收敛；(6) 收敛；

(7) 当 $a = b$ 时，收敛；当 $a \neq b$ 时，发散；

(8) 当 $0 < a < 1$ 时，收敛；当 $a > 1$ 时，发散；当 $a = 1$ 时，当 $0 < s \leq 1$ 时，发散；当 $s > 1$ 时，收敛.

2. 略.

3. (1) 当 $p \leq 0$ 时，发散，当 $0 < p \leq 1$ 时，条件收敛，当 $p > 1$ 时，绝对收敛；

(2) 绝对收敛；(3) 条件收敛；(4) 绝对收敛.

4. 略.

5. $(1)[-1, 1)$；$(2)\left[-\dfrac{\sqrt{2}}{2}, \dfrac{\sqrt{2}}{2}\right)$；$(3)(0, 4)$；$(4)(\mathrm{e}^{-3}, \mathrm{e}^3).$

6. $(1)S(x) = \left(1 + \dfrac{x}{2}\right)\mathrm{e}^{\frac{x}{2}} - 1, x \in (-\infty, +\infty);$

(2)$S(x) = x(1 + x)e^x, x \in (-\infty, +\infty)$;

(3)$S(x) = \frac{1}{2}x^2\arctan x - \frac{1}{2}x + \frac{1}{2}\arctan x, x \in [-1, 1]$;

(4)$S(x) = \frac{x - 1}{(2 - x)^2}, x \in (0, 2)$;

(5)$S(x) = \begin{cases} \dfrac{\ln 2 - \ln(2 - x)}{x}, & x \in [-2, 0) \cup (0, 2), \\ \dfrac{1}{2}, & x = 0. \end{cases}$

7. $S(x) = \begin{cases} \dfrac{\ln(1 + x^2)}{x}, & x \in [-1, 0) \cup (0, 1], \\ 0, & x = 0; \end{cases}$ $\ln\dfrac{4}{3}$.

8. (1)$\ln 2$; (2)$\dfrac{\pi}{4}$.

9. (1)$1 + \dfrac{1}{2}x^2 + \dfrac{1 \cdot 3}{2 \cdot 4}x^4 + \cdots + \dfrac{1 \cdot 3 \cdot 5 \cdot \cdots \cdot (2n - 1)}{2 \cdot 4 \cdot 6 \cdot \cdots \cdot (2n)}x^{2n} + \cdots, x \in (-1, 1)$;

(2)$\ln 4 + \sum\limits_{n=0}^{\infty}\left[\dfrac{(-1)^n}{4^{n+1}} - 1\right]\dfrac{1}{n + 1}x^{n+1}, x \in [-1, 1)$;

(3)$\sum\limits_{n=0}^{\infty}\dfrac{(-1)^n}{2n + 1}x^{2n+2}, x \in [-1, 1]$;

(4)$\dfrac{\pi}{4} + \sum\limits_{n=0}^{\infty}\dfrac{(-1)^n}{2n + 1}x^{2n+1}, x \in [-1, 1]$;

(5)$x + \sum\limits_{n=0}^{\infty}\dfrac{(-1)^n 2^{2n-1}}{(2n + 1)!}x^{2n+1}, x \in (-\infty, +\infty)$;

(6)$\sum\limits_{n=1}^{\infty}nx^{n-1}, x \in (-1, 1)$;

10. (1)$\sum\limits_{n=0}^{\infty}\dfrac{(-1)^{n+1}}{(2n + 1)!}(\dfrac{\pi}{2})^{2n+1}(x + 2)^{2n+1}, x \in (-\infty, +\infty)$;

(2)$\sum\limits_{n=0}^{\infty}(-1)^n(n + 1)(x - 1)^n, x \in (0, 2)$.

11. (1)1.0989; (2)2.0043.

12. (1)0.9461; (2)0.4939.

第 九 章

习题 9-1

1. (1) 一阶; (2) 二阶; (3) 一阶; (4) 三阶.

2. (1) 通解; (2) 特解; (3) 不是; (4) 通解; (5) 特解; (6) 通解; (7) 通解; (8) 通解.

习题 9-2

1. (1)$2x^2 + \dfrac{1}{y} = C$;   (2)$y = Ce^{\sqrt{1-x^2}}$;

(3)$e^y = e^x + C$;   (4)$\ln^2 x + \ln^2 y = C$;

$(5)y^2 + \cos y = 2x^3 + C;$

$(6)(1 + 2y)(1 + x^2) = C;$

$(7)\sqrt{y} = x^2;$

$(8)2y^3 + 3y^2 - 2x^3 - 3x^2 = 5.$

2. $(1)2xy - y^2 = C;$

$(2)y = xe^{Cx+1};$

$(3)y = \dfrac{x}{\ln x + C};$

$(4)Cx^3 = e^{\frac{y^3}{x^3}};$

$(5)y^2 = 2x^2(2 + \ln x);$

$(6)xy^2 - x^3 + 1 = 0.$

3. $(1)y = \dfrac{e^{2x}}{3} + Ce^{-x};$

$(2)y = \dfrac{1}{4}(x + 1)^5 + C(x + 1);$

$(3)y = x^2 + x + \dfrac{C}{x};$

$(4)y = \dfrac{x^3 + C}{x^2 + 1};$

$(5)y = x^2(e^x - e);$

$(6)y = \sin x + 2e^{-\sin x} - 1.$

4. $f(x) = 2(e^x - x - 1).$

5. $f(x) = \dfrac{1}{2}(e^{2x} + 1).$

习题 9-3

1. $(1)y = \dfrac{1}{12}x^4 + C_1 x + C_2;$

$(2)y = \dfrac{1}{12}x^4 - \dfrac{1}{9}\cos 3x + C_1 x + C_2;$

$(3)y = -\dfrac{1}{2}x^2 - x - C_1 e^x + C_2;$

$(4)y = C_1(x - e^{-x}) + C_2;$

$(5)C_1 y - 1 = C_2 e^{C_1 x};$

$(6)y = C_2 e^{C_1 x}.$

2. $(1)y = x^3 + 3x + 1;$

$(2)y = \dfrac{1}{2}\ln^2 x + \ln x;$

$(3)2y^{\frac{1}{4}} = \pm x + 2;$

$(4)e^{-y} = 1 \pm x.$

习题 9-4

1. $(1)y = C_1 e^x + C_2 e^{3x};$

$(2)y = (C_1 + C_2 x)e^{3x};$

$(3)y = C_1 + C_2 e^{-2x};$

$(4)y = C_1 \cos 3x + C_2 \sin 3x;$

$(5)y = e^{3x}(C_1 \cos 2x + C_2 \sin 2x).$

2. $(1)y = 7e^x - e^{-3x};$ $(2)y = (4 + 3x)e^{-\frac{x}{2}};$

$(3)y = 3e^{-2x}\sin 5x.$

3. $(1)y = (C_1 \cos 2x + C_2 \sin 2x)e^{3x} + \dfrac{14}{13};$

$(2)y = C_1 e^{-x} + C_2 e^{3x} - \dfrac{2}{3}x + \dfrac{1}{9};$

$(3)y = C_1 e^{-x} + C_2 e^{2x} + \dfrac{1}{3}xe^{2x};$

$(4)y = (C_1 + C_2 x)e^{3x} + x^2\left(\dfrac{5}{6}x + \dfrac{5}{2}\right)e^{3x};$

$(5)y = C_1 \cos 2x + C_2 \sin 2x - 2x\cos 2x.$

习题答案

4. (1)$y = \dfrac{1}{3}$; (2)$y = e^x$;

(3)$y = e^x - e^{-x} + e^x(x^2 - x)$.

习题 9-5

1. $Q = P^{-P}$.

2. $G = e^I(kI + G_0)$.

3. $C(x) = \dfrac{x^2}{a} + a$.

4. $P(t) = e^{6t} + e^{-2t} + 4$.

总复习题九

1. (1)$(x + 1)e^y - 2x = C$;   (2) $\sqrt{1 + x^2} + \ln y + \dfrac{1}{2}y^2 = \dfrac{3}{2}$;

(3)$xye^{\arctan \frac{y}{x}} = C$;   (4)$y + \sqrt{y^2 - x^2} = x^2$;

(5)$x = \dfrac{1}{\ln y}\left[\dfrac{1}{2}(\ln y)^2 - \dfrac{1}{2}\right]$;   (6)$x = \dfrac{1}{1 + y}\left(-\dfrac{y^3}{3} - \dfrac{y^4}{4} + C\right)$;

(7)$y = \dfrac{1}{C_1}xe^{C_1x+1} - \dfrac{1}{C_1^2}e^{C_1x+1} + C_2$;   (8)$2y^{\frac{3}{4}} = \pm 3x + 2$.

2. $y = x - x\ln x$.

3. $s(t) = \dfrac{a}{t} + (s_0 t_0^{1-b} - at_0^{-b})t^{b-1}$; $t^* = \left[\dfrac{a}{(b - 1)(s_0 t_0^{1-b} - at_0^{-b})}\right]^{\frac{1}{b}}$.

4. (1)$y = C_1 e^{4x} + C_2 e^{5x} + \dfrac{1}{2}e^{3x} + \dfrac{1}{20}x + \dfrac{49}{400}$;

(2)$y = (1 - x)e^x + x^2\left(\dfrac{1}{6}x - \dfrac{1}{2}\right)e^x$;

(3)$y = xe^{-x} + \dfrac{1}{2}\sin x$.

5. $f(x) = \dfrac{1}{2}(\cos x + \sin x + e^x)$.

6. $f(x) = \sin x - 3\cos x + \cos 2x + 3$.

第 十 章

习题 10-1

1. (1)$\Delta y_x = 0$, $\Delta^2 y_x = 0$;

(2)$\Delta y_x = -4x - 2$, $\Delta^2 y_x = -4$;

(3)$\Delta y_x = (e^3 - 1)e^{3x}$, $\Delta^2 y_x = (e^3 - 1)^2 e^{3x}$;

(4)$\Delta y_x = \ln\left(1 + \dfrac{1}{x}\right)$, $\Delta^2 y_x = \ln\dfrac{x(x + 2)}{(x + 1)^2}$;

(5)$\Delta y_x = 6x^2 + 4x + 1$, $\Delta^2 y_x = 12x + 10$;

(6)$\Delta y_x = (x + 2)2^x$, $\Delta^2 y_x = (x + 4)2^x$.

· 190 ·

2.（1）六阶，齐次；（2）一阶，非齐次；

　　（3）三阶，非齐次；（4）一阶，齐次.

3. $a = e - 1$.

习题 10-2

1.（1）$y_x = C\left(\dfrac{3}{2}\right)^x$；　　　　　（2）$y_x = C(-1)^x$；　　　　　（3）$y_x = C$.

2.（1）$y_x = 3\left(-\dfrac{5}{2}\right)^x$；　　　　　（2）$y_x = 2$.

3.（1）$y_x = C\left(-\dfrac{1}{2}\right)^x + \dfrac{1}{6}$；

　（2）$y_x = C + 3x$；

　（3）$y_x = C(-4)^x + \dfrac{2}{5}x^2 + \dfrac{1}{25}x + \dfrac{14}{125}$；

　（4）$y_x = C + (x - 2)\cdot 2^x$；

　（5）$y_x = C(-4)^x + x\left(-\dfrac{1}{8}x + \dfrac{1}{8}\right)(-4)^x$；

　（6）$y_x = C3^x - \dfrac{1}{2}x + \dfrac{1}{4}$.

4.（1）$y_x = 6(-4)^x + 2$；

　（2）$y_x = \dfrac{5}{3}(-1)^x + \dfrac{1}{3}\cdot 2^x$；

　（3）$y_x = 5^x - \dfrac{3}{4}$；

　（4）$y_x = \dfrac{2}{9}(-1)^x + \left(\dfrac{1}{3}x - \dfrac{2}{9}\right)2^x$；

　（5）$y_x = 2 + x\left(\dfrac{1}{2}x - \dfrac{1}{2}\right)$.

习题 10-3

1.（1）$y_x = C_1 + C_2(-2)^x$；

　（2）$y_x = C_1(-1)^x + C_2 6^x$；

　（3）$y_x = (C_1 + C_2 x)(-5)^x$；

　（4）$y_x = (C_1 + C_2 x)\cdot 4^x$；

　（5）$y_x = 3^x\left(C_1\cos\dfrac{\pi}{2}x + C_2\sin\dfrac{\pi}{2}x\right)$；

　（6）$y_x = 4^x\left(C_1\cos\dfrac{\pi}{3}x + C_2\sin\dfrac{\pi}{3}x\right)$.

2.（1）$y_x = 2(-3)^x - 2^x$；　　　　　（2）$y_x = (-3)^x$.

3.（1）$y_x^* = (Ax + B)\cdot 3^x$；　　　　　（2）$y_x^* = x(Ax^2 + Bx + C)\cdot 4^x$.

4.（1）$y_x = (C_1 + C_2 x)\left(\dfrac{1}{2}\right)^x + 8$；

$(2)y_x = C_1 + C_2(-5)^x + x;$

$(3)y_x = C_1(-1)^x + C_2(-2)^x + x^2 - x + 3;$

$(4)y_x = C_1 + C_2(-4)^x + x\left(\dfrac{1}{10}x - \dfrac{7}{50}\right);$

$(5)y_x = C_1(-2)^x + C_2 3^x + x\left(\dfrac{1}{15}x - \dfrac{2}{25}\right)\cdot 3^x;$

$(6)y_x = C_1 2^x + C_2(-1)^x + x\left(\dfrac{1}{4}x - \dfrac{5}{12}\right)\cdot 2^x.$

5. $(1)y_x = \dfrac{3}{2}\left(\dfrac{1}{2}\right)^x + \dfrac{1}{2}\left(-\dfrac{7}{2}\right)^x + 4;$

$(2)y_x = \left(\dfrac{1}{2}\right)^x\left(\cos\dfrac{\pi}{2}x + 4\sin\dfrac{\pi}{2}x\right) + 4;$

$(3)y_x = (-2)^x + 2 + \dfrac{1}{6}x^2 - \dfrac{5}{18}x;$

$(4)y_x = 3 + 3x + 2x^2.$

习题 10-4

1. $y_t = 100 \times 1.2^t + 400.$

2. $P_t = C\left(-\dfrac{d}{b}\right)^t + \dfrac{a+c}{b+d}.$

总复习题十

1. 略.

2. $(1)y_x = C + (x-2)\cdot 2^x + x;$

$(2)y_x = C_1\left(\dfrac{2}{3}\right)^x + C_2(-1)^x + (-x^2 + x - 2)\left(\dfrac{1}{3}\right)^x.$

3. $(1)y_x = \dfrac{161}{125}(-4)^x + \dfrac{2}{5}x^2 + \dfrac{1}{25}x - \dfrac{36}{125};$

$(2)y_x = \dfrac{6}{5}(-2)^x + \dfrac{4}{5}\cdot 3^x + x\left(\dfrac{1}{15}x - \dfrac{2}{25}\right)\cdot 3^x.$

4. (1) 略.

$(2)P_t = \left(P_0 - \dfrac{2}{3}\right)\cdot(-2)^t + \dfrac{2}{3}.$

参考文献

[1]上海财经大学应用数学系.微积分(第二版)[M].上海财经大学出版社,2015.

[2]杨爱珍.微积分(第二版)[M].上海:复旦大学出版社,2012.

[3]上海财经大学应用数学系.高等数学[M].北京:高等教育出版社,2011.

[4]西安交通大学高等数学教研室.高等数学[M].北京:高等教育出版社,2014.

[5]同济大学数学系.高等数学(第七版)[M].北京:高等教育出版社,2014.

[6]同济大学数学系.高等数学[M].北京:人民邮电出版社,2016.

[7]扈志明.高等数学(一)[M].北京:高等教育出版社,2013.

[8]吴传生.微积分(第二版)[M].北京:高等教育出版社,2009.